Physik und Chemie

Leitfaden für Bergschulen

von

Dr. H. Winter

Leiter des berggewerkschaftlichen Laboratoriums
und Lehrer an der Bergschule zu Bochum

Dritte, verbesserte Auflage

Mit 133 Textabbildungen

Springer-Verlag Berlin Heidelberg GmbH

1938

ISBN 978-3-662-26861-2   ISBN 978-3-662-28327-1 (eBook)
DOI 10.1007/978-3-662-28327-1

Vorwort zur zweiten Auflage.

In der zweiten Auflage sind die Wünsche der Buchbesprechung nach Möglichkeit, z. B. durch Aufnahme einiger Schwermetalle, der Tieftemperaturverkokung, Schmiermittel usw., berücksichtigt worden. Die Textfiguren haben eine Erhöhung auf 128 gefunden, die in der Mehrzahl von Herrn Haibach gezeichnet wurden. Einige Abbildungen sind aus: K. Sauer, Leitfaden der Hüttenkunde, Berlin: Julius Springer 1920, und L. Schmitz, Die flüssigen Brennstoffe, Berlin: Julius Springer 1919, entlehnt bzw. vom Drägerwerk, Lübeck, liebenswürdigerweise zur Verfügung gestellt worden.

Möge auch die Neuauflage wohlwollende Aufnahme finden.

Bochum, im Oktober 1923.

H. Winter.

Vorwort zur dritten Auflage.

Gegenüber der zweiten Auflage ist die Neuauflage etwas vermehrt. Der Abschnitt über atmosphärische Winde in der „Wärmelehre" ist neu, derjenige über Wärmequellen durch die Berücksichtigung der neuzeitlichen Erfahrungen erweitert. Die „Elektrizitätslehre" ist durch Nachträge zum Elektromagnetismus und durch einen zusammenfassenden Bericht über die Bedeutung der Elektrizität für den Bergbau vermehrt worden. Entsprechend den durch den „Vierjahresplan" an die Chemie der Kohle neu gestellten Aufgaben ist vor allem die Brennstoffchemie durch Verbreiterung des Abschnitts über die Veredelung der Kohle auf den heutigen Stand der Wissenschaft gebracht worden.

Für die freundliche Hilfe beim Lesen der Korrektur sage ich Herrn Dr. B. Braukmann, Chemiker im berggewerkschaftlichen Laboratorium, besten Dank. Der dritten Auflage wünsche ich eine wohlwollende Aufnahme!

Bochum, im April 1938.

H. Winter.

Inhaltsverzeichnis.

Inhaltsverzeichnis. V

II. Chemie.

Inhaltsverzeichnis.

VII

Einleitung.

Die Naturlehre, Physik und Chemie, beruht wie die Mathematik nur auf erwiesenem Wissen und beschäftigt sich mit den Gesetzen der Naturerscheinungen. Zu ihrer Erkennung genügt nicht nur das Wahrnehmen derselben durch unsere Sinnestätigkeit, z. B. durch das Sehen, denn es gibt unter vielen Personen nur wenige, die imstande sind, das Erblickte seinem genauen Hergang nach zu schildern.

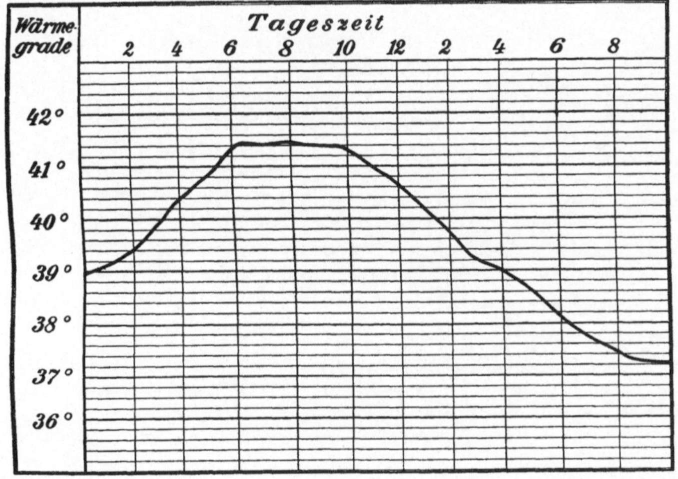

Abb. 1.

Das Genausehen, die Beobachtung, muß gelernt werden, was durch Übung und Vergleichung geschieht. Durch den Versuch, bei welchem der Forscher selbsttätig und absichtlich die zusammenwirkenden Umstände abändert, wird das Gesetzmäßige einer Naturerscheinung klar erkannt. Dabei dienen in vielen Fällen besondere Apparate und Instrumente zur Unterstützung unserer Sinne, die manche Naturerscheinungen sonst überhaupt nicht wahrnehmen können.

Zum besseren Verständnis der aus zusammengehörigen Beobachtungen gewonnenen Zahlen, ihrer Gesetzmäßigkeiten und Beziehungen, bedient man sich der graphischen Darstellung mit Hilfe eines Koordinatensystems. So verzeichnet man z. B. bei Fiebermessungen die Zeiten auf der Abszissen-, die Temperaturen auf der Ordinatenachse. Verbindet man nun die dadurch bestimmten Punkte durch eine Linie, die entweder eine Gerade oder eine Kurve ist, so veranschaulicht diese die Veränderungen der Körpertemperatur. Abb. 1 stellt die Temperaturkurve eines Kranken nach vielen Messungen dar. In der Regel werden so häufige Messungen nicht vorgenommen, so daß die Kurven eckiger verlaufen.

In den selbsttätigen Registrierapparaten (Thermometrograph, Barograph, Depressionsmesser) ermöglicht diese Darstellung mit einem Blick den Vergleich der einzelnen Versuchsergebnisse, so daß Unregelmäßigkeiten sofort erkannt werden können. Die Diagramme sind daher ein vorzügliches Mittel zur Kontrolle von Betrieben, z. B. des Bergbaues, die eine besondere Aufmerksamkeit des Wärters erfordern (Druckmesser für Dampfkessel, Geschwindigkeitsmesser der Förderung, Rauchgaskontrollapparate).

Mit Hilfe der graphischen Darstellung gewinnt man ein schnelles Urteil über die tägliche, monatliche, jährliche Förderung der Belegschaft, über den Anteil der einzelnen Reviere, des einzelnen Mannes, sowie der verschiedenen Kohlenarten usw.

I. Physik.

1. Allgemeine Eigenschaften der Körper. Maße.

Die Physik beschäftigt sich mit den Eigenschaften der Körper und allen Veränderungen, die ihre äußerlichen Eigenschaften und Zustände betreffen, ohne daß ein Wechsel der stofflichen Zusammensetzung eintritt. So erstarrt das Wasser in der Kälte zu Eis und verwandelt sich durch Wärme in Wasserdampf. Eis, Wasser und Wasserdampf aber haben dieselbe chemische Zusammensetzung, sie bestehen aus Wasserstoff und Sauerstoff. Wir haben es in diesem Beispiel also mit einem physikalischen Vorgang zu tun, bei welchem nur die Formart geändert wurde.

Man unterscheidet drei verschiedene Formarten oder Aggregatzustände: den festen, flüssigen und gasförmigen Zustand eines Körpers. Jeder Körper nimmt einen Raum (Volumen) ein und besitzt ein Gewicht. An der Stelle, wo ein Körper sich befindet, kann zu gleicher Zeit kein anderer sein. Legt man auf den Boden einer mit Wasser gefüllten Glaswanne ein Gewichtsstück und stülpt ein Glas mit der Mündung nach unten darüber, so entweicht die Luft in Blasen.

Eine richtige Vorstellung von der Größe eines Körpers kann man nur durch Vergleich mit einer bekannten Größe gewinnen; in ähnlicher Weise ergibt sich z. B. die Geschwindigkeit eines Reiters durch Vergleich mit der eines Fußgängers. Damit nun solche Vergleiche oder Messungen auch von anderen Menschen bequem und schnell, an jedem Orte und zu jeder Zeit, wiederholt und geprüft werden können, bedarf es genau festgelegter Maße.

Als Grundmaß der Länge gebrauchen wir das Meter, den 40000000sten Teil eines Meridians. (Paris 1799.)

Längenmaße.

1 Meter = m	1 Millimeter = mm = 0,001 m
1 Dezimeter = dm = 0,1 m	1 Kilometer = km = 1000 m
1 Zentimeter = cm = 0,01 m	1 Meile = 7,5 km
	1 Rute = 3,77 m.

Die Flächen- und Raummaße leiten sich vom Meter ab; als Einheit für die Flächenmessung wird ein Quadrat von 1 m Seitenlänge angenommen.

Flächenmaße.

1 Quadratmeter = qm
1 Quadratdezimeter = qdm = 0,01 qm
1 Quadratzentimeter = qcm = 0,0001 qm
1 Quadratmillimeter = qmm = 0,000001 qm

1*

1 Quadratkilometer = qkm = 1000000 qm
1 Ar = a = 100 qm
1 Hektar = ha = 100 a = 10000 qm
1 Morgen = 25,53 a
1 Quadratrute = 14,19 qm.

Raummaße.

1 Kubikmeter = cbm
1 Kubikdezimeter = cdm = 1 Liter
1 Kubikzentimeter = ccm = 0,001 Liter
1 Kubikmillimeter = cmm = 0,001 ccm
1 Hektoliter = hl = 100 Liter.

Als Einheit des Gewichts, der Schwere hat man das Gewicht von 1 Liter Wasser bei 4° C = 1 Kilogramm (kg) gewählt.

1 Tonne = 1000 kg	1 Dezigramm = 0,1 g
1 Kilogramm = 1000 g	1 Zentigramm = 0,01 g
1 Gramm = 0,001 kg	1 Milligramm = mg = 0,001 g.

Die Messung der Zeit wird mit Hilfe astronomischer Beobachtungen vorgenommen, welche sich auf die regelmäßig wiederkehrenden Bewegungen der Gestirne beziehen; die Einheit der Zeit ist der Sterntag.

1 Tag = 24 Stunden
1 Stunde = 60 Minuten
1 Minute = 60 Sekunden.

A. Mechanik.

2. Kräfte, Arbeit, Leistung.

Alle Körper, welche sich in der Nähe der Erdoberfläche befinden, zeigen das Bestreben zu fallen. Die Richtung, in welcher ein Körper fällt, wird Senkrechte oder Lotrechte genannt. Sie geht nach dem Mittelpunkt der Erde (Abb. 2); diese von hier ausgeübte Anziehungskraft nennt man Schwerkraft.

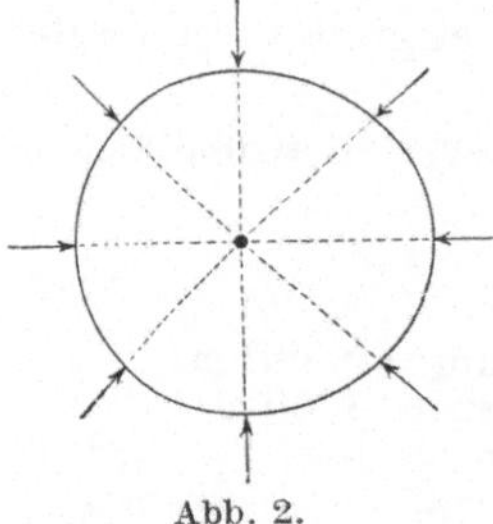
Abb. 2.

Unter **Kraft** versteht man jede Ursache, welche Bewegung hervorruft oder vorhandene Bewegung ändert. Ein Körper, auf welchen keine Kraft wirkt, verharrt in dem Zustand, in welchem er sich befindet, in Ruhe oder Bewegung — Beharrungsvermögen oder Trägheit. Der englische Physiker Newton (1642—1727) lehrte, daß alle Körper einander anziehen. Diese Anziehungskraft bewirkt, daß sich die Planeten um die Sonne bewegen, und daß an den Küsten der Meere abwechselnd alle sechs Stunden Flut und Ebbe eintritt.

Die Anziehung zweier Körper ist dem Produkt aus den beiden sich anziehenden Massen und dem Quadrat ihrer Entfernung umgekehrt proportional:

$$A = \frac{M \cdot m}{d^2}.$$

Die Masse der Erde ist ungefähr 45 mal so groß als die des Mondes; mithin verhält sich die Anziehungskraft der Erde zu der des Mondes wie 45:1, d. h., wenn allein die Anziehungskraft auf Erde und Mond einwirkte und die Erde feststände, so würde der Mond eine 45 mal so große Strecke zur Erde hin in einem Zeitabschnitt zurücklegen, als in der gleichen Zeit im umgekehrten Falle (d. h. wenn der Mond feststände) die Erde zum Monde.

Die Kraft, die das Gewicht oder die Schwere eines Körpers vermöge der Schwerkraft ausübt, wird in Kilogramm gemessen. Man sagt, eine Kraft ist gleich einem Kilogramm, wenn sie in ihrer Richtung denselben Zug oder Druck ausübt wie das Gewicht von 1 Liter Wasser (4° C, 760 mm) oder von 1 Kilogramm. Die Kraft P wird durch die Beschleunigung b gemessen, die sie einer Masse m erteilt ($P = b \cdot m$). Die Einheit der Kraft ist das Dyn, das der Masse 1 g die Beschleunigung von 1 cm/sek² erteilt. Da die Fallgeschwindigkeit rd. 981 cm/sek² beträgt, stellt das Gewicht von 1 g eine Kraft von 981 Dyn dar.

Wirkt die Kraft einer gewissen Strecke entlang, so entsteht Arbeit. Die Arbeit einer Kraft ist gleich dem Produkt aus Weg und Last und nimmt in demselben Verhältnis zu, wie der zurückgelegte Weg länger und die bewegte Last schwerer wird. Die Arbeit, welche nötig ist, um eine Last von einem Kilogramm ein Meter hoch zu heben, nennt man ein Meterkilogramm (mkg). Das Erg. ist die Einheit der Arbeit, die von 1 Dyn geleistet wird, wenn sich ihr Angriffspunkt längs ihrer Richtung um 1 cm verschiebt; die technische Einheit, das mkg, ist = 981000 Erg. Eine Arbeit wird also verrichtet, wenn eine Last gehoben oder fortgezogen wird; die Arbeit ist größer, wenn die Last senkrecht gehoben wird, geringer, wenn diese seitlich verschoben wird. Die bergmännische Förderung mißt man nach Tonnenkilometer (tkm), wobei man die Schachtförderung mit 1000000 mkg/tkm und die Streckenförderung mit 10000—20000 mkg/tkm berechnet.

Unter Leistung versteht man die in der Zeiteinheit ausgeführte Arbeit.

$$\text{Leistung} = \frac{\text{Weg} \times \text{Last}}{\text{Zeit}} = \frac{\text{Arbeit}}{\text{Zeit}} = \frac{\text{mkg}}{\text{sek}}.$$

Die Leistungsfähigkeit der Kraftmaschinen gibt man in Pferdekräften (PS) an. Eine Pferdekraft ist die Leistung von 75 mkg Arbeit in einer Sekunde; eine Menschenkraft rechnet man zu $^1/_7$ PS.

Zusammensetzung und Zerlegung der Kräfte. Wirken zwei Kräfte auf einen Körper in derselben Richtung, so summieren sie sich (Abb. 3a).

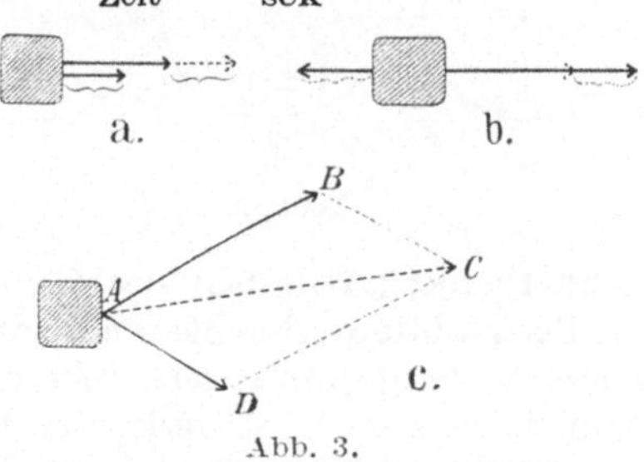

Wirken zwei Kräfte auf einen Körper in entgegengesetzter Richtung, so heben sie sich ganz oder teilweise auf (Abb. 3b).

Wirken zwei Kräfte auf einen Körper unter einem Winkel, so kann ihre Größe und Richtung durch die Diagonale *AC* des Parallelogramms der Kräfte *ABCD* angegeben werden (Abb. 3c). Diese Mittelkraft (Resultante) leistet also dasselbe wie die beiden Seitenkräfte (Komponenten).

Ebenso wie man mehrere Kräfte zu einer Kraft zusammensetzt, kann man auch zur Erklärung physikalischer Vorgänge eine Kraft in zwei Seitenkräfte zerlegen, z. B. bei der Kniepresse, schiefen Ebene.

3. Gleichgewicht und Bewegung der festen Körper.

Die festen Körper unterscheiden sich von den Flüssigkeiten und Gasen dadurch, daß sie eine bestimmte Gestalt besitzen. Ein auf einen festen Körper ausgeübter Druck pflanzt sich nur in der Druckrichtung fort.

Der **Schwerpunkt** ist der Angriffspunkt der Schwerkraft, er muß unterstützt werden, wenn der Körper nicht fallen soll. Man findet den Schwerpunkt eines Körpers, indem man ihn nacheinander an zwei verschiedenen Punkten an einem Faden aufhängt. Die Verlängerung des Fadens geht stets durch den Schwerpunkt, welcher an der Kreuzungsstelle der beiden Linien liegt (Abb. 4).

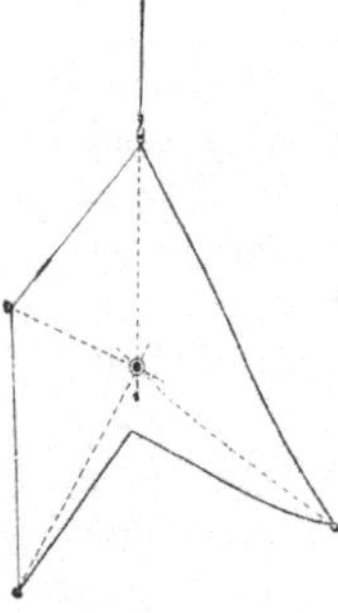

Abb. 4.

Wo liegt der Schwerpunkt eines Dreiecks, Vierecks, Vielecks? Bei regelmäßigen, überall gleich dichten Körpern fällt der Schwerpunkt mit dem Mittelpunkte zusammen. Wo liegt der Schwerpunkt eines Hammers, eines Ringes, einer Hohlkugel?

Wirken mehrere, einander entgegengesetzte Kräfte auf einen in Ruhe befindlichen Körper so ein, daß sie sich gegenseitig aufheben, dann befindet sich der Körper im Gleichgewicht. Man unterscheidet ein **indifferentes** (gleichgültiges), **stabiles** (beständiges) und **labiles** (unbeständiges) **Gleichgewicht**. Ein Körper befindet sich im indifferenten Gleichgewicht, wenn sein Unterstützungspunkt durch den Schwerpunkt geht (Abb. 5a). Wagenräder, Kugel und Zylinder auf wagerechter Ebene?

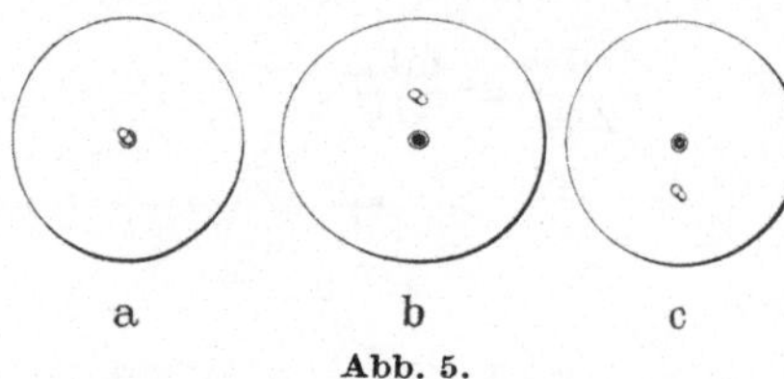

a   b   c

Abb. 5.

Beim stabilen Gleichgewicht liegt der Unterstützungs-(Aufhänge-)punkt senkrecht über dem Schwerpunkt (Abb. 5b), der Körper befindet sich in sicherer Ruhelage.

Beim labilen Gleichgewicht hat der Körper eine solche Lage, daß sein Unterstützungspunkt senkrecht unter dem Schwerpunkt liegt (Abb. 5c); beim geringsten Stoß verliert er die unbeständige Ruhelage und geht in das stabile Gleichgewicht über.

Ein Körper ist auf einer wagerechten Ebene im Gleichgewicht (**standfest**), wenn die von seinem Schwerpunkt gefällte Senkrechte die

Unterstützungsfläche trifft; das ist in der Abb. 6 nur für den unteren Teil des zusammengesetzten, schiefen Zylinders der Fall. Je breiter die Unterstützungsfläche, je schwerer der Körper ist, und je tiefer sein Schwerpunkt liegt, desto größer ist seine Standfestigkeit. Wie ändert man demnach die Lage des Schwerpunktes, wenn eine Last an beiden Händen oder an einer Hand oder auf dem Rücken getragen wird?

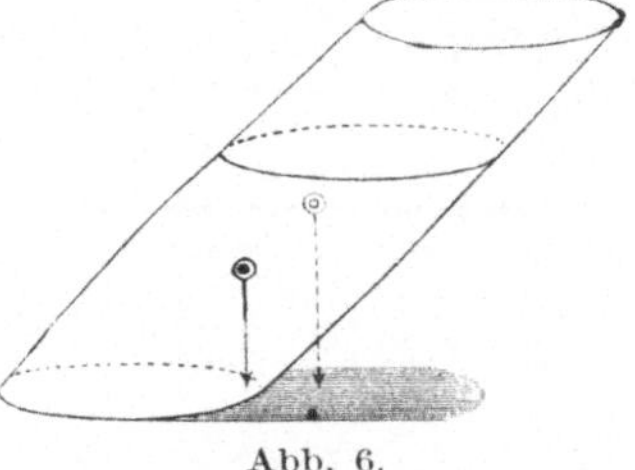
Abb. 6.

4. Maschinen.

Maschinen sind Vorrichtungen zur Übertragung der Wirkung von Kräften von einem Körper auf einen anderen. Man unterscheidet einfache und zusammengesetzte Maschinen. Die Kraftmaschinen machen die äußeren Naturkräfte (Dampf-, Explosions-, Wasserkraft) nutzbar und geben mechanische Arbeit an Arbeitsmaschinen ab. Bei der Streckenförderung im Bergbau bedient man sich feststehender und beweglicher Maschinen. Zu den einfachen Maschinen rechnet man den Hebel (Rolle, Wellrad) und die schiefe Ebene (Keil, Schraube); die zusammengesetzten Maschinen sind aus einfachen aufgebaut.

Der Hebel ist eine um einen festen Punkt drehbare Stange, die wir uns unbiegsam und gewichtslos denken. Die Entfernung zwischen dem Drehpunkt und dem Angriffspunkte der Kraft bzw. der Last nennt man Kraftarm bzw. Lastarm. Bei den einarmigen Hebeln (Brechstange, Schaufel, Spaten, Schubkarren,

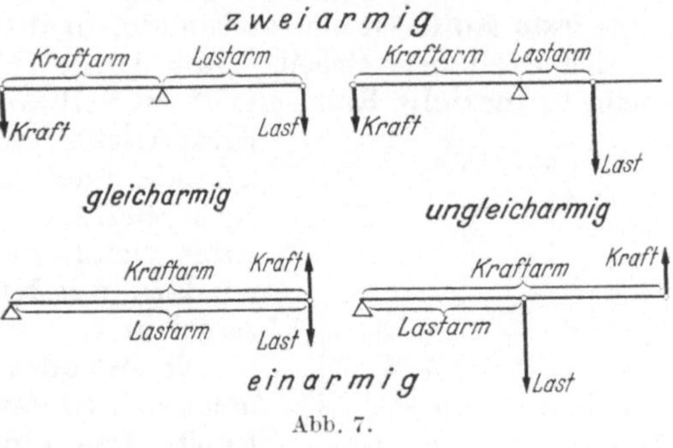

Abb. 7.

Sicherheitsventil) liegen die Angriffspunkte der Kraft und der Last auf derselben Seite, bei den zweiarmigen Hebeln (Brechstange, Keilhauen, Schrämeisen, Wage, Schere, Zange, Pumpenschwengel) auf entgegengesetzten Seiten des Drehpunktes. Sowohl beim einarmigen als auch beim zweiarmigen Hebel können die Hebelarme gleich und ungleich sein (Abb. 7).

Am Hebel herrscht Gleichgewicht, wenn das Produkt aus Kraft und Kraftarm gleich dem Produkt aus Last und Lastarm ist (Abb. 8). Der gemeinsame Vorteil aller Maschinen ist, daß sie die Möglichkeit bieten, große Lasten mit kleineren Kräften zu überwinden; dabei wird an Arbeit nichts gewonnen. Was wir an Kraft gewinnen, geht an Weg verloren und umgekehrt (goldene Regel der Mechanik). Stören wir das in Abb. 9 dargestellte Gleichgewicht und bewegen die Last um die Strecke eins, so legt die Kraft einen viermal größeren Weg zurück.

Aufgabe: An einem einarmigen Hebel wirken zwei Kräfte von 300 und 500 kg nach entgegengesetzten Richtungen. Der Hebelarm der ersten Kraft ist = 3,5 m, wie groß ist der des zweiten im Falle des Gleichgewichts?

$$= \frac{3,5 \times 300}{500} = 2,1 \text{ m.}$$

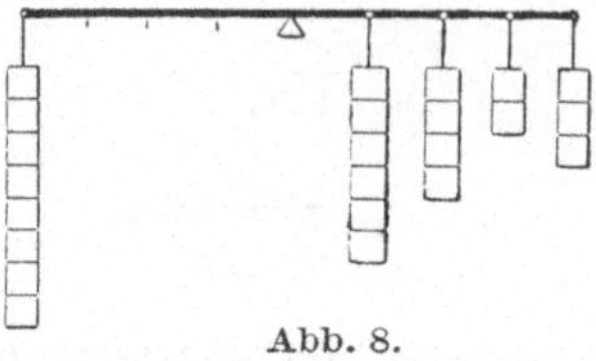

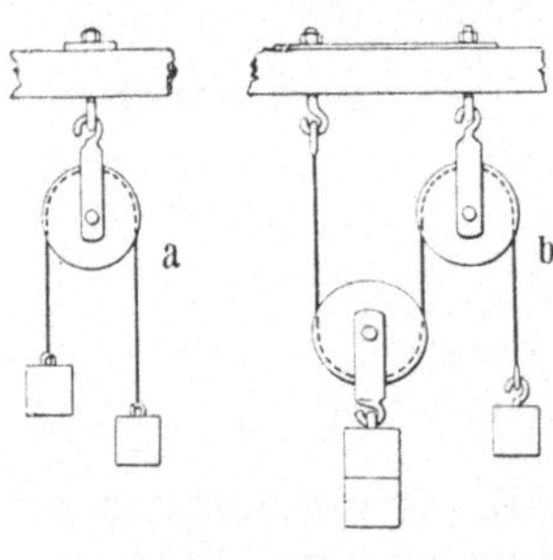
Abb. 8.

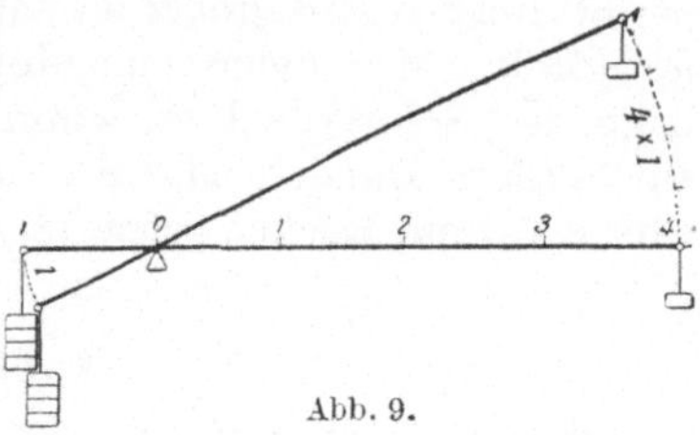

Abb. 9.

Aufgabe: An einem doppelarmigen Hebel ist der eine Hebelarm = 0,4 m, der andere = 0,7 m. Am Endpunkt des ersten hängt ein Gewicht von 50 kg; wieviel hängt an dem anderen im Falle des Gleichgewichts, und wie groß ist der Druck auf den Drehpunkt?

$$\frac{0,4 \times 50}{0,7} = 28,57 \text{ kg}$$
$$50 + 28,57 = 78,57 \text{ kg}$$

Rolle und Wellrad sind hebelartige Vorrichtungen, bei welchen die Radien als Hebel anzusehen sind.

Die **feste Rolle** ist eine kreisrunde, in ihrem Mittelpunkte befestigte und sich drehende Scheibe (Abb. 10a). Eine auf dem Umfang der Scheibe befindliche Rinne nimmt ein Seil auf, an dessen einem Ende die Kraft wirkt, während am anderen die zu hebende Last befestigt ist. An der festen Rolle herrscht Gleichgewicht, wenn die Kraft gleich der Last ist; sie dient daher nur dazu, der Kraft eine bequeme Richtung zu geben.

Die **lose oder bewegliche Rolle** (Abb. 10b) dreht sich in einer Schere, an der die Last hängt. Das eine Ende des Seils ist befestigt, an dem andern wirkt die Kraft. An der losen Rolle herrscht Gleichgewicht, wenn die Kraft gleich der Hälfte der Last ist. Goldene Regel.

Abb. 10.

Lasten (Rammbär) werden mit einem über eine feste Rolle gehenden Seil gefördert; bei Anwendung einer zweiten festen Rolle kann man die Kraft auch wagerecht wirken lassen. Auf Rollen verlagerte Schüttelrutschen machen in dünnen Flözen die Förderung der Kohle mit der Schaufel entbehrlich, und Rollenlager dienen bei Förderwagen zur Verringerung der Reibung und des Verschleißes. Göpel, Haspel, Seilscheibe usw.

Die Verbindung einer losen Rolle mit einer festen bildet die einfachste Form des Flaschenzuges (Abb. 11). Gleich viel feste und lose Rollen sind in einer festen und losen Flasche vereinigt. Die feste

Flasche ist an der Unterseite eines wagerechten Trägers angebracht; an der losen Flasche hängt die Last. Ein Seil, dessen eines Ende an dem unteren Haken der festen Flasche befestigt ist, umschlingt der Reihe nach je eine Rolle der festen und der beweglichen Flasche; an dem freien Ende des Seiles wirkt die Kraft. Bei drei festen und drei beweglichen Rollen verteilt sich die Last auf sechs Schnüre. Im Falle des Gleichgewichts muß die Kraft also gleich $^1/_6$ der Last sein. Goldene Regel.

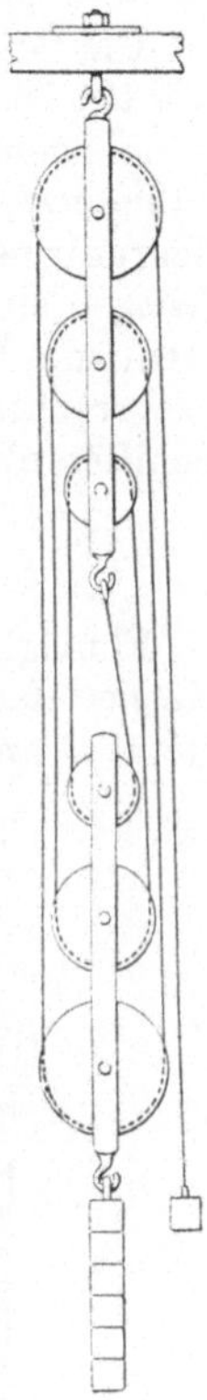

Schiefe Ebene. Eine zur Wagerechten unter einem spitzen Winkel geneigte Ebene (Schrotleiter, Treppe, ansteigende Straße). Legt man eine Last auf eine wagerechte Platte, so wird sie durch den von der Platte ausgeübten senkrechten Druck im Gleichgewicht gehalten. Wird die Platte geneigt, so sucht ein Teil des Gewichts den Körper auf der schiefen Ebene herabzuziehen, und zwar um so leichter, je mehr die Neigung der schiefen Ebene wächst. In der Abb. 12 stellt die senkrecht auf der Basis AB der schiefen Ebene stehende Linie SG die Schwere des Körpers dar. Die dem Körpergewicht entsprechende Kraft SG läßt sich in die Kraft SD und SQ zerlegen. Die Kraft SD übt nur einen Druck auf die Länge AC der schiefen Ebene aus; für die Bewegung längs der schiefen Ebene bleibt nur die Kraft SQ übrig. Soll der Körper also auf der schiefen Ebene im Gleichgewicht bleiben, so muß der Kraft SQ nach der anderen Seite eine gleiche Kraft SP entgegengesetzt werden. $SP = SQ$ ist aber als Kathete des rechtwinkligen Dreiecks kleiner als die Hypotenuse SG, welche die Schwere des Körpers darstellt. Daraus ergibt sich, daß man zum Festhalten des Körpers auf der schiefen Ebene eine kleinere Kraft, als der Last des Körpers entspricht, nötig hat. Wirkt die Kraft parallel zur Länge der schiefen Ebene, so herrscht Gleichgewicht, wenn die Kraft gleich ist der Last, multipliziert mit dem Neigungsverhältnis (Höhe : Länge) der schiefen Ebene. Goldene Regel. Ist der Neigungswinkel α der schiefen Ebene gleich 30°, so verhält sich im Falle des Gleichgewichts die Kraft zur Last wie 1:2, weil hier die Höhe gleich der halben Länge der schiefen Ebene ist.

Keil und Schraube sind besondere Formen der schiefen Ebene.

Je kleiner der Rücken des Keils im Verhältnis zu den Seiten ist, um so geringer ist die zum Spalten eines Gegenstandes erforderliche Kraft, von welcher der größte Teil auf Reibung verlorengeht. Beil, Stemmeisen, Messer, Nadel. Der

Abb. 11.

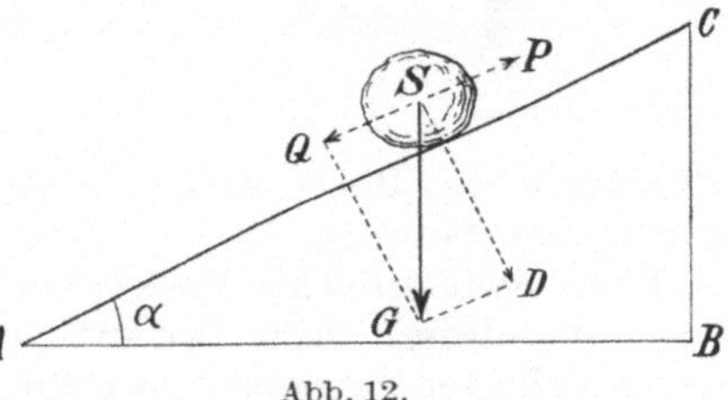

Abb. 12.

Keil wird nicht nur zum Zerspalten, sondern auch zum Befestigen gebraucht. Keilverschlüsse der Geschütze; Keilverbindungen und -sicherungen von Maschinenteilen. Keilpresse.

Die **Schraube** ist eine schiefe Ebene, welche um eine Spindel gelegt worden ist. Man erhält eine Schraubenspindel oder Schraubenmutter, je nachdem längs der Schraubenlinie eine drei- oder vierkantige Wulst aufgesetzt, oder eine solche Vertiefung eingelassen wird. Eine flache Schraubenspindel kann mit geringerer Kraft als eine steile auf den Gängen einer Mutter im Gleichgewicht erhalten werden. Die Schraube dient zum Befestigen, Pressen, Heben von Lasten, Richten der Geschütze, Wagerechtstellen von physikalischen Apparaten und Bewegen von Schiffen und Flugzeugen.

5. Gleichgewicht und Bewegung der Flüssigkeiten.

Flüssigkeiten sind leicht bewegliche, nicht leicht zusammendrückbare Körper, deren Oberfläche eine Ebene bildet; sie nehmen die Gestalt des Gefäßes an.

Fortpflanzung des Druckes.

Der auf eine Flüssigkeit ausgeübte Druck pflanzt sich nach allen Richtungen mit gleicher

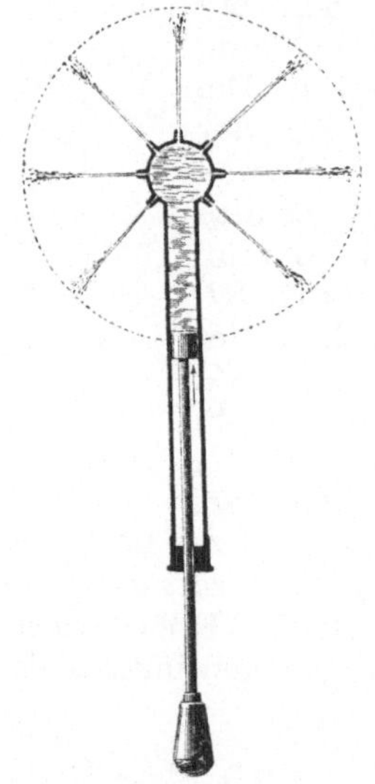

Abb. 13.

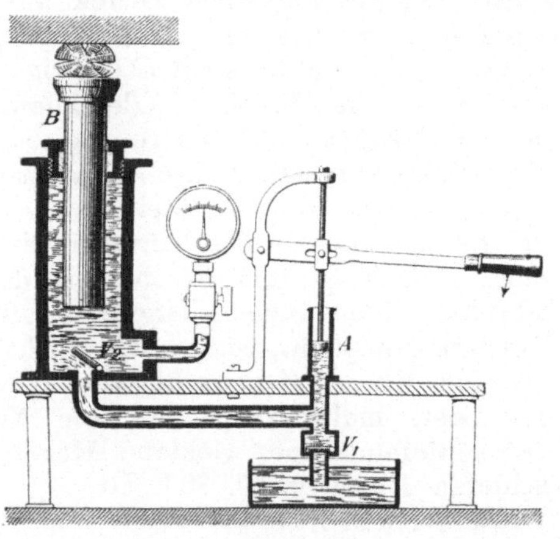

Abb. 14.

Stärke fort, was der in Abb. 13 dargestellte Versuch mit der Kugelspritze unmittelbar beweist.

In der **hydraulischen Presse** (Abb. 14) findet dieses Gesetz eine wichtige Anwendung. Eine Druckpumpe ist durch eine Röhre mit einem weiten Zylinder verbunden, der durch den beweglichen Preßkolben verschlossen ist. Wird der Kolben A der Druckpumpe mit der Kraft p nach unten gedrückt, so wird auf den Preßkolben vom Querschnitt B eine Kraft $p \cdot \dfrac{B}{A}$ übertragen. Dadurch hebt sich der Preßkolben und drückt den auf ihm liegenden Körper gegen ein festes Widerlager. Die Kraft wächst in demselben Maße, wie der Querschnitt des Preßkolbens größer als der des Druckkolbens wird. Goldene Regel.

Die hydraulische Presse dient zum Auspressen von Öl aus Samen und Paraffin, Teer aus Naphthalin, Zuckersaft aus Rübenschnitzel, zum Pressen von Tabak, Tuch, Papier, Heben von Lasten und in der Materialprüfung zur Untersuchung von eisernen Röhren und Förderseilen.

Aufgabe: In der hydraulischen Presse (Abb. 14) sei der Querschnitt des Druckkolbens $A = 1$ qcm, der des Preßkolbens $B = 16$ qcm, der Hebelarm der Kraft an der Druckpumpe $= 40$ cm und der der Last $= 10$ cm. Wie groß ist der Druck auf den Preßkolben, wenn eine Kraft von 12 kg am Hebelarm der Pumpe wirkt?

$$= \frac{12 \times 40}{10} \cdot \frac{16}{1} = 768 \text{ kg.}$$

Bodendruck.

Der Bodendruck, d.h. der Druck einer Flüssigkeit auf den wagerechten Boden eines Gefäßes, ist gleich dem Gewichte einer Flüssigkeitssäule, deren Grundfläche die gedrückte Fläche und deren Höhe der senkrechte Abstand dieser Fläche vom Flüssigkeitsspiegel ist. Der Bodendruck ist demnach von der Gestalt des Gefäßes unabhängig.

Verschieden geformte Gefäße (Abb. 15) sind unten mit gleich großen Fassungen versehen, so daß sie mit dem Gestell einer Wage verbunden werden können, deren einer Hebel mit einem Gewicht belastet ist und dadurch eine ebene Metallscheibe als beweglichen Boden am End-

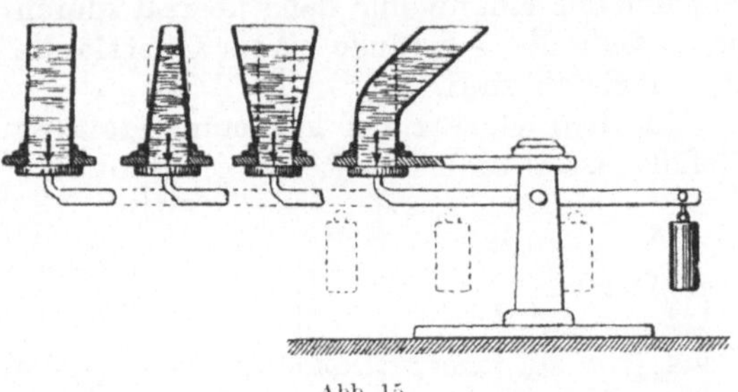

Abb. 15.

punkt des anderen Hebels gegen die Fassung drückt. Gießt man nun vorsichtig Wasser in die Gefäße, so bleibt die Höhe, bei welcher das Ausfließen beginnt, dieselbe, trotzdem die entsprechenden Wassergewichte ganz verschieden sind. War das Gefäß oben enger, so hat z. B. das Wasserteilchen B (Abb. 16) den Druck der Wassersäule AB auszuhalten. Dieser Druck pflanzt sich in gleicher Stärke auf das Wasserteilchen C fort, so daß wir uns dieses unter dem Druck einer Wassersäule HC befindlich denken können. Entsprechend würde für das Wasserteilchen F der Druck einer Wassersäule GF in Betracht

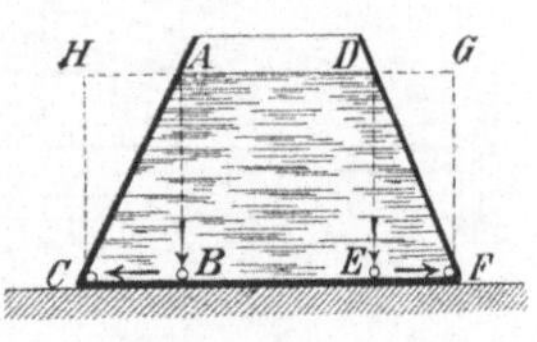

Abb. 16.

kommen. Der Bodendruck auf CF ist demnach gleich dem Gewicht einer Wassersäule $CFGH$.

Für die Grube hat der Druck der Wassersäule eine hohe Bedeutung, da das Gebirge vielfach von Wasser führenden Klüften durchzogen ist.

Seitendruck.

Der Seitendruck ist gleich dem Gewicht einer Flüssigkeitssäule, welche die gedrückte Fläche zur Grundfläche und die Entfernung ihres Schwerpunktes von der Oberfläche zur Höhe hat. Der Seitendruck wirkt senkrecht auf jedes Flächenstück, daher bewegt sich auch eine senkrecht hängende, unten nach einer Seite umgebogene Röhre beim Eingießen von Wasser nach der entgegengesetzten Seite (Abb. 17). Auf demselben Prinzip beruhen das Segnersche Wasserrad, die Turbine und der Rasensprenger.

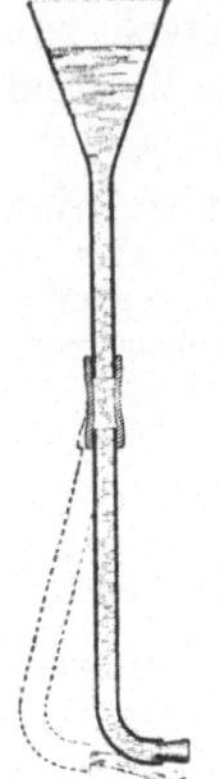

Abb. 17.

Kommunizierende Gefäße.

Die freien Oberflächen einer Flüssigkeit in miteinander in Verbindung stehenden (kommunizierenden) Gefäßen liegen in einer und derselben wagerechten Ebene, weil der Druck auf die Flächeneinheit gleich ist. Denken wir uns nämlich durch die verbindende Röhre (Abb. 18) eine wagerechte Ebene, so wird der Druck in dieser durch ihren senkrechten Abstand von der Oberfläche des einen Gefäßes wie von der des anderen bestimmt. Der Druck kann in den Punkten der Ebene nur dann überall gleich sein, wenn die Abstände bis zur Oberfläche überall gleich sind.

Mit dem Gesetz der kommunizierenden Gefäße lassen sich eine Reihe von Beobach-

Abb. 19.

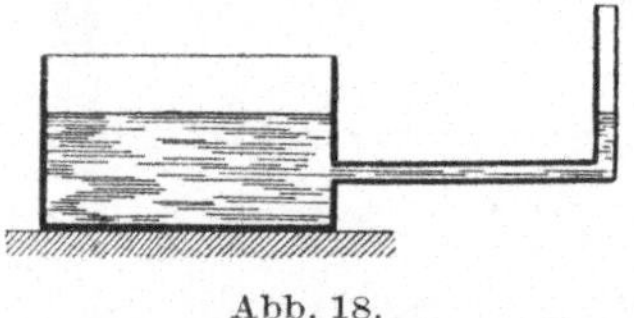

Abb. 18.

tungen in der Natur erklären, z. B. die Überschwemmung von Kellern in der Nähe von Flüssen bei Hochwasser. Gieß- und Kaffeekanne,

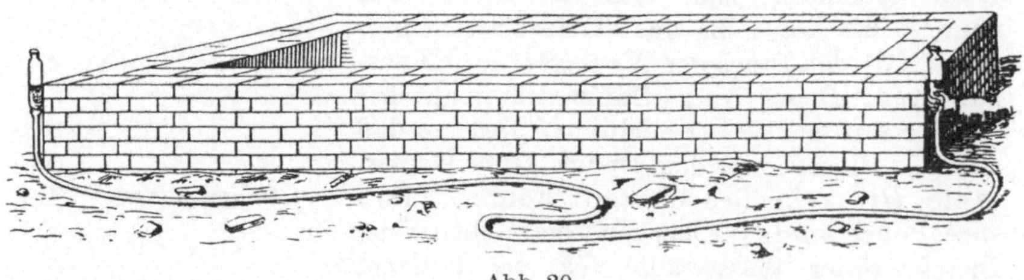

Abb. 20.

Wasserwage (Abb. 19), Schlauchwage (Abb. 20), Wasserleitung, Wasserstandglas, Springbrunnen und artesischer Brunnen (Abb. 21) sind Anwendungen der kommunizierenden Gefäße.

Auftrieb.

Der Druck des Wassers wirkt auch nach aufwärts, da er sich nach allen Seiten gleichmäßig fortpflanzt.

Die Glasplatte (Abb. 22), welche mit Hilfe eines Fadens als Boden des Lampenzylinders in ein Gefäß mit Wasser getaucht wird, fällt nicht

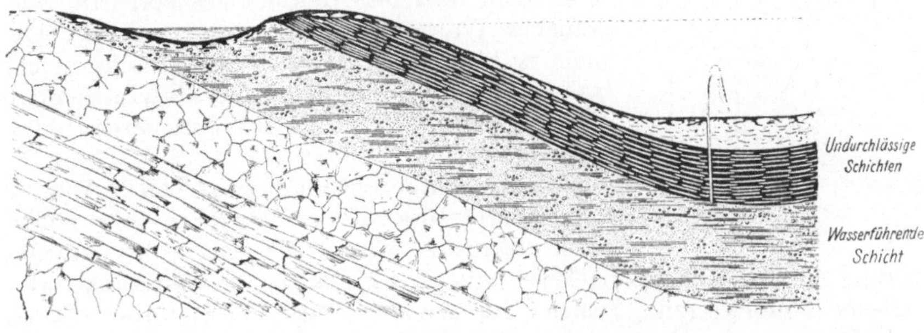

Abb. 21.

herab, wenn man den Faden losläßt; das geschieht erst, wenn der Zylinder so weit mit Wasser gefüllt ist, daß es in beiden Gefäßen gleich hoch steht.

Taucht man einen prismatischen Körper $ABCD$ unter eine Flüssigkeit (Abb. 23), so heben sich die auf die Seiten wirkenden Kräfte gegenseitig auf, da sie gleich sind. Der Druck auf die Oberfläche AD nach unten ist gleich dem Gewicht der Wassersäule $FADE$; der Druck auf die Unterfläche BC nach oben (Auftrieb) ist gleich dem Gewicht der Wassersäule $FBCE$. Der Unterschied der beiden Kräfte $FBCE - FADE = ABCD$

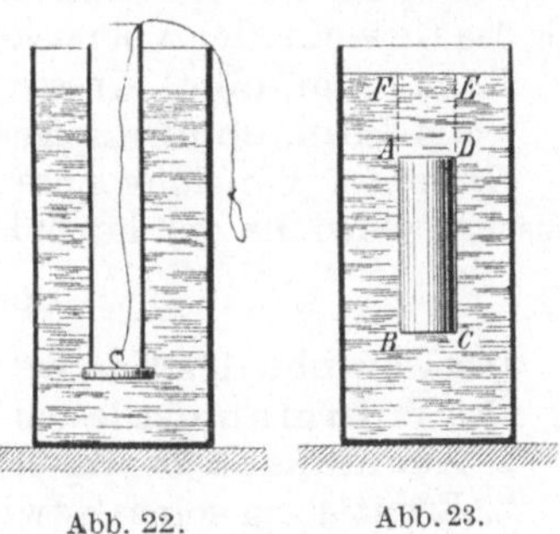

Abb. 22.   Abb. 23.

stellt genau das Gewicht einer dem Prisma an Volumen gleichen Flüssigkeitsmenge dar. Ein eingetauchter Körper verliert also scheinbar so viel an Gewicht, wie dasjenige der von ihm verdrängten Flüssigkeit beträgt — Archimedes' Prinzip 250 v. Chr.

Auch durch den in Abb. 24 dargestellten Versuch wird dieses Gesetz klar bewiesen. Man hängt an den einen Arm einer Wage ein Eimerchen und an dieses einen Zylinder aus Metall, der genau hineinpaßt. Nachdem die Wage an der Luft in Gleichgewicht gebracht worden ist, taucht man den

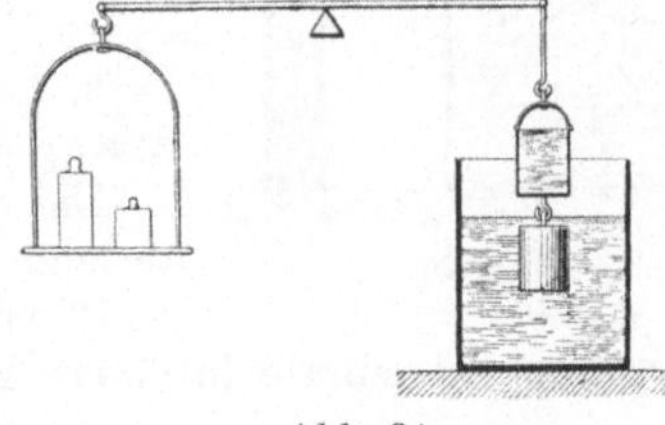

Abb. 24.

Zylinder in Wasser ein. Durch den Auftrieb, welchen seine untere Fläche erfährt, wird das Gleichgewicht gestört; es ist wieder hergestellt, wenn man das Eimerchen bis zum Rande mit Wasser gefüllt hat. Mit Hilfe dieses Verfahrens ist es möglich, das Volumen eines Körpers zu bestimmen.

Je nachdem das Gewicht eines Körpers größer oder gleich oder leichter ist als das eines gleichen Raumteils Wasser, sinkt, schwebt oder schwimmt er im Wasser. Ein auf Wasser schwimmender Körper taucht so tief ein, daß das Gewicht des von ihm verdrängten Wassers gleich seinem eigenen Gewicht ist (Abb. 25). Dabei ist das Gleichgewicht stabil, wenn der Schwerpunkt des schwimmenden Körpers tiefer liegt als der des verdrängten Wassers.

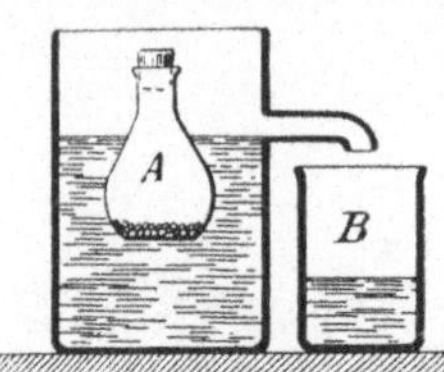

Abb. 25.

In einer Aufschwemmung von Ton in Wasser („Scheideflüssigkeit") sinkt die Schlacke sofort unter, während der Koks schwimmt; darauf beruht ein Verfahren zur Gewinnung des Koks aus der Schlacke industrieller Feuerungen. Schiefer ist schwerer als Kohle, daher fallen Schieferstücke in Wasser schneller als gleich große Kohlenstücke. Auf diesem Prinzip beruhen die Setzmaschinen der Kohlenwäsche.

6. Spezifisches Gewicht, Dichte.

Das spez. Gewicht oder die Dichte eines Körpers ist nichts anderes als das Gewicht der Volumeneinheit. Wiegt

1 ccm (cdm, cbm) Wasser bei 4° 1 Gramm (Kilo, Tonne), so wiegt
1 ccm (cdm, cbm) Kupfer 8,9 Gramm (Kilo, Tonnen).

Das spez. Gewicht eines Körpers wird gefunden, indem man das absolute Gewicht (p) durch das Volumen (v) dividiert.

$$\text{Spez. Gewicht} = \frac{p}{v}.$$

Das Gewicht des Körpers wird stets durch Auswägen ermittelt.
Das Volumen der festen Körper kann bestimmt werden durch
1. Ausmessen bei regelmäßigen Körpern.
2. Ermittlung seines Gewichtsverlustes unter Wasser oder anderen Flüssigkeiten.

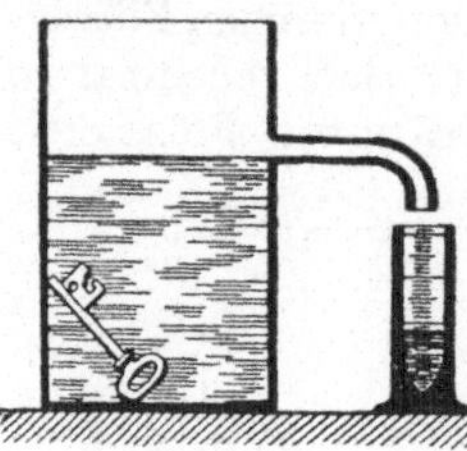

Abb. 26.

Ein Stück Schwefelkies wog an der Luft 48 g, im Wasser 38 g. 10 g ist also der Gewichtsverlust, 10 ccm das Volumen des Schwefelkieses.

$$\text{Spez. Gewicht} = \frac{p}{v} = \frac{48}{10} = 4{,}8.$$

3. Ausmessen der von dem Körper verdrängten Flüssigkeit (Abb. 26).

Ein Schlüssel wurde gewogen ($p = 12{,}5$ g), alsdann in ein sorgfältig eingestelltes Überlaufgefäß mit Wasser getaucht. Die überlaufende Wassermenge wurde in einem Meßzylinder aufgefangen ($v = 4{,}5$ ccm).

$$\text{Spez. Gewicht} = \frac{12{,}5}{4{,}5} = 2{,}8.$$

Ist ein Körper leichter als Wasser, so verbindet man ihn mit einem schwereren, z. B. Blei, dessen Gewicht man kennt.

Aufgabe: Ein Stück Torf wiegt in der Luft 10 g, ein Stück Messing im Wasser 88,8 g. Beide Körper miteinander verbunden, wiegen im Wasser 78,2 g. Wie groß ist das spez. Gewicht des Torfs?

$$\text{Spez. Gewicht} = \frac{10}{10 + 88,8 - 78,2} = 0,48.$$

Ist der Körper im Wasser löslich, so bestimmt man sein Volumen mit Hilfe einer anderen Flüssigkeit (z. B. Öl), in der er sich nicht löst und deren spez. Gewicht bekannt ist.

Aufgabe: Ein Stück Zucker wog 35 g; es verdrängte aus einem Überlaufgefäß 27,4 g Alkohol vom spez. Gewicht 0,80. Wie groß ist das spez. Gewicht des Zuckers?

$$= \frac{35}{27,4} : 0,8 = 1,6.$$

Das spez. Gewicht von Flüssigkeiten wird mittels des 100 g-Fläschchens, ferner der Spindel oder des Aräometers ermittelt.

Das 100 g-Fläschchen wird zunächst auf der Wage mit Schrot ausgeglichen, dann mit der zu prüfenden Flüssigkeit, z. B. Quecksilber, gefüllt und gewogen. Das Quecksilber wog 1360 g.

$$\text{Spez. Gewicht} = \frac{1360}{100} = 13,6.$$

Die **Spindel oder das Aräometer** (Abb. 27) ist eine geschlossene Röhre, deren Schaft die Skala aufnimmt; sie ist unten erweitert und durch Blei beschwert. Die Spindel sinkt um so tiefer in eine Flüssigkeit ein, je leichter diese ist. An der Skala wird das spez. Gewicht der Flüssigkeit abgelesen, z. B. 1,5.

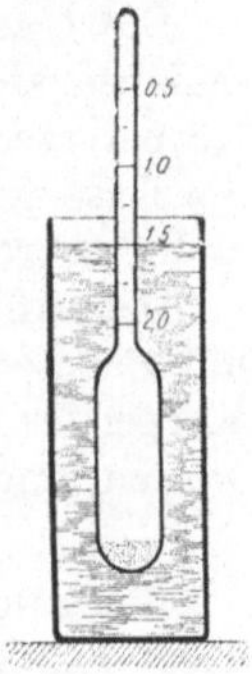

Diese Vorrichtungen sind oft so eingerichtet, daß man den Prozentgehalt der den Kaufwert einer Flüssigkeit bedingenden Bestandteile auf der Skala unmittelbar ablesen kann — Alkoholometer, Milchwagen usw.

Abb. 27.

Spezifische Gewichte.

Feste Körper.

Platin	21,4	Zink	7,1	Steinkohle	1,3
Gold	19,3	Diamant	3,5	Braunkohle	1,2
Blei	11,3	Aluminium	2,7	Eis	0,9
Silber	10,5	Kreide	1,8	Kork	0,3
Kupfer	8,9	Magnesium	1,7		

Flüssige Körper.

Quecksilber	13,6	Wasser	1,0	Alkohol	0,8
Schwefelsäure	1,8	Öl	0,9	Äther	0,7
Salpetersäure	1,5	Benzol	0,9	Benzin	0,7
Salzsäure	1,2				

7. Haarröhrchenerscheinungen — Kapillarität.

Daß flüssige Körper auch Zusammenhangskraft (Kohäsion) besitzen, erkennt man daran, daß kleine Mengen davon Kugelgestalt annehmen und Tropfen bilden. Eine benetzende Flüssigkeit, z. B. Wasser, steht in einem Glase am Rande höher als in der Mitte, indem es sich unter dem

Einfluß der **Adhäsion**, der Zusammenhangskraft, welche zwischen zwei verschiedenen Körpern besteht, an der Gefäßwand aufwärts krümmt.

Der Rand des Quecksilbers, welches das Glas nicht benetzt, wird dagegen durch die überwiegende Kohäsion abwärts gekrümmt.

Damit steht im Einklang, daß Wasser in Haarröhrchen um so höher steigt, je enger sie sind, und daß das Quecksilber in Haarröhrchen tiefer als im Gefäß steht.

Auf der Haarröhrchenanziehung beruht das Eindringen und Aufsteigen der Flüssigkeiten in porösen Körpern wie Löschpapier, Sand, Mauern, Öl im Docht und im beschränkten Maße des Safts im Pflanzenkörper.

Die Kapillarität bewirkt zum Teil, daß sich das Waschwasser der Feinkohle und des Kohlenschlammes nur schwierig entfernen läßt, während die vier verschiedenen Nußkohlen leicht trocknen.

8. Gleichgewicht und Bewegung der gasförmigen Körper.

Die Gase besitzen keine Zusammenhangskraft, ihre Teilchen verschieben sich sehr leicht gegeneinander, so daß sich die luftförmigen Körper stark zusammendrücken und ausdehnen lassen. Daher füllen die Gase jeden Raum vollständig aus, ihr Volumen kann beliebig geändert werden.

Der auf ein Gas ausgeübte Druck pflanzt sich nach allen Richtungen mit gleicher Stärke fort. Daher übt die Luft auf alle in ihr befindlichen Körper Drucke aus, die denselben Gesetzen wie die Flüssigkeiten unterworfen sind.

Luftdruck.

Wie alle Körper besitzen auch die Gase Schwere. Ein Liter Luft wiegt 1,293 g (0°, 760 mm). Deshalb übt die unsere Erde umgebende Lufthülle, die Atmosphäre, auf die Oberfläche der Erde einen Druck aus. Der Italiener **Torricelli** wies zuerst das Vorhandensein und die Größe des Luftdrucks nach (1643), indem er diesen mit dem Druck einer Quecksilbersäule ins Gleichgewicht brachte.

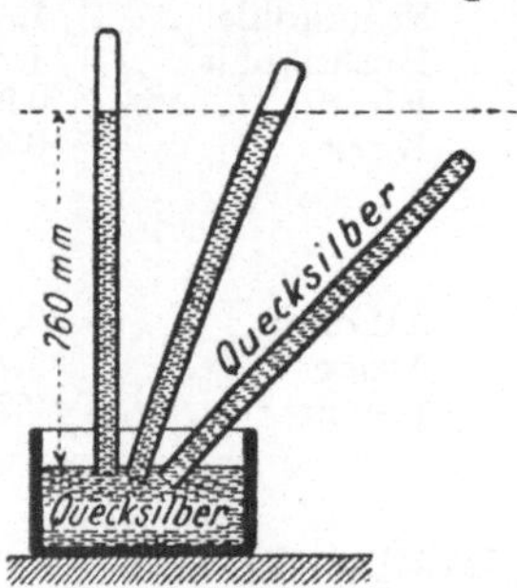

Abb. 28.

Zu diesem Zweck füllt man eine ungefähr 1 m lange, an dem einen Ende verschlossene Glasröhre mit Quecksilber, verschließt sie mit dem Finger und entfernt diesen nach Umdrehen und Eintauchen der Röhre in Quecksilber. Das Quecksilber fließt nicht aus, sondern stellt sich 76 cm höher ein als das Niveau des Quecksilbers im äußeren Gefäß (Abb. 28). Der Raum über dem Quecksilber im Rohre ist luftleer und heißt Vakuum.

Der Luftdruck hält demnach einer Quecksilbersäule von 76 cm = 760 mm das Gleichgewicht. Der Druck auf je 1 qcm Fläche ist gleich dem Gewicht von 76 ccm Quecksilber, beträgt also $76 \times 13,6 = 1,033$ kg. Da Quecksilber 13,6 mal schwerer als Wasser ist, so ist der Luftdruck gleich dem Druck einer Wassersäule von 76 × 13,6 cm = 10,33 m Höhe; bis zu dieser kann man also das Papier, welches in dem durch Abb. 29 dargestellten Versuch den Boden bildet, mit Wasser belasten, bevor es abfällt.

Man nennt den Druck der Luft von 1 kg auf eine Fläche von 1 qcm **eine Atmosphäre (at)**; dieselbe ist gleich einer Quecksilbersäule von 735,5 mm oder gleich einer Wassersäule von 10,00 m.

Der Luftdruck lastet natürlich auch auf dem menschlichen Körper, dessen Oberfläche mehr als 1,5 qm beträgt. Der gewaltige Druck von 15000 bis 20000 kg wird aber dadurch ausgehalten, daß er von allen Seiten, also auch von innen nach außen in gleicher Stärke wirkt. Die dauernde Angabe des Luftdrucks ist nicht nur für die Wetterlehre, sondern auch für viele physikalische Untersuchungen von großer Wichtigkeit; die dazu dienenden Apparate nennt man **Barometer.** Es gibt Quecksilber- (Gefäß- und Heber-) und Dosenbarometer.

Abb. 29.

In dem **Gefäßbarometer** (Abb. 30) wird der Luftdruck durch die Höhe der Quecksilbersäule in dem geschlossenen Schenkel der Röhre gemessen, wobei der Nullpunkt der Quecksilberspiegel im angeschmolzenen Gefäß ist. Da sein Durchmesser im Vergleich zu dem der geschlossenen Röhre groß ist, so kann man von den Schwankungen des Quecksilberstandes im Gefäß absehen und eine feste Skala anbringen.

Das **Heberbarometer** gestattet genaue Messungen. Eine heberförmig gebogene, überall gleich weite Röhre hat einen etwa 80 cm langen, zugeschmolzenen Schenkel, während der kürzere oben offen ist. Die ganze Röhre wird mit Quecksilber gefüllt und umgekehrt. Der Druck der Luft ist gleich dem Druck der Quecksilbersäule im geschlossenen Schenkel; die Kuppe des Quecksilbers im kurzen Schenkel gibt den Nullpunkt an, auf welchen die verschiebbare Skala eingestellt wird.

Das **Dosen- oder Aneroidbarometer** (Abb. 31) ist besonders für Reisen (Grubenfahrten) bequem. Es besteht aus einer biegsamen, luftleeren Metalldose, welche bei Änderungen des Luftdrucks ihre Gestalt verändert. Bei steigendem Luftdruck wird die Dose mehr oder weniger stark eingedrückt. Diese Bewegung wird durch Hebelübertragung vergrößert und durch einen Zeiger auf eine Skala übertragen, welche durch Vergleich mit einem Quecksilberbarometer geeicht ist.

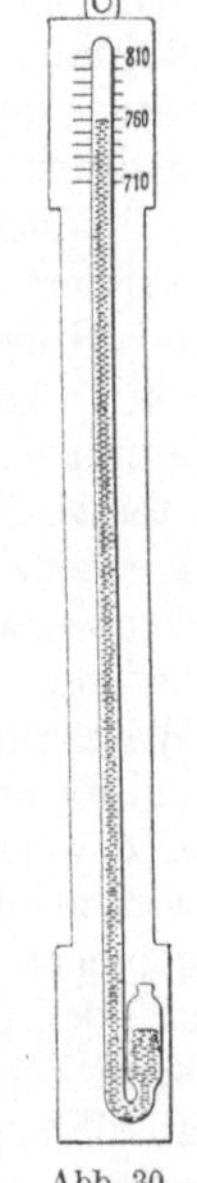
Abb. 30.

9. Veränderungen des Luftdrucks.

Die Angabe, der Luftdruck ist gleich 760 mm, bezieht sich auf den Meeresspiegel und auf die Temperatur 0°. Bei

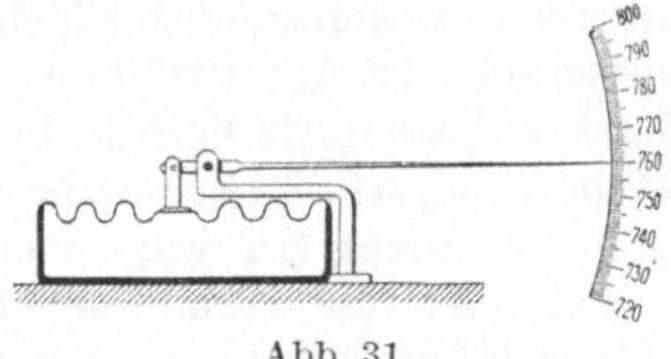
Abb. 31.

der Grubenfahrt gelangen wir in Teufen, die weit unter dem Meeresspiegel liegen. Die Luftsäule wird dabei um so größer, je tiefer wir uns befinden; da die Luft elastisch ist, wird sie dort unten auch viel mehr zusammengepreßt als in höheren Schichten. Aus diesen Gründen steigt auch das Barometer, je tiefer wir kommen.

Auf hohen Bergen dagegen ist die Luftsäule kürzer als auf dem Meeresspiegel. Je höher wir steigen, desto geringer wird der Luftdruck, und desto mehr fällt das Barometer, und zwar um 1 mm bei je 10,5 m Erhebung. Denn zeigt die Quecksilbersäule bei einem Querschnitt von 1 qcm einen um 1 mm niedrigeren Stand, so heißt das, der Luftdruck hat um $\frac{13,6}{10} = 1,36$ g abgenommen. In Norddeutschland und im Rhein\-tal beträgt der mittlere Luftdruck etwa 750—760 mm, in Mitteldeutsch\-land 735—750 mm und in Süddeutschland 710—735 mm.

Bochum liegt etwa 90 m über dem Meeresspiegel, deshalb beträgt sein mittlerer Barometerstand $760 - \frac{90}{10,5} = 751,5$ mm. Der Montblanc ist 4800 m hoch, sein mittlerer Barometerstand würde $760 - \frac{4800}{10,5} = 303$ mm sein. In Wirklichkeit ist die mittlere Barometerhöhe auf diesem Berge 420 mm. Das hängt damit zusammen, daß die Luft, je höher wir kommen, um so leichter wird, da die Luftsäule immer kürzer, weniger zusammen\-gedrückt und damit dünner wird.

Bestimmt man den Barometerstand zunächst in der Ebene und dann auf dem Gipfel des Berges, bzw. über Tage und in der Grube, so kann man mit Hilfe von Umrechnungstabellen die Höhe eines Berges bzw. die Teufe einer Grube messen. Aus regelmäßigen Beobachtungen des Barometers ergibt sich, daß der Barometerstand an demselben Ort bald fällt, bald steigt. Nachts ändert sich der Luftdruck am wenigsten, tagsüber am meisten. Unter dem Einfluß der Sonnenstrahlen wird die Luft von der Erde erwärmt und dadurch leichter. Die wärmer gewordene Luft ist befähigt, größere Wasserdampfmengen aufzunehmen als kalte Luft. Da Wasserdampf spezifisch viel leichter als Luft ist, muß der Luftdruck auch um so geringer werden, je feuchter die Luft ist. Die Süd- und Westwinde sind warm und feucht, da sie vom Meere kommen (Golfstrom) und be\-wirken ein Fallen des Barometers um so mehr, in je kältere Gegenden sie gelangen. Aus dem Fallen des Barometers kann man unter diesen Um\-ständen nasse Witterung voraussagen, da die warme, feuchte Luft sich beim Vermischen mit der kalten Luft und in Berührung mit der Erde abkühlt und den überschüssigen Wasserdampf als Niederschlag ab\-scheidet.

Winde entstehen durch ungleiche Erwärmung der Luft; auf einer von der Sonne beschienenen Fläche wird die Luft erhitzt und steigt auf. In diesen solcher Art verdünnten Raum steigt kältere Luft als Ersatz aus der Nachbarschaft herbei. In der Nähe des Äquators wird die Erdober\-fläche noch am gleichmäßigsten erwärmt; die Luft steigt hier in die Höhe, wodurch in wagerechter Richtung Windstille entsteht (Stillen\-Gürtel). In der Höhe der Atmosphäre strömt die aufgestiegene Luft teils nach der nördlichen, teils nach der südlichen Halbkugel ab, während kältere Luft von den Polen zum Ersatz nach dem Stillen-Gürtel fließt (Polarstrom), sich erwärmt und ebenfalls hoch steigt. Auf der nördlichen

Halbkugel herrscht daher eine untere nördliche und eine obere südliche Windrichtung, auf der südlichen Halbkugel eine untere südliche und eine obere nördliche Windrichtung. Aber durch die Achsendrehung der Erde, an der auch die Luft teilnimmt, sowie durch die verschiedene Drehgeschwindigkeit der Orte in niederen und höheren Breiten der Erde wird die ursprüngliche Windrichtung verändert. Darum strömt die kalte Luft nach dem Stillen-Gürtel auf der nördlichen Halbkugel nicht aus Norden, sondern aus Nordost, auf der südlichen Halbkugel nicht aus Süden, sondern aus Südwest (Passatwinde). Der obere Luftstrom wird dagegen auf der nördlichen Halbkugel zu einem Südwestwind, auf der südlichen Halbkugel zu einem Nordwestwinde; da dieselben in entgegengesetzter Richtung über den Passatwinden wehen, nennt man sie Gegenpassat. Ein Teil der letzteren trifft aber als Äquatorialstrom in den höheren Breiten mit dem ihm entgegenströmenden Polarstrom auf der Erdoberfläche zusammen und verdrängt ihn oder wird von ihm verdrängt (Gürtel der veränderlichen Winde). An den Küsten des Meeres herrscht während des Tages ein „Seewind", während der Nacht ein „Landwind".

Mit Hilfe künstlich erzeugten Windes (Wetteröfen, Wettermaschinen, Strahlgebläse) bewettert man die Gruben.

Die folgende Übersicht gibt den mittleren Luftdruck einiger Städte Deutschlands an:

Ort	mm Quecksilber	Ort	mm Quecksilber	Ort	mm Quecksilber
Aachen . . .	742,8	Göttingen .	747,3	München . . .	716,9
Berlin. . . .	755,6	Koblenz . .	765,2	Regensburg .	732,1
Essen . . .	751,6	Königsberg .	758,1	Ulm a. D.. . .	718,7
Freiberg. . .	725,5	Leipzig . . .	749,9	Hamburg . . .	759,5

10. Anwendungen des Luftdrucks.

Der **Stechheber** (Abb. 32) dient dazu, aus größeren Behältern, z.B. Fässern, Proben zu nehmen. Man taucht den Stechheber offen in die Flüssigkeit, so daß er sich bis zu ihrer Oberfläche, durch Aufsaugen aber beliebig hoch füllt. Dann verschließt man die obere Öffnung und zieht den Stechheber aus der Flüssigkeit heraus; sie bleibt infolge des Luftdrucks in ihm.

Pipetten sind Stechheber, welche zur Entnahme einer bestimmten Menge, z. B. 100 ccm, aus einer größeren Menge Flüssigkeit, die chemisch untersucht werden soll, benutzt werden.

Der **Saugheber** (Abb. 33) fließt, weil im längeren Schenkel AC eine höhere Flüssigkeitssäule als im kürzeren Schenkel AB ist und infolgedessen einen stärkeren Zug ausübt. Die Flüssigkeit fließt auch von B nach C, wenn die Mündung in die Flüssigkeit bei C eintaucht, so lange, bis die Oberfläche in beiden Gefäßen gleich hoch steht.

Die **Luftpumpe** ist von dem Magdeburger Bürgermeister Otto von Guericke erfunden und auf dem Reichstag zu Regensburg im Jahre 1654 vorgeführt worden. Eine verbesserte Form gibt Abb. 34a wieder. Beim Lüften des Kolbens schließt sich das Kolbenventil, während sich das Bodenventil öffnet. Die Luft unter der Glasglocke (Rezipient) dehnt sich in Röhre, Pumpenzylinder und Kolben aus und entweicht beim Drücken des Kolbens in die Atmosphäre, da sich das Bodenventil schließt und das Kolbenventil öffnet. Die Luftverdünnung wird durch Pumpen immer größer, bis sie schließlich eine bestimmte Grenze erreicht, da sich

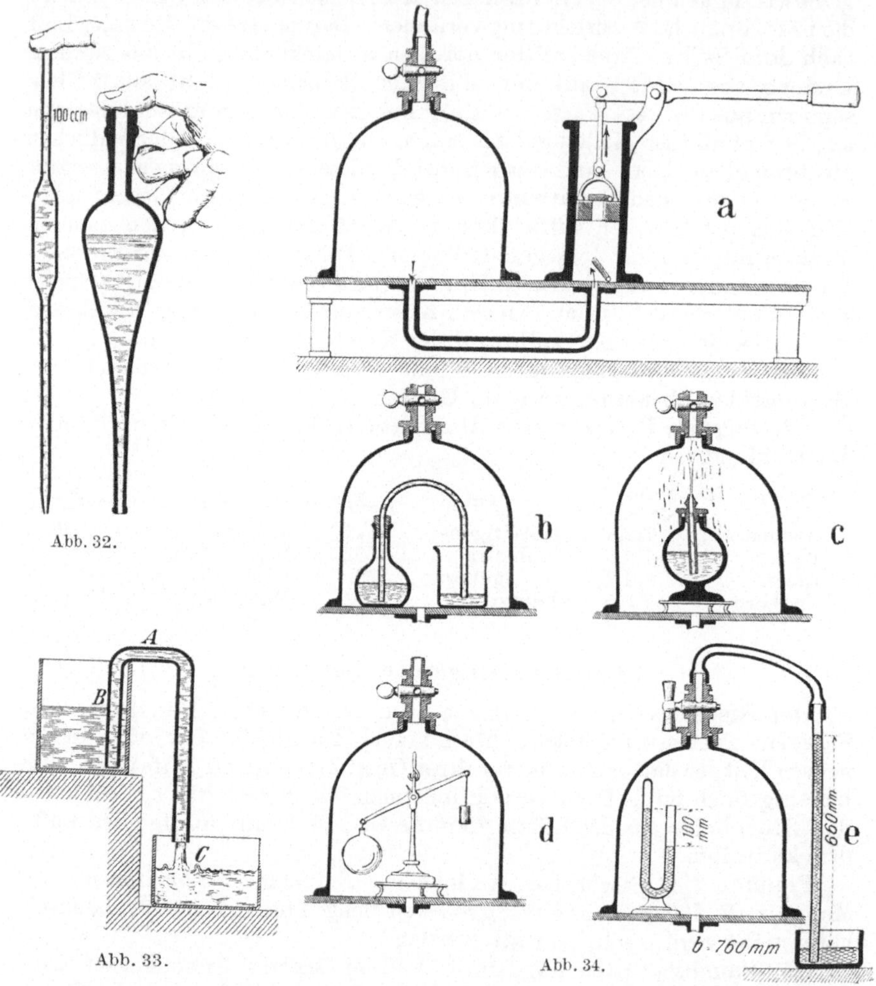

Abb. 32.

Abb. 33.   Abb. 34.

die Durchbohrung des Kolbens und die sonstigen schädlichen Räume vor seinem Herausziehen jedesmal mit Luft füllen.

Versuche mit der Luftpumpe.

1. Über einen hohlen Zylinder gespanntes Pergamentpapier platzt beim Auspumpen der Luft.

2. Der Heber, welcher luftdicht durch den Hals eines mit Wasser gefüllten Fläschchens geht, fängt an zu fließen (Abb. 34 b).

3. Aus dem Heronsball spritzt Wasser beim ersten Kolbenhub (Abb. 34 c).

4. An dem Wagebalken (Abb. 34 d) ist eine größere Glaskugel mit einem kleineren Metallzylinder an der Luft im Gleichgewicht. Beim Auspumpen der Luft sinkt die Glaskugel; da sie mehr Luft als der Metallzylinder verdrängt, muß sie im luftleeren Raum schwerer als dieser werden.

5. Verbindet man mit Hilfe eines Druckschlauches eine etwa 1 m lange, in Quecksilber stehende Glasröhre mit dem Rezipienten (Abb. 34 e), so steigt das Quecksilber in ihr beim Auspumpen der Luft. Die Höhe der Quecksilbersäule vom herrschenden Luftdruck abgezogen, gibt den Druck unter der Glocke an.

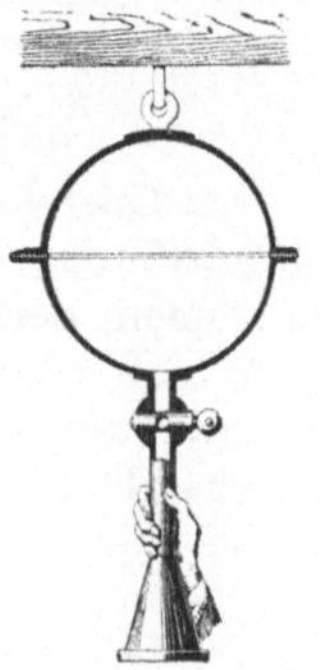

6. Ein 10 bis 15 cm langes, abgekürztes Barometer (Abb. 34 e), dessen geschlossener Schenkel ganz mit Quecksilber gefüllt ist, fällt erst, wenn der Druck unter der Glocke durch Pumpen entsprechend erniedrigt ist. Der Unterschied des Quecksilbers in beiden Schenkeln gibt den Druck unter der Glocke unmittelbar an.

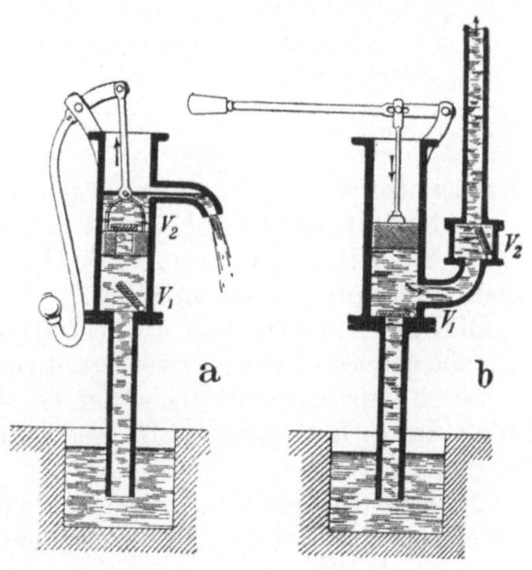

Abb. 35.

Solche Vorrichtungen, welche zum Messen des Druckes eingeschlossener Gase, Dämpfe oder Flüssigkeiten dienen, nennt man Manometer.

7. Zwei „Magdeburger Halbkugeln" (Abb. 35) bedürfen, nachdem sie luftleer gepumpt sind, einer großen Kraft zu ihrer Trennung. So waren 16 Pferde kaum imstande, die von Otto von Guericke vorgeführten Halbkugeln von ungefähr ½ m Durchmesser auseinanderzureißen.

8. Im luftleeren Raume fallen alle Körper, z. B. Blei und Feder, gleich schnell.

9. Unter der Glocke der Luftpumpe siedet Wasser bei Temperaturen weit unter 100°.

10. Die Luft leitet den Schall; daher ist das Klingeln des Wekkers unter der ausgepumpten Glocke nicht zu hören.

Die **Pumpen** beruhen auf der Wirkung des Luftdruckes; man unterscheidet Hub- (Abb. 36 a) und Druckpumpe (Abb. 36 b).

Abb. 36.

Auftrieb in Gasen.

Alle in der Luft befindlichen Körper erleiden einen Gewichtsverlust, welcher dem Gewicht der verdrängten Luftmenge (Abb. 34 d) gleich ist.

Je nachdem das Gewicht eines Körpers größer, gleich oder kleiner

als das eines gleichen Raumteils Luft ist, sinkt, schwebt oder steigt er
in der Luft.

Luftballone: Montgolfier 1783, Zeppelin 1909.

Aufgabe: Wie groß ist die Tragfähigkeit eines mit reinem Wasserstoff bei 0°
und 760 mm gefüllten Luftballons von 900 cbm Inhalt, wenn dessen Gewicht
= 650 kg und das spez. Gewicht des Wasserstoffs = 0,07 ist?
$$= 900\,(1{,}29 - 0{,}09) - 650 = 430\,\text{kg}.$$

11. Verdichtung (Kompression) der Gase.

Alle Gase lassen sich durch Druck zusammenpressen, verdichten. Um
die in Abb. 34a dargestellte Luftpumpe als Kompressionspumpe benutzen
zu können, bedarf es nur einer anderen Anordnung der Ventile.

Windbüchse, Blasebalg,
Fahrradpumpe, Rohrpost,
Taucherglocke, Heronsball,

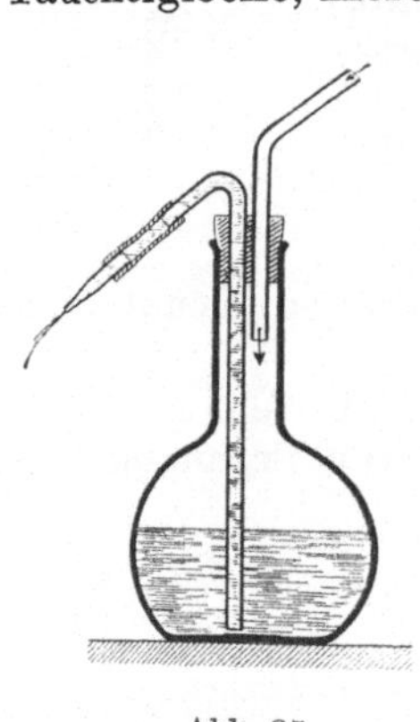
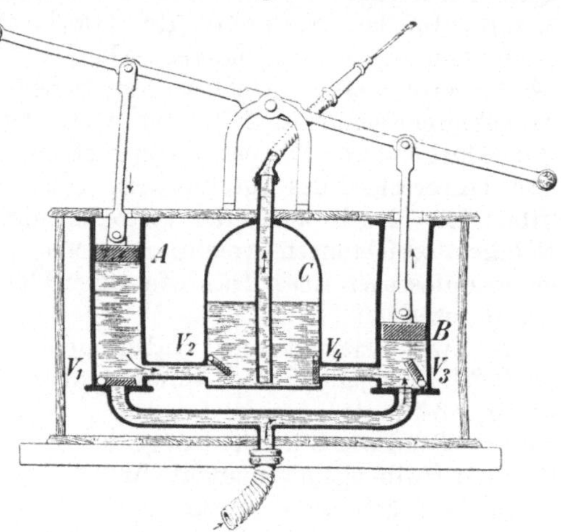

Abb. 37.   Abb. 38.

Kartesianischer Taucher sind Anwendungen der verdichteten Luft.

Die **Spritzflasche** (Abb. 37) ist in ihrer Wirkungsweise dem **Heronsball**
gleich; sie dient im chemischen Laboratorium zum Auswaschen von
Niederschlägen auf einem Filter.

Die **Feuerspritze** (Abb. 38) besteht aus einem Windkessel (Heronsball),
dem abwechselnd durch zwei Druckpumpen Wasser zugeführt wird.

Durch Zusammendrücken der Gase wird Wärme erzeugt, die bis zur
Entzündung mancher Stoffe gesteigert werden kann (Pneumatisches
Feuerzeug).

Druckluft dient zum Antrieb von Grubenlokomotiven, Förderhaspeln,
Gesteinsbohrmaschinen, Niethämmern usw.

12. Gesetz von Boyle-Mariotte (1662 und 1679).

Ein mit Hahn versehenes Meßrohr ist durch einen starkwandigen
Gummischlauch mit einem zweiten Rohr (Druckrohr) verbunden. In das
Druckrohr wird bei geöffnetem Hahn des Meßrohrs so viel Quecksilber
gegossen, daß es in beiden Schenkeln gleich hoch steht. Der Hahn wird

geschlossen, und die im Meßrohr befindliche Luft (20 ccm) steht unter dem Druck von einer Atmosphäre (Abb. 39a).

Hebt man das Druckrohr so hoch, daß das Quecksilber 76 cm höher als im Meßrohr steht, so nimmt die Luft in ihm nur noch halb soviel Raum (10 ccm) ein wie vorher. Die eingeschlossene Luft aber befindet sich unter dem Druck von 2 Atm. (Abb. 39b).

Wird das Druckrohr so tief gesenkt, daß das Quecksilber in ihm 38 cm tiefer als im Meßrohr steht, so nimmt die eingeschlossene Luft einen doppelt so großen Raum (40 ccm) als ursprünglich ein (Abb. 39c), übt aber nur den Druck von $\frac{1}{2}$ Atm aus.

Bezeichnet man die Drücke bei diesen drei Versuchen mit p, p_1 und p_2, die dazu gehörigen Volumen v, v_1 und v_2, so ergibt sich, daß

$$p \times v = p_1 \times v_1 = p_2 \times v_2 \text{ ist,}$$
$$1 \times 20 = 2 \times 10 = \tfrac{1}{2} \times 40.$$

Das Gesetz besagt also: Steht ein Gas unter verschiedenen Drücken, so bleibt bei gleicher Temperatur das Produkt aus Druck und Volumen stets gleich.

Aufgabe: Eine Gasmenge nimmt bei einem Barometerstand von $p = 74$ cm ein Volumen von $v = 5$ Liter ein; wie groß ist sein Volumen v_1 bei einem Barometerstand von 76 cm?

$$= \frac{74}{76} \cdot 5 = 4{,}87 \text{ Liter.}$$

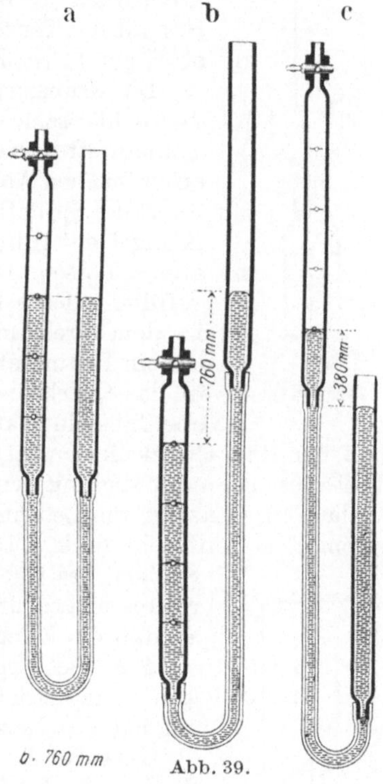

Abb. 39.

13. Diffusion der Gase.

Gießt man in einem Probierröhrchen auf eine wässerige Lösung von Kupfersulfat vorsichtig Wasser, so ist zunächst die blaue Kupferlösung von dem farblosen Wasser durch eine scharfe Grenzlinie geschieden. Nach einiger Zeit kann man aber beobachten, daß die blaue Lösung sich nach oben verbreitert, während nach unten die Stärke der Farbe abnimmt. Diesen Vorgang der freiwilligen Durchmischung nennt man Diffusion; auch die Gase besitzen Diffusion. Beim Austritt aus der Kohle strömt das leichte Grubengas zunächst unter die Firste, um sich allmählich mit den sonstigen Grubenwettern zu vermischen.

Mischen sich zwei Gase von verschiedenen spezifischen Gewichten miteinander, so dringt stets das spezifisch leichtere Gas mit größerer Geschwindigkeit in das schwerere als umgekehrt, so daß in dem dargebotenen Raum überall das gleiche Mischungsverhältnis besteht.

Die ungleiche Diffusion der Gase läßt sich durch folgende Versuche leicht nachweisen. Eine mit Luft gefüllte poröse Tonzelle *A* (Abb. 40) ist durch einen Gummistopfen mit einer Spritzflasche verbunden. Läßt man Wasserstoff in das über *A* befindliche Becherglas *B* strömen, so dringt dieser schneller in den Tonzylinder, als die Luft aus ihm entwei-

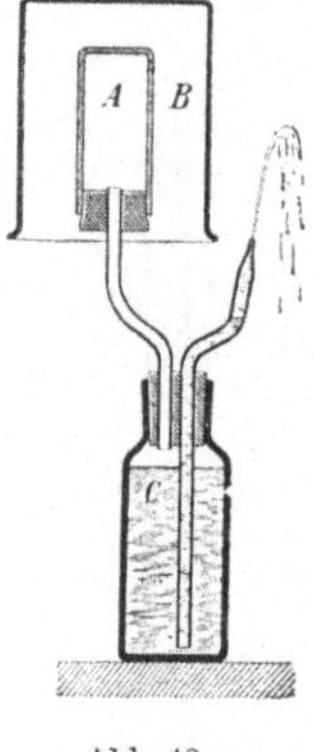

chen kann. Infolgedessen entsteht in der Tonzelle ein Überdruck, so daß das Wasser aus der Flasche spritzt. Sobald die Tonzelle nach einiger Zeit ganz mit Wasserstoff gefüllt ist, hört das Spritzen auf.

Da Grubengas viel leichter als Luft ist, hat man versucht, seine größere Diffusionsgeschwindigkeit als Schlagwetteranzeiger zu verwerten. Die Einrichtung eines solchen Apparates gibt Abb. 41 annähernd wieder. Statt der Spritzflasche ist an die Tonzelle eine elektrische Klingel mit Hilfe eines U-förmig gebogenen Glasrohres *C* angeschlossen. Das Glasrohr ist zum Teil mit Quecksilber gefüllt, welches in beiden Schenkeln gleich hoch steht. In dem direkt mit der Tonzelle verbundenen Schenkel ist ein Platindraht tief unten eingeschmolzen, so daß er in das Quecksilber ragt. In dem anderen Schenkel ist ebenfalls ein Platindraht eingeschmolzen, aber so hoch,

Abb. 40.

daß ihn das Quecksilber nicht berührt. Elektrische Klingel und galvanisches Element sind mit den beiden Platindrähten durch Leitungen verbunden. Lassen wir Leuchtgas oder Grubengas in das Becherglas strömen, so entsteht in dem Tonzylinder ein Überdruck, welcher ein

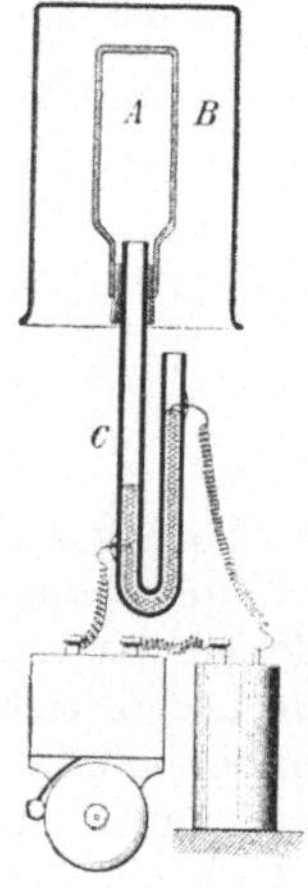

Steigen des Quecksilbers im offenen Schenkel des Glasrohres und somit ein Schließen des Stromkreises bewirkt, so daß die Klingel ertönt.

Für die Grube haben diese Schlagwetteranzeiger keine praktische Bedeutung, da die Klingel nur ertönt, solange die Tonzelle noch Luft enthält.

Vermöge der Diffusionsvorgänge gelangen z. B. die Speisesäfte durch die Darmwandungen in die Blutbahn, und es findet ferner eine Entmischung von Gasen, die sich vermischt haben, nicht wieder statt (Atmosphäre).

14. Spezifisches Gewicht, Dichte der Gase.

Die auf Wasser = 1 bezogenen spezifischen Gewichte der gasförmigen Körper sind so klein und unübersichtlich, daß sie einen ungezwungenen Vergleich untereinander nicht erlauben. Luft ist 773 mal leichter als Wasser,

Abb. 41.

somit wäre ihre Dichte $= \frac{1}{773} = 0{,}001293$.

Man bezieht deshalb das spez. Gewicht der Gase auf Luft = 1; es wird dadurch bestimmt, daß man Gefäße mit dem betreffenden Gase füllt und wägt. Durch Division des Gewichtes, z. B. eines Liters Kohlensäure durch das eines Liters Luft, erhält man das spez. Gewicht der Kohlensäure. $\frac{1{,}965}{1{,}293} = 1{,}52$.

Technisch versteht man unter spezifischem Gewicht der Gase dasjenige eines Normkubikmeters in kg (0°, 760 mm, trocken).

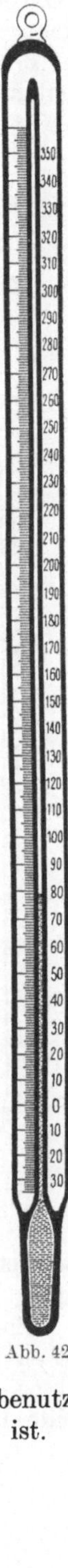

Spezifische Gewichte gasförmiger Körper.

Schweflige Säure . . .	2,26	Stickstoff	0,97
Kohlensäure	1,53	Kohlenoxyd	0,97
Schwefelwasserstoff . .	1,19	Azetylen	0,91
Sauerstoff	1,105	Wasserdampf	0,62
Luft	1,00	Grubengas	0,55
		Wasserstoff	0,07

B. Wärmelehre.

Je nach den Empfindungen, die wir bei Berührung oder
schon in der Nähe eines Körpers spüren, nennen wir ihn kalt
— lau — warm. Unser Gefühl wird dabei durch vorhergehende
Eindrücke beeinflußt, so daß wir denselben Keller im Sommer
für kalt, im Winter für warm halten. Lauwarmes Wasser kommt
uns kalt vor, wenn wir die Hand vorher in heißes Wasser
halten, es erscheint uns warm, wenn unsere Hand zuvor kaltes
Wasser berührt hat. Auf unser Gefühl können wir uns hinsicht-
lich der Wärme nicht sehr verlassen, wir müssen uns frei
davon machen. Man benutzt die Ausdehnung der Körper durch
die Wärme, wenn es sich um die Feststellung geringer Tempe-
raturunterschiede und um Messung des Wärmegrades handelt.

Die Wärme bewirkt, daß sich alle festen, flüssigen und gasförmigen Körper ausdehnen. Dabei findet eine Schwächung
der Kohäsion derart statt, daß der feste Körper bei weiterer
Wärmezufuhr nicht mehr im festen Zustande beharren kann;
er schmilzt. Schließlich geht bei weiterer Erwärmung die Zusammenhangskraft ganz verloren, der Körper geht in den gasförmigen Zustand über.

15. Wärmemessung. Thermometer.

Zur Wärmemessung dienen hauptsächlich Flüssigkeitsther-
mometer; sie bestehen aus engen, überall gleich weiten Glas-
röhren mit einem angeschmolzenen, kugeligen oder zylindrischen Behälter. Dieser und ein Teil der Röhre sind mit einer
Flüssigkeit gefüllt, und darauf ist die Röhre zugeschmolzen.
Durch längeres Eintauchen der Thermometerröhre in schmel-
zendes Eis und in die Dämpfe siedenden Wassers erhält man
die beiden Eichpunkte.

Der Abstand zwischen den beiden Eichpunkten wird nach

Celsius (1742) in 100 Grade,
Réaumur (1730) in 80 Grade

Abb. 42.

geteilt. Die Einteilung des Thermometers nach Celsius wird
bei wissenschaftlichen Untersuchungen und Abhandlungen benutzt,
was auch im weiteren Verlauf dieser Ausführungen geschehen ist.

Die Gradeinteilung wird über die Eichpunkte hinaus fortgesetzt (Abb. 42), indem man die Grade unter Null mit dem Vorzeichen — versieht.

Bei den meisten Thermometern ist der freie Raum über der Flüssigkeit luftleer, damit sie bei höherer Temperatur nicht etwa durch den Sauerstoff der Luft angegriffen wird.

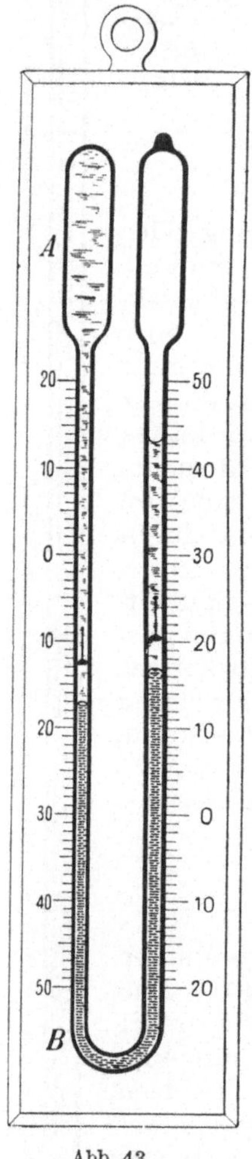

Abb. 43.

Da Quecksilber durch die Wärme sehr gleichmäßig ausgedehnt wird, ist es zur Herstellung von Thermometern besonders geeignet; mit **Quecksilberthermometern** kann man Temperaturen zwischen —35° bis 350° messen. Wird der Raum über dem Quecksilber mit Stickstoff oder Kohlensäure gefüllt, so wird das Sieden desselben verhindert; das Meßgebiet reicht dann bis etwa 575°.

Quarzglasthermometer können bis 750° benutzt werden; bei noch höheren Temperaturen dienen Pyrometer zur Wärmemessung, die auf thermoelektrischen Strömen beruhen. Alkohol (Weingeist, Spiritus) gefriert bei Abkühlung nicht, sondern wird nur dickflüssig. **Alkoholthermometer** sind daher für niedrige Temperaturen, —110° bis 75°, gut verwertbar. Da Alkohol bei steigender Temperatur eine größer werdende Ausdehnung zeigt, rücken die Teilstriche nach oben immer mehr auseinander.

Maximum- und Minimumthermometer geben die höchste und niedrigste Temperatur eines Tages, einer Woche usw. an. Das Gefäß A (Abb. 43) und ein Teil der Röhre ist mit Alkohol, der gebogene Teil B mit Quecksilber gefüllt, über welchem sich noch ein Faden Alkohol befindet. In beiden Schenkeln ist über dem Quecksilber ein leichtfedernder Stahlstift angebracht, der mit dem Quecksilberfaden gehoben wird und bei seinem Zurückgehen hängenbleibt. Der rechte Stift zeigt so das Maximum, der linke das Minimum der Temperatur an. Nach Ablesen der Wärmegrade werden die Stifte durch einen Magneten wieder mit dem Quecksilber in Berührung gebracht.

Bei dem **Fieberthermometer** bewirkt man durch eine Einschnürung in der Röhre, daß der Quecksilberfaden in seinem unteren Teile abreißt, so daß das obere Ende des Fadens der Körpertemperatur entsprechend stehenbleibt.

Beim Messen von Wärmegraden wird das Thermometer grundsätzlich nur an der Öse angefaßt; es muß trocken sein. Auch hat man darauf zu achten, daß der Quecksilberfaden in der Kapillare nicht gerissen ist. Sollte das doch der Fall sein, so faßt man das Thermometer an seiner

Öse, die Kugel nach oben gerichtet, und schwenkt es mit kurzem, kräftigem Ruck nach unten. Dadurch vereinigt sich der gerissene Faden wieder. Das Thermometer nimmt die Temperatur der zu messenden Flüssigkeit bald an; bei den Gasen, z. B. beim Messen der Grubentemperatur, läßt man zweckmäßig das Thermometer 10 Minuten an der Firste hängen. Das Ablesen muß schnell erfolgen, wobei das Thermometer möglichst weit vom Gesicht und von der Lampe entfernt gehalten wird.

16. Ausdehnung der festen Körper.

Die Ausdehnung fester Körper durch die Wärme ist gering, am stärksten dehnen sich die Metalle aus. Die Metallkugel (Abb. 44) paßt genau in den Ring, wenn beide gleiche Temperatur haben. Wird die Kugel erhitzt, so bleibt sie auf dem Ringe liegen und fällt erst nach Ausgleichung der Temperatur hindurch.

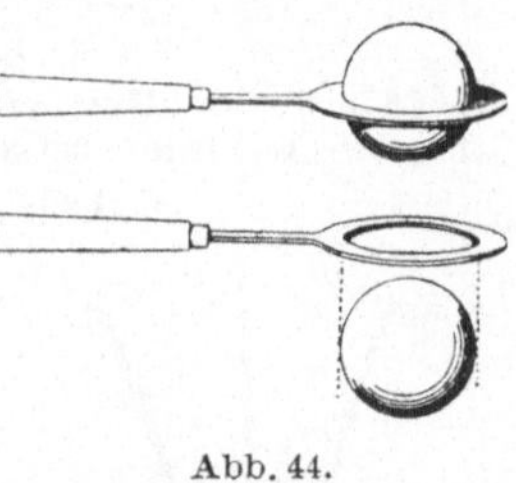

Abb. 44.

Ein und derselbe Körper dehnt sich beim Erwärmen von Grad zu Grad sehr regelmäßig aus, verschiedene Körper zeigen dagegen verschieden starke Ausdehnung. Die Zahl, welche angibt, um wieviel seiner Länge ein 1 m langer Körper sich beim Erwärmen von 0° auf 1° ausdehnt, heißt Längenausdehnungskoeffizient und wird mit α bezeichnet. Er beträgt beim

$$\text{Zink} \quad \alpha = 0{,}000017,$$
$$\text{Eisen} \quad \alpha = 0{,}000010,$$
$$\text{Glas} \quad \alpha = 0{,}000009.$$

Der Längenausdehnungskoeffizient von Metallen kann mit Hilfe des durch Abb. 45 dargestellten Apparates bestimmt werden. Metallstangen werden in dem Ölbade so gelagert, daß sie den kurzen Arm des Hebels gerade berühren; dazu dient die Schraube links. Der mit dem langen Hebelarm verbundene Zeiger steht jetzt auf dem Nullpunkt der Skala. Beim Erwärmen des Ölbades dehnen sich die Stangen aus, stoßen gegen den

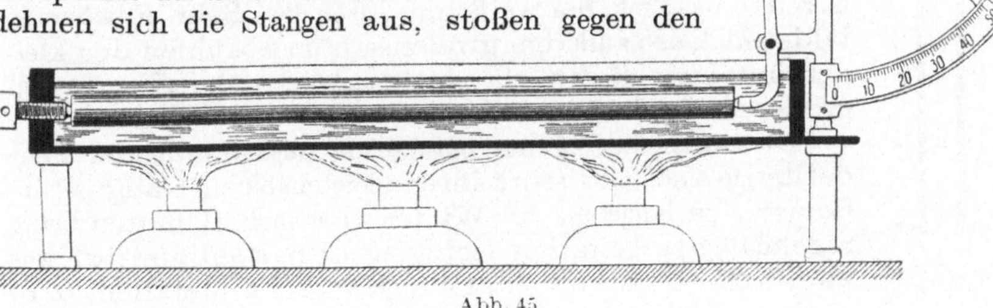

Abb. 45.

kurzen Hebelarm, so daß der Zeiger sich aufwärts bewegt und die Ausdehnung in vergrößertem Maße anzeigt.

Ist L_0, die Länge eines Stabes bei 0°, bekannt, so kann seine Länge bei den höheren Temperaturen (L_t) berechnet werden:

$$L_t = L_0 + L_0 \cdot \alpha \cdot t = L_0 (1 + \alpha t).$$

Aufgabe: Um wieviel verlängert sich eine Zinkstange von 5 m Länge (0°) bei der Erwärmung um 60°, und welche Länge besitzt sie dann?

a) $5 \times 0{,}000017 \times 60 = 0{,}0051$ m,
b) $5 + 0{,}0051 \qquad = 5{,}0051$ m.

Soll die Flächenausdehnung einer Platte berechnet werden, so muß der Ausdehnungskoeffizient zweimal angewandt werden. Es ist dann

$$F_t = F_0 + F_0 \cdot 2 \cdot \alpha \cdot t = F_0 (1 + 2\,\alpha t).$$

Aufgabe: Eine rechtwinklige Platte von Eisen hat bei 0° eine Fläche von 30 qdm. Wie groß ist sie bei einer Erwärmung auf 80°?

$$30 (1 + 2 \times 0{,}000010 \times 80) = 30{,}048 \text{ qdm.}$$

Handelt es sich um die Ausdehnung nach allen Richtungen (kubische Ausdehnung), so muß der Koeffizient dreimal angewandt werden.

$$V_t = V_0 + V_0 \cdot 3 \cdot \alpha \cdot t = V_0 (1 + 3\,\alpha t).$$

Aufgabe: Ein gläserner Ballon hat bei 0° das Volumen 0,998 Liter; wie groß ist sein Volumen bei 80°?

$$0{,}998 (1 + 3 \cdot 0{,}000009 \cdot 80) = 1 \text{ Liter.}$$

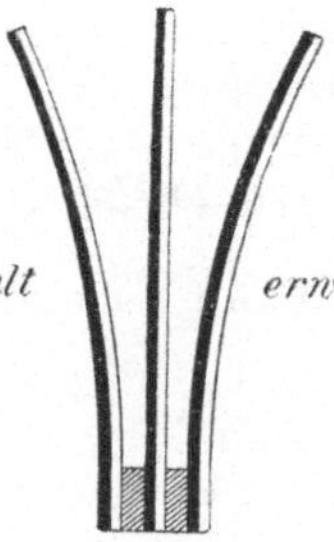

Anwendungen. Beim Verlegen von Eisenbahnschienen, Trägern und Dampfkesseln läßt man hinreichenden Spielraum; derselbe muß auch bei Rost, Ringen und Platte des Herdes, Bügeleisen usw. berücksichtigt werden. Die eisernen Träger der Brücke werden auf Rollen gelagert, die einzelnen Platten eines Metalldaches falzartig befestigt. Der Schmied legt den eisernen Reifen glühend um das Rad.

Abb. 46.

Zur Ausgleichung der Längenausdehnungen, die durch die Temperaturschwankungen in Dampfrohrleitungen hervorgerufen werden, dienen Kompensationsrohre und Stopfbüchsen.

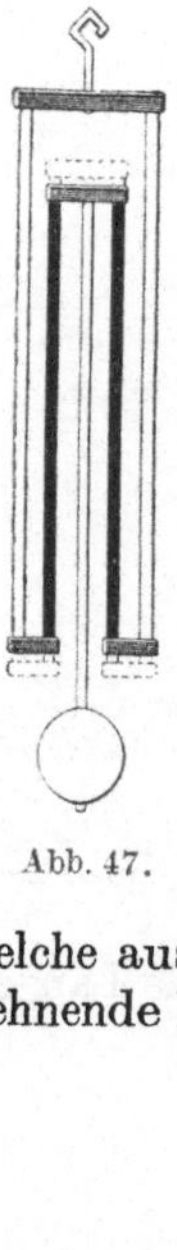

Lötet man zwei Metalle mit verschiedenen Ausdehnungskoeffizienten, z. B. Zink und Eisen, zusammen, so entsteht ein **Ausgleichungsstreifen**. In Abb. 46 stellt der schwarze Streifen das Zink, der weiße das Eisen dar. Beim Erwärmen bildet Zink den äußeren, größeren, beim Abkühlen den kleineren, inneren Bogen, da sein Ausdehnungskoeffizient viel größer als der des Eisens ist.

Die durch die Wärme erfolgende Ausdehnung der Pendelstange einer Uhr stört ihren gleichmäßigen Gang — im Sommer zu langsam, im Winter zu schnell. Um den Gang regelmäßig zu gestalten, setzt man ein Rostpendel aus zwei sich verschieden stark ausdehnenden Metallen, z. B. Zink und Eisen, zusammen, so daß seine Länge unverändert bleibt (Abb. 47). In der Unruhe der Taschenuhr

Abb. 47.

sitzen an den radialen Streifen (Abb. 48) zwei Metallbögen, welche aus Kompensationsstreifen bestehen; das sich am stärksten ausdehnende Metall liegt außen. Die Ausdehnung der radialen Arme durch die Wärme wird dadurch ausgeglichen, daß sich die Bogen nach innen krümmen. Die Schwingungsdauer der Unruhe bleibt auf diese Weise gleich.

Auch in dem Kompensationsbügel der Läutewerksicherheitsvorrichtung (Abb. 49) liegt das am stärksten sich ausdehnende Metall außen, so daß sich die freien Schenkel beim Erwärmen nähern. Die Schraube ermöglicht hier ein so empfindliches Einstellen des Bügels, daß schon bei einer geringen Temperatursteigerung ein Berühren der freien Schenkel stattfindet. Dadurch wird der Stromkreis einer angeschlossenen Klingelanlage geschlossen, und die Alarmglocke ertönt; eine solche Vorrichtung kann z. B. zur Beaufsichtigung von Lagerräumen benutzt werden, in welchen leicht entzündliche Stoffe aufbewahrt werden. Die Wirkungsweise des in Abb. 50 dargestellten Metallthermometers ist nach dem Gesagten ohne weiteres verständlich; es wird durch Vergleich mit einem Quecksilberthermometer geeicht, doch sind seine Angaben wenig zuverlässig.

Abb. 48.

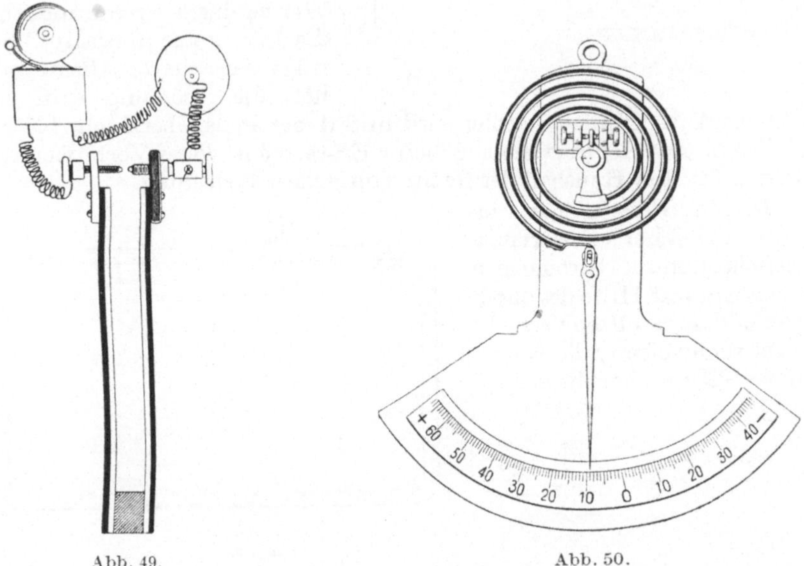

Abb. 49.　　　　　　Abb. 50.

Durch den selbsttätigen Gashahn des Brenners (Abb. 51), der durch den Kompensationsbügel nur festgehalten wird, solange das Gas brennt, wird das Ausströmen des Gases beim Erlöschen der Flamme verhindert.

17. Ausdehnung der flüssigen Körper.

Die Flüssigkeiten, mit Ausnahme von Quecksilber, dehnen sich beim Erwärmen unregelmäßig aus. Da sie keine bestimmte Gestalt besitzen, so ist ihr Ausdehnungskoeffizient α der kubische; er wächst mit steigender

Temperatur. Die Ausdehnung des Wassers beim Erwärmen läßt sich durch den einfachen, in Abb. 52 veranschaulichten Versuch beweisen.

Wasser hat bei 4° seine größte Dichte, welche als Vergleichseinheit der Schwere dient. In der Nähe von 4° ist der Ausdehnungskoeffizient des Wassers gleich, so daß das Wasser sich sowohl beim Erwärmen auf 8°, als auch beim Abkühlen auf 0°, um gleiche Beträge ausdehnt. Wasser nimmt daher in einem Gefäß mit engem Hals bei 8° dieselbe Höhe wie bei 0° ein.

Das Abkühlen größerer Wassermengen geschieht an der Oberfläche, wobei das Wasser schwerer wird. Das kälter und schwerer gewordene Wasser sinkt nach unten und bewirkt einen Ausgleich der Wärme durch Strömung, bis die Temperatur überall 4° beträgt. Bei weiterer Abkühlung hört die Strömung auf, da jetzt das Wasser immer leichter wird und daher an der Oberfläche bleibt. Im Verein mit der Ausdehnung beim Erstarren ist dieses Verhalten des Wassers für den Haushalt der Natur von großer Bedeutung.

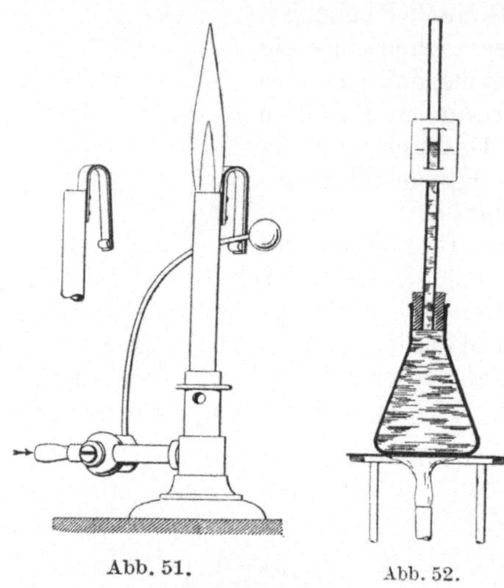

Abb. 51.   Abb. 52.

Die in Flüssigkeiten infolge ungleicher Erwärmung entstehenden Strömungen kann man mit Hilfe des durch Abb. 53 dargestellten Versuchs leicht nachweisen; die Warmwasserheizung beruht darauf.

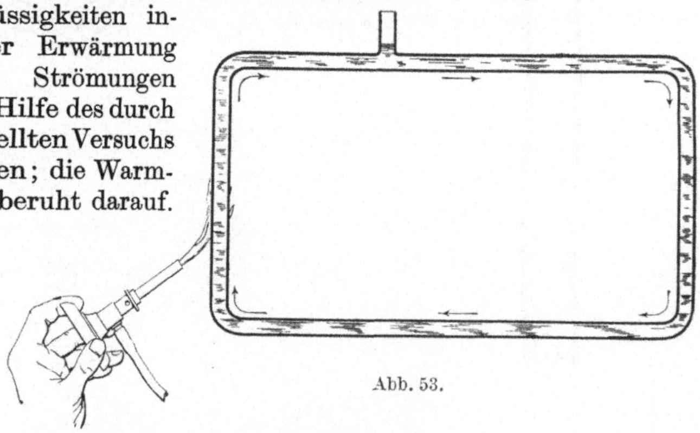

Abb. 53.

Aufgabe: Eine Menge Quecksilber hat bei 0° ein Volumen von 5 ccm; welches Volumen hat sie bei 80°, wenn $\alpha = 0,00018$ ist?

$$= 5\,(1 + 0,00018 \cdot 80) = 5,072 \text{ ccm}.$$

18. Ausdehnung der gasförmigen Körper.

Daß die Luft sich beim Erwärmen ausdehnt, zeigt der Versuch in Abb. 54. Für die gasförmigen Körper gilt das Gesetz von Gay-Lussac

(1802): Alle Gase dehnen sich bei der Erwärmung für jeden Grad Celsius um je $\frac{1}{273}$ ihres Volumens bei 0° aus $\left(\frac{1}{273} = 0{,}\dot{0}0366\dot{5}\right)$.

$$V_t = V_0\,(1 + \alpha\,t) = V_0\left(1 + \frac{1}{273}\,t\right).$$

Hat ein Gas bei 0° das Volumen 1, so wird dieses bei

$$273° = 1 + \frac{273}{273} = 2$$

$$546° = 1 + \frac{546}{273} = 3.$$

Beim Abkühlen auf — 273° würde das Volumen $1 - \frac{273}{273} = 0$, d. h. der Gaszustand hat schon vorher der flüssigen oder festen Formart Platz gemacht. Man bezeichnet —273° als absoluten Nullpunkt der Temperatur und nimmt an, daß dieses die Temperatur des Weltalls sei. Diese niedrigste Temperatur ist jetzt praktisch erreicht worden.

Zur Vereinfachung physikalischer Berechnungen benutzt man vielfach die absolute Temperatur, nach welcher z. B. das Eis bei 273° schmilzt, und das Wasser bei 373° kocht.

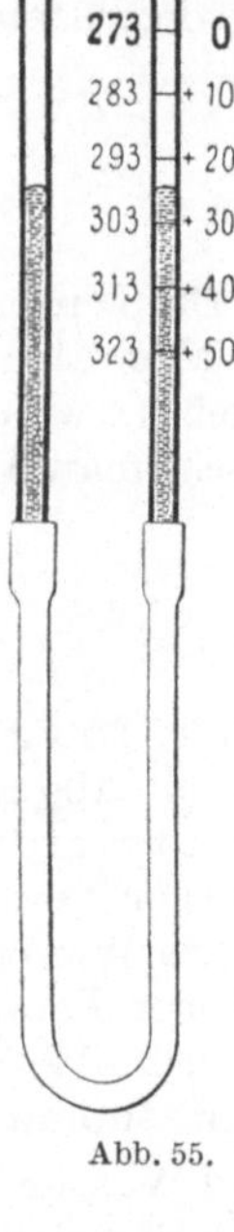

Abb. 54. Abb. 55.

Anwendungen. Die durch die Ausdehnung der Gase durch Erwärmen hervorgerufene Strömung benutzt man zur Erzeugung von Zug in Öfen, Schornsteinen, Lampenzylindern und Wetterschächten.

Luftthermometer (Abb. 55). Die Glaskugel wird bei 0° mit 273 Raumteilen Luft oder eines anderen Gases gefüllt, was sich mit Hilfe des Hahnes und des Quecksilbers im U-förmigen Teile des Apparates leicht ausführen läßt. Das Quecksilber steht dann auf dem Nullstriche der Teilung, welche von Grad zu Grad $= \frac{1}{273}$ des Volumens der Kugel ist. Beim Erwärmen dehnt sich die Luft aus und schiebt die Quecksilbersäule nach unten. Ein solches Luftthermometer gestattet wegen der ganz gleichmäßigen Ausdehnung der Gase ein genaues Messen und bei Anwendung eines Gefäßes aus feuerfestem Ton oder Platin an Stelle von Glas einen sehr großen Temperaturbereich.

Aufgabe: Eine Luftmasse hat bei 0° ein Volumen von 4,659 cbm; wie groß ist ihr Volumen bei 20°, wenn der Druck gleichbleibt?

$$= 4{,}659 \left(1 + \frac{1}{273} \cdot 20\right) = 5{,}00 \text{ cbm.}$$

19. Wärmemenge. Spezifische Wärme.

Wir haben uns bisher nur mit den Temperaturen als solchen befaßt, ohne zu fragen, wodurch Wärmegrad und Erhöhung des Wärmegrades hervorgerufen werden. Mischt man

$$250 \text{ g Wasser von } 100°$$
$$\text{mit } \underline{250 \text{ g Wasser von } 20°}, \text{ so erhält man}$$
$$500 \text{ g Wasser von } 60°.$$

Die Temperatur von 60° liegt genau in der Mitte von 20° und 100°; es haben also 250 g Wasser von 100° genau dieselbe Wärmemenge abgegeben, welche von den 250 g Wasser von 20° aufgenommen sind. Mischt man aber

$$250 \text{ g Öl von } 100°$$
$$\text{mit } \underline{250 \text{ g Wasser von } 20°}, \text{ so erhält man}$$
$$500 \text{ g Öl + Wasser von } 50°.$$

Die 250 g Öl haben also die gleiche Wärmemenge beim Abkühlen um 50° abgegeben, die den 250 g Wasser zum Erwärmen um 30° zugeführt wurden. Das Öl hat also 50° verlieren müssen, um das Wasser in seiner Temperatur um 30° zu erhöhen.

Die Wärmemenge, welche man einem Stoffe zuführen muß, um ihn in seiner Temperatur um 1° zu erhöhen, nennt man seine spez. Wärme. Die spez. Wärme des Wassers ist gleich 1 gewählt; man nennt sie eine Wärmeeinheit (WE) oder Kalorie (Kal.).

250 g Wasser brauchen zum Erwärmen um $30° = 0{,}25 \times 30 = 7{,}5$ Kal.

250 g Öl geben beim Abkühlen auf 50° ab . . . . 7,5 Kal.

1 kg Öl bedarf zum Erwärmen um $1° = \dfrac{7{,}5}{0{,}25 \times 50} = 0{,}6$ Kal.

Die spez. Wärme des Öls (Paraffinöls) ist demnach = 0,6. Vorrichtungen zum Messen von Wärmemengen und zur Bestimmung von spez. Wärmen nennt man Kalorimeter.

Ist t die Mischtemperatur,

p' das Gewicht
t' die Temperatur $\Big\}$ des zu untersuchenden Körpers,
x die spez. Wärme
p'' das Gewicht $\Big\}$ des Wassers vor der Mischung,
t'' die Temperatur

dann ist: $p' \cdot t' \cdot x + p'' \cdot t'' = p' \cdot t \cdot x + p'' \cdot t,$

$$x = \frac{p''\,(t - t'')}{p'\,(t' - t)}.$$

Aufgabe: 250 g Eisen von 100° wurden im Kalorimeter mit 250 g Wasser von

19° gemischt; die Endtemperatur des Wassers betrug 27°. Wie groß ist die spezifische Wärme des Eisens?

$$\frac{(27 - 19)\,0,25}{73 \times 0,25} = 0,11.$$

Folgende Zahlentafel enthält die spez. Wärmen einiger Stoffe:

Feste Körper	Spez. W.	Flüssige Körper	Spez. W.	Gasförmige Körper	Spez. W.
Eis	0,50	Wasser . . .	1,00	Wasserstoff .	3,45
Kohle	0,30	Paraffinöl . .	0,60	Grubengas . .	0,59
Gesteine . . .	0,22	Alkohol . .	0,60	Wasserdampf .	0,50
Eisen	0,11	Petroleum . .	0,51	Stickstoff . .	0,25
Zink	0,09	Benzol . . .	0,40	Luft	0,24
Kupfer	0,09	Quecksilber .	0,03	Sauerstoff . .	0,22
Blei	0,03			Kohlensäure .	0,21

Aus der hohen spez. Wärme des Wassers erklärt es sich, daß Länder unweit des Meeres kühle Sommer und milde Winter (Seeklima) besitzen. Da die spez. Wärme des Sandes (0,22) nur gering ist, so nimmt sandiger Boden schnell hohe und tiefe Temperaturen an. Deshalb verdorren und erfrieren die auf ihm wachsenden Pflanzen leichter als auf feuchtem Boden.

Bei allen Wärmeberechnungen über Dampfanlagen, Wärmeinhalt von Gasen usw. muß die spez. Wärme berücksichtigt werden; sie nimmt mit steigender Temperatur, zumal bei den gasförmigen Stoffen, zu.

Ein Körper ist wärmer als ein anderer, wenn er an diesen bei Berührung Wärme abgibt; das geschieht so lange, bis beide Körper dieselbe Temperatur haben. Die Temperatur ist also eine Kraft, welche das Strömen von Wärme bewirkt, wie der Unterschied des Wasserstandes zweier Gefäße das Fließen des Wassers verursacht, wenn die Gefäße miteinander verbunden werden.

Aufgabe: Die mittleren spezifischen Wärmen bei 200° betragen für 1 cbm Kohlensäure 0,426, Sauerstoff und Stickstoff 0,316. Wie groß ist der Wärmeverlust eines Rauchgases, bestehend aus 10% Kohlensäure, 10% Sauerstoff und 80% Stickstoff bei 200° für 1 cbm?
$$= 200\,(0,1 \times 0,426 + 0,1 \times 0,316 + 0,8 \times 0,316) = 65,4 \text{ WE}.$$

20. Schmelzpunkt und Schmelzwärme.

Wird Eis mit einer Temperatur unter 0° in einem Gefäße erwärmt, so steigt seine Temperatur gleichmäßig bis auf 0° und bleibt bei weiterer Wärmezufuhr zunächst unverändert. Neben Eis von 0° haben wir Wasser von 0°. Diese Temperatur, bei welcher der Übergang des festen Körpers in die flüssige Formart stattfindet, nennt man Schmelzpunkt.

Bei weiterem Erwärmen zeigt das in dem Eiswasser stehende Thermometer unentwegt 0°, bis das ganze Eis geschmolzen ist, um dann wieder zu steigen. Es genügt also nicht, Eis bis zum Schmelzpunkt zu erwärmen, wenn man es schmelzen will. Vielmehr muß noch Wärme zugeführt werden, die keine Temperaturerhöhung bewirkt, weil sie dazu gebraucht wird, um aus Eis von 0° Wasser von 0° zu bilden; diese Wärme nennt man Schmelzwärme.

Die Schmelzwärme des Eises beträgt 80 Kal., d.h. um 1 kg Eis von 0° in 1 kg Wasser von 0° überzuführen, haben wir 80 Kal. nötig.

Beim Abkühlen von Wasser beobachtet man, daß das Thermometer bei 0° stehenbleibt (Gefrierpunkt), bis das Wasser von 0° in Eis von 0° umgewandelt ist, um dann weiter zu sinken. Die 80 Kal., welche zum Schmelzen von 1 kg Eis von 0° erforderlich waren, werden beim Gefrieren des Wassers wieder frei; der Gefrierpunkt fällt mit dem Schmelzpunkt zusammen.

Die meisten Stoffe haben einen bestimmten Schmelzpunkt und eine bestimmte Schmelzwärme, z. B.

Stoff	Schmelz-punkt °	Schmelz-wärme in Kal.	Stoff	Schmelz-punkt °	Schmelz-wärme in Kal.
Platin	1800	27	Schwefel . . .	115	9,4
Kupfer	1084	43	Phosphor . . .	44	5
Aluminium . .	625	239	Eis	0	80
Zink.	419	28	Quecksilber . .	— 39	2,8
Blei	327	5,4	Alkohol	—100	—
Zinn.	232	14			

Beim Schmelzen findet fast immer eine Volumenzunahme, beim Gefrieren eine Zusammenziehung statt. Wasser bildet eine Ausnahme, indem es sich beim Gefrieren mit großer Gewalt ausdehnt, so daß mit Wasser gefüllte Bomben gesprengt werden —Frostschäden im Winter.

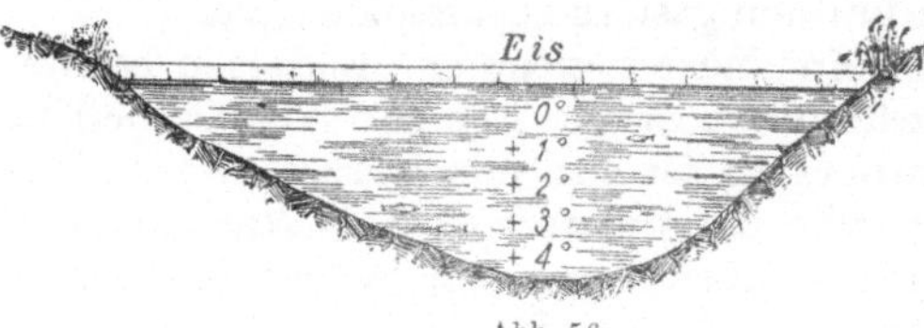

Abb. 56.

Hat sich Wasser bis zur Eisbildung abgekühlt, so muß diese an der Oberfläche desselben stattfinden, da Eis um $^{1}/_{11}$ leichter als Wasser ist. Unter dem Eise nimmt die Temperatur allmählich zu, bis sie auf dem Grunde mit 4° die größte Dichte des Wassers erreicht (Abb. 56). Daher können die Fische unter dem Eise eine Zeitlang leben.

In fließendem Wasser kann sich auch auf dem Grunde Eis bilden, da die Temperatur infolge der Strömung ausgeglichen wird und auf den Gefrierpunkt heruntergeht. Mit Vorliebe bildet sich Grundeis an Steinen, die beim Wachsen des Eises so viel Auftrieb erhalten, daß sie an die Oberfläche gelangen.

Beim Gefrieren der Seen, Teiche und Flüsse von Grund aus würde die Sommerwärme zum Schmelzen des Eises nicht ausreichen, und wir hätten in unserer Gegend Polarklima. Der Schmelzpunkt des Eises wird durch Druck erniedrigt; das trägt mit dazu bei, daß die Gletscher unter der gewaltigen Last desselben in Bewegung geraten.

Vermeidet man Erschütterungen des Gefäßes, so kann man Wasser weit unter 0° abkühlen, ohne daß es gefriert. Das „unterkühlte Wasser" gefriert aber, sobald das Gefäß bewegt wird; dabei steigt die Temperatur auf 0°.

Auch im Wasser aufgelöste Salze erniedrigen den Gefrierpunkt des Wassers, z. B. Kochsalz bis —23°; deshalb schmilzt das Eis, wenn es mit Salz bestreut wird. Die zum Lösen des Salzes nötige Wärme wird dem Wasser entzogen; hierauf beruhen die Kältemischungen.

2 Teile Schnee und 1 Teil Chlorkalzium geben eine Kältemischung von —50°. Das Meerwasser gefriert immer unter 0° und Chlormagnesiumlösung erst bei —32°, weshalb sie als „Kälteträger" beim Gefrierverfahren des Schachtabteufens dient.

21. Siedepunkt und Verdampfungswärme.

Erwärmt man Wasser, so steigt seine Temperatur gleichmäßig bis 100°; hier hat es seinen Siedepunkt erreicht, es kocht. Die Temperatur ändert sich aber auch bei stärkerem Erhitzen nicht, da alle Wärme verbraucht wird, um Wasser von 100° in Dampf von 100° zu verwandeln. Diese Wärme nennt man Verdampfungswärme.

Um 1 kg Wasser von 100° in Dampf von 100° überzuführen, hat man 539 Kal. nötig; die Verdampfungswärme des Wassers ist gleich 539 Kal. Verflüssigen wir Wasserdampf, so werden aus 1 kg Wasserdampf von 100° beim Übergang in Wasser von 100° diese 539 Kal. wieder frei.

Zur Bestimmung der Verdampfungswärme des Wassers wird dieses in einem Destillierkolben zum Kochen erhitzt (Abb. 57), und der übergehende Dampf in abgewogenes Wasser geleitet, dessen Temperatur vorher ermittelt worden ist. Nach einiger Zeit wird der Versuch unterbrochen und die Temperatur und Gewichtszunahme des Wassers gemessen.

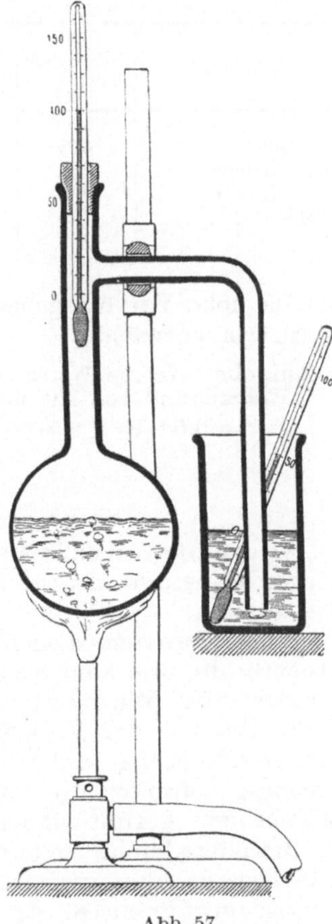

Abb. 57.

$$\begin{array}{l} 250 \text{ g Wasser von } 11° \\ \underline{+\ 19 \text{ g Wasserdampf von } 100° \text{ ergaben}} \\ 269 \text{ g Wasser von } 55°. \end{array}$$

Es haben sich demnach 19 g Dampf zu Wasser verdichtet. Die ursprünglichen 250 g Wasser wurden dadurch von 11° auf 55° erhitzt, während die 19 g Dampf dabei 45° bzw. WE verloren haben. Die Verdampfungswärme des Wassers wäre also nach diesem einfachen Versuch:

$$\left(\frac{250}{19} \cdot 44\right) - 45 = 534.$$

3*

Wasser, welches durch längeres Kochen von der in ihm gelösten Luft befreit ist, erleidet leicht Siedeverzug, d.h. kann über 100° erhitzt werden, ohne daß es kocht. Die Dampfbildung wird also zunächst verzögert, verläuft dann aber so stürmisch, daß sie zu Dampfkesselexplosionen führen kann. Stoffe, welche in einer Flüssigkeit gelöst sind, z.B. Kochsalz, erhöhen den Siedepunkt.

Wie das Wasser, hat auch jede andere Flüssigkeit ihren bestimmten Siedepunkt und ihre bestimmte Verdampfungswärme, z.B.

Stoff	Siedepunkt °	Verdampfungswärme in Kal.	Stoff	Siedepunkt °	Verdampfungswärme in Kal.
Schwefel . . .	445	362	Benzol	80	95
Quecksilber . .	357	68	Alkohol	78	216
Terpentinöl . .	160	70	Äther	35	85
Toluol	110	86	Ammoniak . . .	— 33	330
Wasser	100	539	Sauerstoff . . .	—182	51

Die hohe Verflüssigungswärme des Wasserdampfes wird in Dampfheizungen verwendet.

Aufgabe: Welche Wärmemenge ist erforderlich, um ½ kg Eis von —10° in Wasserdampf von 120° überzuführen?

$$= 0{,}5 \left([10 \times 0{,}50] + 80 + 100 + 537 + [20 \times 0{,}46] \right) = 365{,}6 \text{ Kal.}$$

22. Verdampfen.

Verdampfen nennt man den Übergang einer Flüssigkeit in den gasförmigen Zustand, der sich durch Verdunsten und Sieden der Flüssigkeit bilden kann.

Das **Verdunsten** ist ein freiwilliges Verdampfen der Flüssigkeit an der Oberfläche und kann bei jeder Temperatur erfolgen. Die zum Verdunsten nötige Wärme wird der Umgegend entzogen, so daß sie abgekühlt wird. Die bei der Verdunstung verflüssigter Gase, z.B. Ammoniak, entstehende Kälte wird zur Erzeugung von Eis und zum Abkühlen von Chlormagnesiumlösungen (Kälteträger) benutzt. Auch das Trocknen der Wäsche usw. beruht auf der Verdunstung.

Besonders leicht verdunsten Flüssigkeiten mit niedrigem Siedepunkt, z.B. Benzin; über verdunstendem Benzin befindet sich Luft, die mit Benzindampf gemischt ist. Da Benzin brennbar ist, können durch seine Verdunstung leicht explosible Gemische entstehen.

Beim Kochen oder Sieden findet die Dampfbildung nicht nur auf der Oberfläche, sondern auch aus dem Inneren der Flüssigkeit statt. Unmittelbar über einer siedenden Flüssigkeit befindet sich nur ihr Dampf, über siedendem Benzin Benzindampf, über kochendem Wasser Wasserdampf.

Wasser kocht, sobald der Dampfdruck gleich dem Luftdruck ist. Daher ändert sich auch der Siedepunkt einer Flüssigkeit mit dem auf ihr ruhenden Druck, wie folgende Zahlentafel zeigt.

Luftdruck = Dampfdruck mm Quecksilber Atm.	Siedepunkt des Wassers °	Luftdruck = Dampfdruck mm Quecksilber Atm.	Siedepunkt des Wassers °
4,6	0	760,0 mm = 1 Atm.	100
17,5	20	2 ,,	120
55,3	40	3 ,,	134
149,4	60	4 ,,	144
355,1	80	5 ,,	152
526,0	90	10 ,,	180

Verschließt man einen mit siedendem Wasser gefüllten Glaskolben durch einen Gummistöpsel und kehrt ihn um, so dauert das Sieden noch einige Zeit an; hört es auf, so kann es durch Kühlen des Kolbens von neuem hervorgerufen werden (Abb. 58).

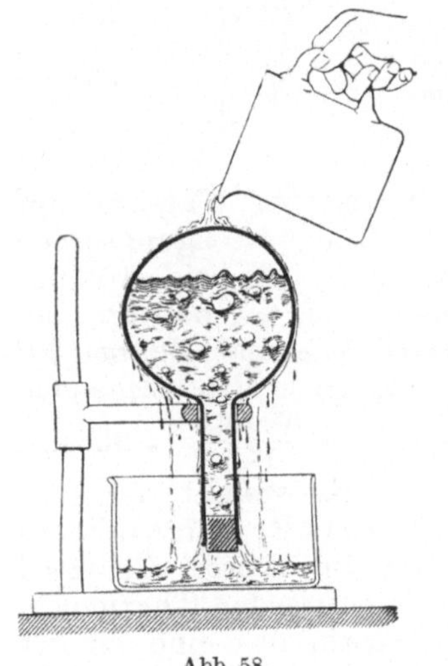

Abb. 58.

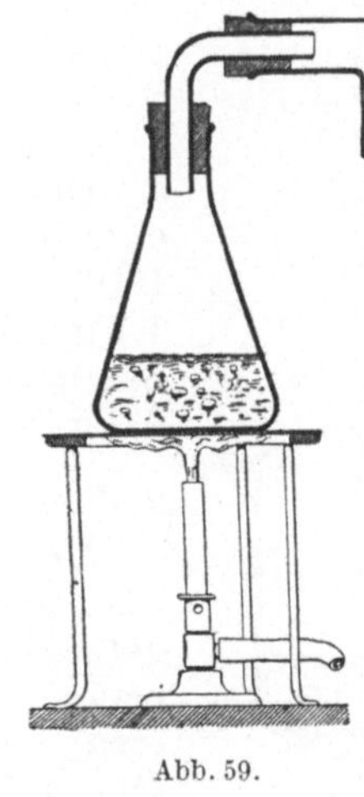

Abb. 59.

Man benutzt das Sieden unter vermindertem Druck und niedrigerer Temperatur (Vakuumdestillation) zum Einengen von Flüssigkeiten, die sich bei höherer Temperatur zersetzen. In den Vakuumapparaten wird der Zuckersaft der Zuckerrüben eingedampft, weil er bei 100° braun wird.

Daß Wasserdampf spezifisch viel leichter als Luft ist, geht aus dem in Abb. 59 dargestellten Versuch hervor; der Wasserdampf tritt nur aus den nach oben gerichteten Öffnungen, nicht aus dem nach unten zeigenden und näher liegenden Rohr. Wasserdampf nimmt einen 1700mal größeren Raum als das Wasser ein, aus welchem er gebildet ist; er ist farblos und durchsichtig wie Luft.

Infolge der Abnahme des Luftdruckes auf hohen Bergen siedet das Wasser dort nicht bei 100°, sondern schon früher; auf dem Montblanc (4800 m; 420 mm) bei 84°. Daher ist es mit den gewöhnlichen Kochtöpfen nicht möglich, manche Speisen gar zu kochen. Durch künstliche Erhöhung des Druckes wird auch der Siedepunkt des Wassers erhöht. Dazu braucht das Siedegefäß nur verschlossen zu werden — Papinscher Topf (Abb. 60).

Aufgabe: Bei einer Höhenmessung mit Hilfe des Thermometers hat man gefunden, daß das Wasser in der Ebene bei 100°, auf dem Berge bei 97° siedet. Wieviel Meter ist der Berg höher als die Ebene?

$$= 0{,}3\,(760 - 526) \times 10{,}5 = 737 \text{ m.}$$

23. Feuchtigkeit der Luft. Niederschläge.

Von der Oberfläche der Gewässer und des Eises gelangt Wasserdampf fortwährend in die Luft, so daß diese immer mehr oder weniger feucht ist. Die Luft nimmt bei einer bestimmten Temperatur nur eine bestimmte Menge Wasserdampf in sich auf, welche mit steigender Temperatur zunimmt. Hat die Luft diejenige Wasserdampfmenge aufgenommen, die ihr nach der Temperatur zukommt, so ist sie mit Wasserdampf gesättigt. 1 cbm Luft kann enthalten:

bei −20°	. . .	1,0 g Wasserdampf	bei 20°	. . .	17,5 g Wasserdampf
,, −10°	. . .	2,2 g ,,	,, 25°	. . .	23,8 g ,,
,, 0°	. . .	4,7 g ,,	,, 30°	. . .	31,8 g ,,
,, 5°	. . .	6,5 g ,,	,, 35°	. . .	42,2 g ,,
,, 10°	. . .	9,2 g ,,	,, 40°	. . .	55,3 g ,,
,, 15°	. . .	12,8 g ,,			

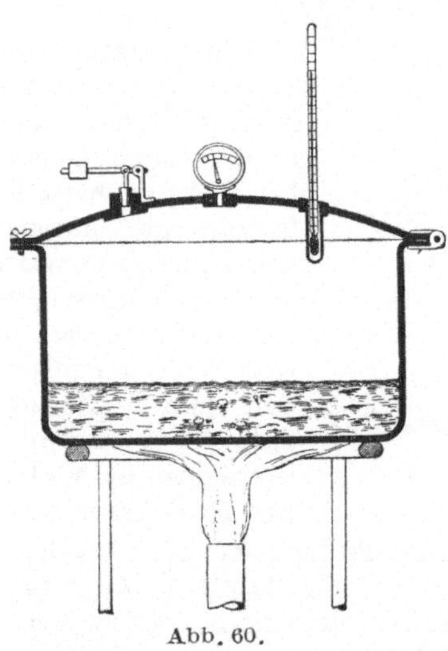

Abb. 60.

Diese Grammengen Wasserdampf entsprechen dem Sättigungsgrade 100%. Enthält die Luft bei −10° nur 1,1 g Wasserdampf, so beträgt der Sättigungsgrad 50%; hat sie bei 20° 6,3 g Wasserdampf in sich aufgenommen, so enthält sie $\dfrac{100 \times 6{,}3}{17{,}5} = 36\%$.

Der Feuchtigkeitsgehalt der Luft wird mit Hilfe eines Psychrometers gemessen, d. i. ein Halter mit zwei genau übereinstimmenden Thermometern, von welchen das eine an der Quecksilberkugel mit einem feuchten Musselinlappen umhüllt ist. Die beiden Thermometer zeigen denselben Stand, wenn die Luft mit Feuchtigkeit gesättigt ist; ist dieses nicht der Fall, so verdunstet das Wasser des feuchten Thermometers um so schneller, je weniger Wasserdampf die Luft enthält. Durch das Verdunsten des Wassers wird dem feuchten Thermometer so viel Wärme entzogen, daß es bis zu dem Wärmegrade sinkt, bei welchem die Luft gesättigt ist — Taupunkt.

In der Grube bedient man sich des Schleuderthermometers. Das trockene Thermometer wird an einem Faden befestigt, so lange im Kreise herumgeschleudert, bis seine Temperatur sich nicht mehr ändert.

Nach Anlegen eines feuchten Musselinlappens wird das Verfahren wiederholt, man erhält so die Temperatur des nassen Thermometers.

Aus dem Unterschied des trocknen und nassen Thermometers und der folgenden Zahlentafel kann man den Feuchtigkeitsgehalt der Luft leicht bestimmen.

Das trockne Thermometer zeigt °	Das nasse Thermometer zeigt weniger									
	0°	1°	2°	3°	4°	5°	6°	8°	10°	12°
0	100	81	63	46	28	12	—	—	—	—
5	100	86	72	58	45	32	19	—	—	—
10	100	88	76	65	54	44	34	14	—	—
15	100	90	80	70	61	52	44	28	12	—
20	100	91	83	74	66	59	51	37	24	12
25	100	92	84	77	70	63	57	44	33	22
30	100	93	86	79	73	67	61	49	39	30
35	100	94	87	81	75	70	64	53	44	36
40	100	94	88	83	77	72	67	57	48	40

Beispiele:

Trocknes Thermometer	40°	30°	20°	10°
Feuchtes Thermometer	36°	20°	12°	4°
Unterschied	4°	10°	8°	6°
Sättigungsgrad	77%	39%	37%	34%

Die **Haarhygrometer** beruhen darauf, daß sich ein von Fett gereinigtes Frauenhaar beim Trocknen verkürzt, beim Feuchtwerden verlängert. Das Haar wird mit dem einen Ende oben am Apparat (Abb. 61) befestigt, während das andere Ende um die Achse eines drehbaren Zeigers gelegt ist; durch ein kleines Gewicht wird der Faden gespannt. Das Hygrometer wird geeicht und muß von Zeit zu Zeit nachgeprüft werden.

Darmsaiten drehen sich infolge von Feuchtigkeitsaufnahme und abgabe; die darauf beruhenden Apparate nennt man Hygroskope (Wetterhäuschen).

Der Feuchtigkeitsgehalt der Grubenluft ist meist hoch, so daß das Holz schneller fault und das Eisen leichter rostet als über Tage. Auch Arbeitsfreudigkeit und Wohlbefinden des Menschen hängen von dem Feuchtigkeitsgehalt der Luft ab. Ist die Grubenluft mit Wasserdampf gesättigt, so erleidet der Bergmann Einbuße an seiner Arbeitskraft, da die Abkühlung fortfällt, welche der verdunstende Schweiß sonst hervorruft. In der trockenen Luft vor dem Puddelofen und Glashafen kann der Mensch viel höhere Wärmegrade als in der Grube vertragen, da der Schweiß leicht verdunstet.

Niederschläge. Kühlt sich mit Wasserdampf gesättigte Luft ab, so scheidet sich flüssiges Wasser aus. In ihrer feinsten Verteilung bilden die Wassertröpfchen nahe der Erde den Nebel, in höheren Luftschichten die Wolken, während Wasserdampf farblos und durchsichtig wie Luft ist. Durch Vereinigung der Wassertröpfchen zu Tropfen entsteht Regen, dessen tägliche bzw. jährliche Menge an einem Orte mit Hilfe des Regenmessers bestimmt wird (Bochum 1919 720 mm). Statt des Regens bildet sich Schnee oder Hagel, wenn die Temperatur der Luft unter 0° ist.

Die verhältnismäßig warmen und feuchten Süd- und Westwinde kühlen sich in unseren Gegenden durch Vermischen mit der kälteren Luft und an der kalten Erde ab und scheiden den Überschuß des Wasserdampfes als Regen ab. Enthielten sie z. B. bei 25° und einem Sättigungsgrad von 88,8 % $\frac{88,8 \times 23.8}{100} = 21$ g Wasserdampf in 1 cbm, so fallen beim Abkühlen auf 15° 21 — 12,8 = 8,2 g Wasser pro Kubikmeter als Regen aus (vgl. Barometer S. 17). So vollzieht sich auch das Beschlagen der Fenster und Türen und das Regnen im Ausziehschacht.

Infolge der nächtlichen Wärmeausstrahlung gegen den wolkenlosen Himmel kühlt sich die Erde gegen Morgen bis unter den Taupunkt ab, und Gegenstände, welche die Wärme gut ausstrahlen und sich rasch abkühlen (Pflanzenteile), bedecken sich mit Tau; es entsteht Reif, wenn die Abkühlung der Gegenstände bis unter 0° erfolgt ist.

Bei bedecktem Himmel kann Tau- und Reifbildung nicht eintreten, da die Wolken die Wärme zurückstrahlen. Durch künstliche Rauchbildung wird das Eintreten von Reif, z. B. in Weinbergen, verhindert.

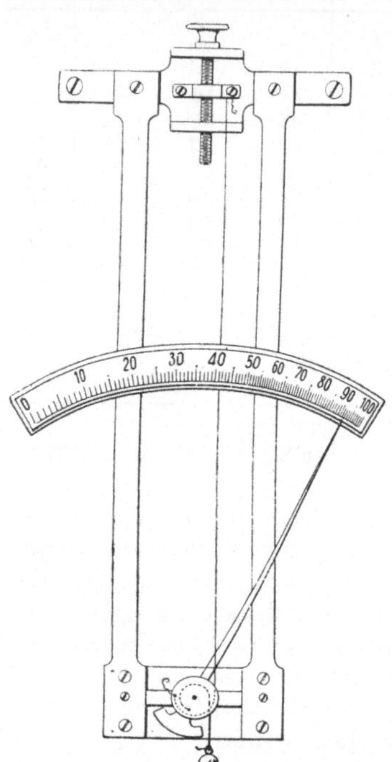

Abb. 61.

24. Sättigungsspannung (Tension) des Wasserdampfes.

Bringt man in den Vakuumraum eines Barometers eine kleine Menge Wasser, so verwandelt sie sich teilweise in Dampf; die Quecksilbersäule sinkt um einen bestimmten Betrag, da der Wasserdampf Spannkraft besitzt. Bei beständiger Temperatur bleibt auch der Stand des Quecksilbers unverändert, da die Menge des Wasserdampfes und somit sein Druck den höchsten Betrag erreicht hat, welchen er bei dieser Temperatur erlangen kann. Man nennt den Druck, welchen der gesättigte Wasserdampf ausübt, Sättigungsspannung oder Tension des Wasserdampfes.

Umgibt man das so vorgerichtete Barometerrohr mit einem Glasmantel und leitet Wasserdampf durch denselben, so sinkt das Quecksilber bis auf die Höhe des Quecksilbers im Gefäß. Die Spannkraft des Dampfes ist jetzt gleich dem Luftdruck. Der Druck einer Gasmischung ist immer gleich der Summe der Drücke der einzelnen Gase. Wird zu 1 Liter Luft, die sich in einem Gefäß unter dem Druck von 1 Atm. befindet, noch 1 Liter Kohlensäure gebracht, so ist der Druck im Gefäß gleich 2 Atm. Da die Luft immer Wasserdampf enthält, so setzt sich der

Luftdruck zusammen aus dem Drucke der trockenen Luft und dem des Wasserdampfes.

Der auf der Oberfläche von Wasser in einem Gefäß lastende Druck ist abhängig von dem Druck des über der Oberfläche befindlichen, trocken gedachten Gases und dem des aufsteigenden Wasserdampfes. Mit steigender Temperatur wird der Druck der trocknen Luft immer geringer, da der Druck des Wasserdampfes immer größer wird, bis letzterer den Druck der Luft vollständig überwindet; das Wasser kocht.

Die auf S. 37 gegebenen Zahlen der Beziehungen zwischen Luftdruck und Siedepunkt des Wassers stellen auch die Sättigungsspannungen des Wasserdampfes dar; die Angabe z. B., daß das Wasser bei einem Druck von 55 mm bei 40° siedet, bedeutet mit anderen Worten, bei 40° beträgt die Sättigungsspannung 55 mm.

Erhitzt man gesättigten Dampf weiter, so wird er „überhitzt"; er ist nun ein Gas und folgt den Gasgesetzen.

25. Verflüssigung der Dämpfe. Destillation.

Durch Abkühlung werden alle Dämpfe wieder in den flüssigen Zustand übergeführt, wobei die aufgenommene Verdampfungswärme frei wird. Verdampft man eine Flüssigkeit und leitet die durch einen Kühler verdichteten Dämpfe in ein

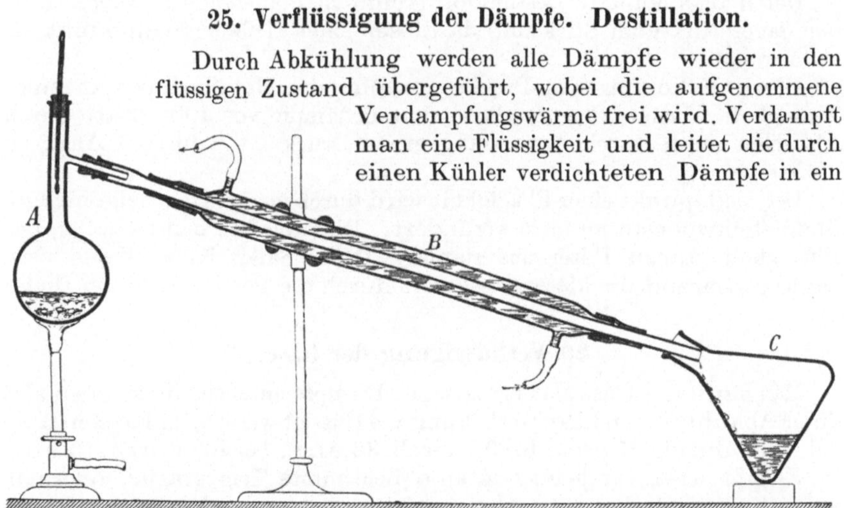

Abb. 62.

anderes Gefäß, so nennt man den ganzen Vorgang **Destillation** (Abb. 62).

Während die Dämpfe der in dem Kolben A siedenden Flüssigkeit den Kühler B (Liebig 1830) von oben nach unten durchströmen und dabei verdichtet werden, fließt das Kühlwasser von unten nach oben (Gegenstromprinzip) und wird um so wärmer, je langsamer es steigt. In der chemischen Industrie wird diese Wärme vielfach zum Vorwärmen von Flüssigkeiten, zumal von solchen benutzt, die destilliert werden sollen. So werden bei der Benzolgewinnung die Dämpfe von Leichtöl und Wasser aus der Destillierkolonne durch den oberen Teil eines Röhrenkühlers geschickt, dessen Kühlflüssigkeit gesättigtes Waschöl (Mittelöl) ist, welches dadurch auf 70 bis 80° vorgewärmt wird.

Mit Hilfe der Destillation trennt man Flüssigkeiten von darin gelösten festen, nicht verdampfbaren Stoffen oder aber eine leicht verdampfbare Flüssigkeit von einer anderen mit höherem Siedepunkt. So trennt man das Wasser von den darin aufgelösten Salzen und erhält dadurch das reine, destillierte Wasser.

Alkohol siedet bei 78°; aus einem Gemisch von Wasser und Alkohol destilliert vorzugsweise zunächst Alkohol. Durch wiederholtes Destillieren, wobei man das zuerst übergehende Destillat für sich auffängt, kann man den Alkohol fast wasserfrei erhalten. Ein solches Verfahren nennt man **fraktionierte Destillation**. In der Technik der Spiritusbereitung wendet man dabei Kühler an, welche nur die Dämpfe der Flüssigkeit mit dem niedrigen Siedepunkt (Alkohol) durchströmen lassen, während die Dämpfe der höher siedenden Flüssigkeit (Wasser) verdichtet werden und zurückfließen. Auf diese Weise trennt man in den Nebenproduktenanlagen der Kokereien die Destillate des Teers, Leichtöl, Schweröl usw.

Durch fraktionierte Destillation trennt man auch aus flüssiger Luft den Sauerstoff vom Stickstoff, da dieser einen tieferen Siedepunkt als ersterer hat.

Durch Erhöhung des Druckes erhöht sich der Siedepunkt einer Flüssigkeit; daher ist es möglich, Wasserdämpfe von 100° statt durch Abkühlen auch durch Anwendung eines Druckes von über 1 Atm. zu verflüssigen.

Der Siedepunkt einer Flüssigkeit wird durch mechanisch beigemengte Stoffe (Schwebestoffe) nicht verändert. Diese bleiben beim Gießen der Flüssigkeit durch Filter aus Papier, Tuch, Sand, Kies, Koks usw. zurück, während die klare Flüssigkeit durch die Poren desselben fließt.

26. Verflüssigung der Gase.

Man kann die Gase als ungesättigte Dämpfe ansehen, sie können also durch Abkühlung und Druckerhöhung verflüssigt werden, so Kohlensäure bei —10° durch 27 Atm., bei 0° durch 36 Atm., bei 10° durch 46 Atm.

Es gibt aber für jedes Gas eine bestimmte Temperatur, oberhalb welcher es auch bei Anwendung des stärksten Druckes nicht in die flüssige Formart übergeht. Diese Temperatur heißt **kritische Temperatur** und der bei ihr zur Verflüssigung nötige Druck **kritischer Druck**. Die kritischen Daten einiger Gase sind:

Stickstoff	—147°	33,5 Atm.	Grubengas	—82,5°	45,7 Atm.
Luft	—140°	39 ,,	Kohlensäure	31°	73 ,,
Kohlenoxyd	—140°	35 ,,	Ammoniak	132°	112 ,,
Sauerstoff	—119°	50 ,,	Wasser	374°	218 ,,

Die **Verflüssigung der Luft** in größeren Mengen gelang Linde in München (1895) mit Hilfe des **Gegenstromapparates** (Abb. 63). Dieser Apparat setzt sich zusammen aus dem

1. Kompressor, der die Luft auf einen hohen Druck zusammenpreßt;
2. Kühler, der die Kompressionswärme an Wasser abgibt;
3. Gegenstromapparat, in dessen inneres Rohr die zusammengepreßte

Luft bei geöffnetem Ventil t_1 strömt, während t_2 geschlossen ist. Wird dieses geöffnet, so strömt die zusammengepreßte Luft in das Sammelgefäß, welches unter dem Druck von 1 Atm. steht und dehnt sich dabei aus, wodurch sie sich bedeutend abkühlt.

Erniedrigt sich der Druck um 1 Atm., so nimmt die Temperatur um $^1/_4°$ ab, bei 200 Atm. demnach um 50°. Weiter abgekühlt kehrt der Luftstrom durch das äußere Rohr des Gegenstromapparates zum Kompressor zurück und überträgt seine Kälte auf die inzwischen neu zugeströmte, hochgespannte Luft des inneren Rohres. Der Kompressor drückt die abgekühlte Luft wieder zusammen; der Kreislauf beginnt von neuem, wodurch die Luft so weit abgekühlt wird, daß sie sich schließlich bei —191° unter dem Druck von 1 Atm. verflüssigt und im Sammelgefäß ansammelt. Aus diesem wird die flüssige Luft in doppel-

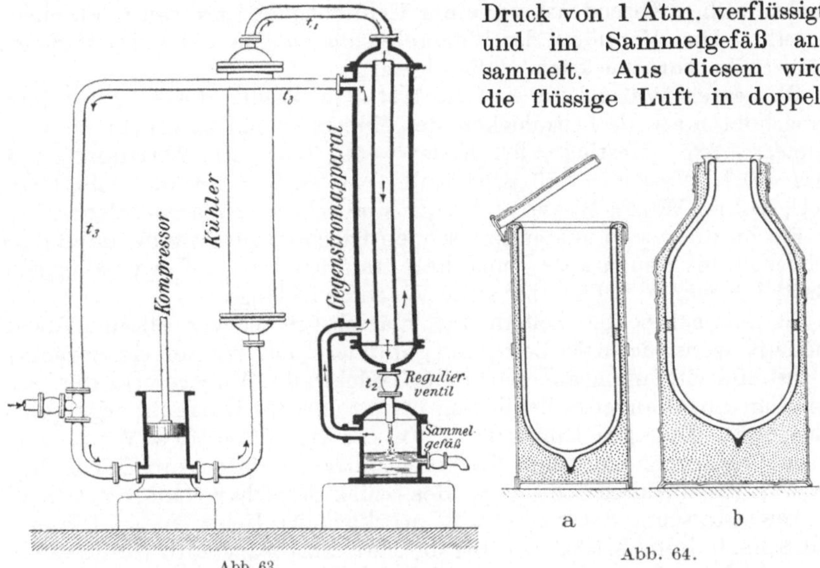

Abb. 63.

Abb. 64.

wandige Gefäße abgelassen, deren Zwischenraum luftleer gepumpt ist, um Wärmeleitung zu verhindern. Abb. 64a und b geben zwei Tauchgefäße für Patronen zur Herstellung von Flüssigeluftsprengstoffen wieder. Auch werden ihre inneren Wandungen versilbert, damit alle Wärmestrahlen zurückgeworfen werden. In solchen Dewarschen Gefäßen hält sich flüssige Luft mehrere Tage und kann sogar mit der Eisenbahn verschickt werden. Da die flüssige Luft darin immer siedet, so dürfen sie nur lose verschlossen werden.

Verflüssigte Gase (Ammoniak, schweflige Säure, Kohlensäure) dienen zur Kälteerzeugung. Entzieht man die zu ihrer Verdampfung nötige Wärme dem Wasser, so erstarrt es zu Eis; auf ähnliche Weise kühlt man auch die Chlormagnesiumlösung, den Kälteträger des Gefrierverfahrens beim Schachtabteufen, auf —22° ab.

Unter der Glocke einer Luftpumpe läßt sich der Siedepunkt der flüssigen Luft auf —225° erniedrigen; mit ihrer Hilfe kann auch der

Wasserstoff so weit abgekühlt werden, daß er nun unter Druck flüssig wird. Der flüssige Wasserstoff erlangt unter erniedrigtem Druck eine Temperatur von —260°.

27. Wärmeleitung und Wärmestrahlung.

Wärmeübergang von einem wärmeren auf einen kälteren Körper findet durch Wärmeleitung und Wärmestrahlung statt.

Hält man das Ende eines Eisenstabes in eine Flamme, so wird auch das andere Ende durch Leitung warm. Bringt man gleichzeitig mit der einen Hand eine Kupferstange, mit der anderen eine Holzkohlenstange in die Flamme, so wird erste bald so heiß, daß sie fortgelegt werden muß, während man von einer Erhitzung der letzteren noch nichts bemerkt. Das Vermögen der Wärmeleitung ist also den verschiedenen Körpern in verschiedenem Maße eigen.

Die besten Wärmeleiter sind die Metalle und unter diesen das Silber. Bezeichnet man die Leitfähigkeit des Silbers = 360, so ergibt sich für Kupfer = 325, Messing = 90, Eisen = 50, Eis = 2,1, Marmor = 2,5, Glas = 0,7, Wasser = 0,50, Schafwolle = 0,03, Luft = 0,02. Eis, Glas, Holz, Kohle, Wolle, Wasser und Luft sind schlechte Wärmeleiter.

Ein Zimmer wird mit einem eisernen Ofen schneller warm, nach dem Erlöschen des Feuers aber schnell kalt; mit dem Kachelofen wird es erst allmählich warm, behält aber seine Wärme viel länger.

Zu den schlechten Leitern der Wärme gehören vor allem Wasser und Luft, wenn sie an der Bewegung gehindert sind. Werden sie erwärmt, so tritt eine Strömung ein, welche die Teilchen des Wassers und der Luft schneller miteinander in Berührung bringt und den Wärmeübergang beschleunigt. Dagegen kann man z. B. die Oberfläche des Wassers in einem Probierröhrchen zum Kochen erhitzen, während ein durch Blei beschwertes, auf dem Boden liegendes Stück Eis nicht merklich schmilzt.

Anwendungen. Sommer- und Winterkleidung, Holzgriffe an Pfannen und Schürhaken, Kochkisten, Stroh, Filz, Sägespäne zum Schutze der Pumpen, Kieselgurumhüllungen der Dampfleitungen, doppelte Fenster, Sicherheitslampe.

Die schützende Wirkung der Sicherheitslampe gründet sich auf folgende Versuche. Führt man von oben ein feinmaschiges Drahtnetz in eine Gasflamme, so wird sie dadurch abgeschnitten, d. h. sie brennt nur unter dem Drahtnetz (Abb. 65 a). Unverbranntes Gas strömt durch die Maschen nach oben und entzündet sich, wenn diese glühend werden. Das Gas läßt sich oberhalb des Drahtnetzes anzünden, wenn man letzteres vor Öffnen des Gashahnes einige Zentimeter über die Brenneröffnung bringt (Abb. 65 b).

Auch bei brennenden Flüssigkeiten, wie Terpentinöl und Spiritus, erlöscht die Flamme beim Durchgießen durch das Drahtnetz (Abb. 65 c).

Die Versuche lehren, daß Flammen durch engmaschige Drahtnetze nicht durchschlagen, weil diese den darüber- bzw. darunterliegenden Teilen der Gase durch Leitung soviel Wärme entziehen, daß die Entzündungstemperatur nicht mehr erreicht wird. Die Entzündungstemperatur der Schlagwetter liegt bei 650°, d. h. bei Rotglut. Daher schlagen die brennenden Wetter erst durch den Korb der Grubenlampe, wenn dieser glühend wird.

Wärmeausstrahlung. Jeder Körper, der wärmer als seine Umgebung ist, strahlt Wärme aus. Die Wärmestrahlen sind unsichtbar; sie durcheilen die Luft, ohne sie merklich zu erwärmen und erscheinen erst wieder als Wärme, wenn sie von einem Körper aufgenommen werden. Man fühlt die Wärme eines geheizten Ofens schon in einiger Entfernung, empfindet sie aber nicht, wenn der Ofen von einem Ofenschirm umgeben ist. Die verschiedenen Stoffe verhalten sich den Wärmestrahlen gegenüber ungleich. Luft und Steinsalz z. B. sind für die Wärmestrahlen durchlässig, werden aber durch sie nicht wesentlich erwärmt. Dunkle und rauhe Stoffe lassen die Wärmestrahlen nicht hindurch, sondern nehmen sie auf und werden dabei erwärmt. Helle und dichtgewalzte oder polierte Stoffe lassen die Wärmestrahlen weder hindurch, noch nehmen sie dieselben auf; sie werfen sie zurück wie ein Spiegel die Lichtstrahlen. In der Regel wird nur ein Teil der Strahlen aufgenommen oder zurückgeworfen oder durchgelassen.

Die Erwärmung eines Körpers durch strahlende Wärme nimmt mit dem Quadrate der Entfernung und mit dem schräger werdenden Auftreffen der Wärmestrahlen ab. Die Erde erhält ihre Wärme durch Sonnenstrahlen, welche die

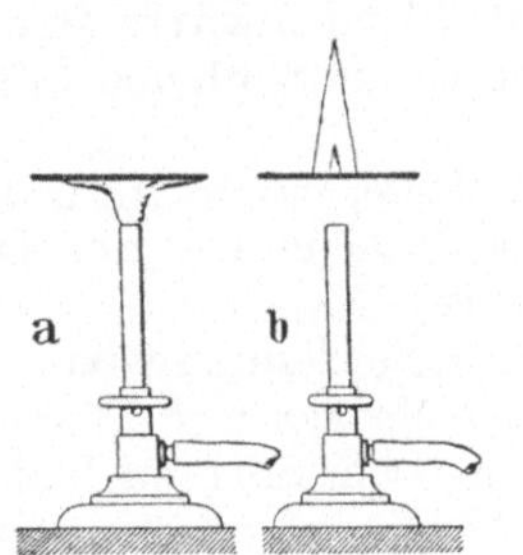
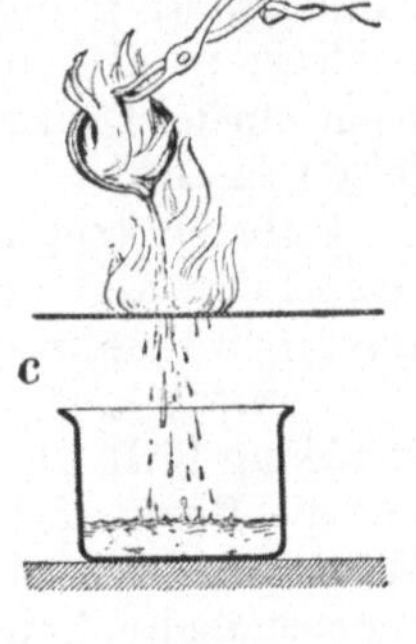

Abb. 65.

Atmosphäre auf ihrem Wege kaum erwärmen. Vielmehr empfängt diese erst von der Erde Wärme, und zwar um so weniger, je höher wir sind. Deshalb nimmt die Temperatur der trocknen Luft beim Steigen um je 100 m ungefähr 1° ab; ist die Luft mit Wasserdampf gesättigt, so vermindert sich die Abnahme der Wärme um die Hälfte, da mit der Verdichtung des Wassers zu Nebel oder Wolken seine Verflüssigungswärme frei wird. Da die Sonnenstrahlen an den Polen sehr schräg auf die Erde fallen, gelangen sie in viel geringerer Menge als unter dem Äquator auf eine gleich große Fläche; daher nimmt die Temperatur vom Äquator zu den Polen ab. Auch im Winter fallen die Wärmestrahlen schräger auf die Erde, da die Sonne tiefer steht; deshalb ist es im Winter kälter als im Sommer, wo die Erde von der Sonne sogar noch weiter entfernt ist.

28. Wärmequellen.

Wärme wird erzeugt:

1. Durch mechanische Arbeit, insbesondere Reibung. Durch Druck, Schlag, Stoß, Bohren, Feilen, Sägen, Hämmern, Reiben, Brennen, Schleifen, Verdichtung von Gasen entsteht Wärme.

Feuererzeugung durch

1. Reibung zweier Holzstücke gegeneinander,
2. Schlagen mit Stahl gegen Feuerstein, Zündblättchen, Zereisen,
3. Streichen der Zündhölzer über eine rauhe Fläche,
4. Reiben der Zündbänder durch einen Stahlstift.

Wärme ist Arbeit. Durch eine Arbeit von 427 mkg kann eine Kalorie erzeugt werden — mechanisches Wärmeäquivalent. Fällt ein Kilogramm aus 427 m Höhe zur Erde, so wird durch den Sturz ebensoviel Wärme erzeugt, wie man braucht, um 1 kg Wasser um 1° zu erwärmen. Der erste Entdecker von der Äquivalenz von Arbeit und Wärme war der Heilbronner Arzt Robert Mayer 1842.

2. **Durch direkte Sonnenwärme;** sie kann technisch nur zum Trocknen, nicht aber zum Betriebe von Dampfmaschinen angewendet werden, da bei den „Sonnenmaschinen“ der Unterhalt des Spiegelmechanismus zu teuer kommt.

3. **Durch die Gezeiten.** Der Gedanke, Ebbe und Flut zur Wärmegewinnung auszunutzen, ist keineswegs aussichtslos. Während der Flut kann man an geeigneten Stellen der Küste das Wasser durch Damm und Schleuse in einem Kanal landeinwärts strömen und während der Ebbe beim Zurückfließen durch die Schleuse mit Hilfe von Turbinen Arbeit leisten lassen.

4. **Durch tropische Meere,** indem man den Unterschied der Wassertemperatur an der Oberfläche und in der Tiefe ausnutzt, ein Verfahren, das freilich sehr teuer ist.

5. **Durch aufgespeicherte Sonnenwärme.** Die Energie der Sonnenstrahlung läßt gewaltige Mengen von Wasser verdunsten, die als Regen auf die Berge fallen und von dort zu Tale fließen. Die Fallkraft des Wassers wird durch Mühlräder ausgenutzt, die ihrerseits Elektrizität für chemische Arbeit (Kalziumkarbid, Salpetersäure) erzeugen. Die Ausnutzung der Wasserkraft (weiße Kohle) hat für die Zukunft die größte Aussicht und ist vielleicht dereinst berufen, den immer größer werdenden Mangel an Brennstoffen zu ersetzen. Auch die Kraft des Windes, der durch Temperaturveränderungen infolge der Sonnenstrahlung entsteht und Windmühlen treibt, kann zur Wärmeerzeugung in ähnlicher Weise Anwendung finden (Windkraftwerke).

Die meisten chemischen Vorgänge verlaufen unter Erzeugung von Wärme. In dem Holz und Torf, in der Kohle, in den Ölen und Fetten ist die Sonnenwärme aufgespeichert, die zum Aufbau von Pflanze und Tier, aus welchen sich diese Stoffe gebildet haben, nötig war. Durch ihre Verbrennung wird die dabei aufgewendete Sonnenwärme zurückgewonnen.

C. Magnetismus.

29. Schon im Altertume hatte man bei Magnesia in Kleinasien am Magneteisenstein beobachtet, daß er kleine Eisenstücke anzog und festhielt; auch Magnetkies ist dazu befähigt. Diese Erze sind natürliche Magnete.

Künstliche Magnete erhält man durch:

1. magnetische Verteilung,
2. elektrische Ströme,
3. Erdmagnetismus.

Die magnetische Verteilung wird in einem Stahlstab dadurch hervorgerufen, daß man ihn nach einer der verschiedenen Strichmethoden mit einem kräftigen Magneten streicht. Dabei erhält der neue Magnet an seinen Enden den Pol, welcher dem Pol des streichenden Magneten entgegengesetzt ist. Läßt man den elektrischen Strom durch einen isolierten Kupferdraht in vielen Windungen um einen Eisen- oder Stahlstab fließen, so erhält man tragkräftige Elektromagnete.

Auch durch den Erdmagnetismus wird magnetische Verteilung erreicht. Senkrecht hängende Eisen- und Stahlstäbe, eiserne Rohrleitungen werden mit der Zeit magnetisch, zumal wenn sie erschüttert werden — Magnetismus der Lage.

Wird ein Magnetstab gleichmäßig mit Eisenspänen bestreut und aufgerichtet, so bleiben diese nur an den Enden, nicht in der Mitte des Magneten hängen (Abb. 66). Man nennt die Enden die Pole, die Mitte die indifferente Zone des Magneten.

Nach ihren äußeren Formen unterscheidet man Stab-, Hufeisen- und Nadelmagnete. Da bei dem Hufeisenmagneten gleichzeitig zwei Pole anziehend wirken, so ist ihre Tragkraft erheblich größer als die eines gleich starken Stabmagneten. Die Kraft eines Magneten läßt allmählich nach, wenn er nicht gebraucht wird, sie bleibt durch Verbindung eines oder beider Pole mit einem Eisenstück, „Anker", erhalten.

Hängt man einen Stabmagnet an einem Faden horizontal beweglich auf, oder läßt man eine Magnetnadel in der wagerechten Ebene schweben, so zeigt das eine Ende stets nach Norden, das andere nach Süden. Das nach Norden zeigende Ende nennt man den Nordpol, das andere den Südpol des Magneten. Schwebt die Magnetnadel über einem Kreise, der in 360 Grade oder in 24 Stunden oder in 32 Strich eingeteilt ist, oder über einer Windrose, so erhält man einen Kompaß. Mit Hilfe des Cardanischen Ringes bleibt der Kompaß trotz des Stampfens und Rollens des Schiffes in der wagerechten Lage, so daß man mit ihm die Himmelsrichtungen feststellen kann.

Abb. 66.

Unmagnetisches Eisen und ein Magnet ziehen einander an, und zwar auch dann, wenn sie durch andere Körper — Papier, Glas, Holz — aber nicht Eisen, getrennt sind.

Nähert man die Nordpole zweier beweglicher Magnete einander, so stoßen sie sich ab; dasselbe ist auch bei den Südpolen der Fall. Dagegen zieht der Nordpol des einen Magneten den Südpol des anderen an und umgekehrt. Gleichnamige Pole stoßen sich ab, ungleichnamige Pole ziehen sich an.

Legt man zwei Magnete mit ihren gleichen Polen aufeinander, so verstärkt sich ihre Tragkraft. Daher setzt man Magnete aus vielen dünnen magnetischen Blättern zusammen. Bringt man zwei gleich starke Magnete mit den ungleichnamigen Polen aufeinander, so heben sie sich in ihrer Wirkung auf und besitzen keine Anziehungskraft mehr.

Zerbricht man einen magnetischen Stab (magnetische Stricknadel), so ist jedes, auch das kleinste Stück wieder ein Magnet mit Nord- und Südpol. Deshalb nimmt man an, daß jeder Magnet sich aus einer Reihe von sehr kleinen, gleichgerichteten Magneten (Molekularmagneten) aufbaut.

Den Raum, innerhalb dessen sich die magnetischen Kräfte bemerkbar machen, nennt man magnetisches Feld. Dasselbe wird sichtbar,

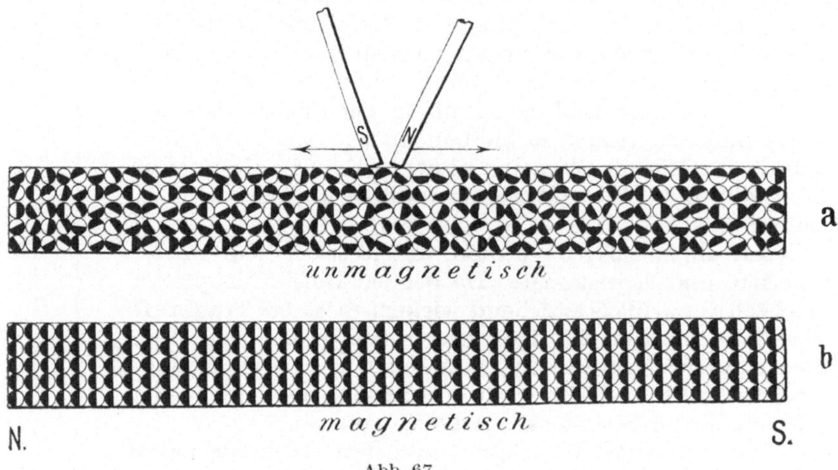

Abb. 67.

wenn man z. B. über die beiden Pole eines Hufeisenmagneten ein Blatt steifes Papier hält und Eisenfeilspäne darauf siebt; sie ordnen sich in Bogenlinien, welche magnetische Kraftlinien heißen.

Im magnetischen Feld wird ein Stück Eisen selbst zu einem Magnet. Jeder Magnetpol erregt in dem genäherten Ende eines Eisenstückes den ungleichnamigen, im abgewandten Ende den gleichnamigen Pol.

Auch im unmagnetischen Eisen ist Magnetismus vorhanden, der aber wirkungslos bleibt, da die Molekularmagnete wirr durcheinander liegen und sich in ihrer Wirkung aufheben (Abb. 67a). Beim Streichen mit einem Magneten findet ein Ausrichten der Molekularmagnete derart statt, daß die Nordpole durch den Südpol des Magneten nach der einen Seite, die Südpole durch den Nordpol nach der anderen Seite gestellt werden (Abb. 67b). Infolge der gegenseitigen Anziehung der ungleichnamigen Pole in der Mitte erscheint diese indifferent, während die Wirkung der freien Pole an den Enden zur Geltung kommt.

Die Erde ist selbst ein Magnet. Ihre nördliche Hälfte besitzt Südmagnetismus, die südliche Nordmagnetismus. Hat sich die Magnetnadel nach einigen Schwingungen eingestellt, so bezeichnet die durch ihre Achse gelegte senkrechte Ebene den magnetischen Meridian.

Die Achse des Erdmagneten fällt nicht mit der geographischen Süd-nordlinie zusammen, sie weicht z. B. in Deutschland um 6 bis 12° nach Westen ab. Diesen Winkel nennt man **Mißweisung** oder **magnetische Deklination.** In Europa, Afrika, auf dem Atlantischen Ozean ist sie westlich, auf der übrigen Erdhälfte östlich. Die Mißweisung ist an verschiedenen Orten verschieden. Kennt man die Deklination für einen bestimmten Ort, so kann man ihre Einstellung am Kompaß zur Auffindung des geographischen Meridians benutzen. Deshalb hat man die Orte gleicher Abweichung auf der Deklinationskarte verzeichnet und durch Kurven (Isogonen) verbunden. Geht man von einer Linie süd-östlich von St. Petersburg, welche keine Mißweisung zeigt, nach Westen, so nimmt die Deklination zunächst zu, dann wieder ab, um im östlichen Amerika wieder Null zu werden.

Auch aus ihrer wagerechten Lage wird eine Magnetnadel abgelenkt, wenn sie sich um eine horizontale Achse drehen kann und auf den magnetischen Meridian eingestellt ist. Der Winkel, welcher die Ablenkung von der wagerechten Ebene angibt, wird **magnetische Inklination** genannt. Auf der nördlichen Erdhälfte neigt sich die Magnetnadel mit ihrem Nordpol nach abwärts und steht im magnetischen Südpol auf der Insel Boothia Felix (Nordamerika) senkrecht. In unseren Gegenden beträgt der Inklinationswinkel 66°. Auf der südlichen Erdkugel neigt sich das Südende der Nadel nach abwärts und steht in der Gegend des magnetischen Nordpols (im Süden von Vandiemensland) senkrecht. In der Nähe des geographischen Äquators bleibt die Inklinationsnadel in ihrer wagerechten Lage.

Man unterscheidet tägliche, jährliche, säkulare und plötzliche Änderungen (Variationen) im magnetischen Zustande der Erde.

Tägliche Änderungen bewirken z. B. in Europa, daß sich das Nordende der Nadel von morgens 7 Uhr bis gegen 2 Uhr nachmittags nach Westen bewegt und dann bis gegen 10 Uhr abends in die alte Lage zurückkehrt. Nachts sind die Schwankungen nur gering, tagsüber erheblicher, im Sommer größer als im Winter. Auch die Inklination ist am Vormittage größer als am Nachmittage.

Die **jährlichen Änderungen** zeigen sich darin, daß die Deklination jährlich um 6,5—10 Minuten abnimmt. In Bochum betrug die Deklination 1913 rund 11° 31′, 1918 10° 30′, 1923 9° 48′, 1937 7° 30′.

Infolge der **säkularen Änderungen** nimmt die westliche Deklination allmählich ab, wird eine östliche und kehrt wieder in eine westliche um.

Plötzliche und unregelmäßige Veränderungen treten bei Erdbeben, vulkanischen Ausbrüchen, Eigenmagnetismus vulkanischer Gebirgsarten und magnetischen Gewittern (Nordlicht) ein.

Die täglichen Änderungen der Magnetnadel sind für den Markscheider von großer Wichtigkeit; sie werden in der magnetischen Warte durch Registrierapparate aufgezeichnet und den Zechen zugängig gemacht.

D. Elektrizitätslehre.

30. Reibungselektrizität.

Reibt man eine Glas- oder Siegellackstange mit einem wollenen Lappen, so werden sie dadurch befähigt, leichte Körper, wie Papierschnitzel, Holundermarkkügelchen anzuziehen und nach der Berührung abzustoßen. Dieses Verhalten geriebener Stoffe beobachtete bereits der griechische Philosoph Thales von Milet (600 v. Chr.) an Bernstein (Elektron).

Um die Anziehung und Abstoßung geriebener Stoffe zu zeigen, bedient man sich eines am Seidenfaden frei aufgehängten Markkügelchens, des elektrischen Pendels. Nähert man diesem einen geriebenen Glasstab, so wird das Kügelchen angezogen (Abb. 68 a, rechts) und nach der Berührung abgestoßen (Abb. 68 b, rechts). Von einem geriebenen Hartgummistab wird das Holunderkügelchen dann angezogen (Abb. 68 b, links).

In gleicher Weise wird ein geriebener Hartgummistab ein Markkügelchen erst anziehen und dann abstoßen; von einem geriebenen Glasstab wird das Kügelchen dann angezogen.

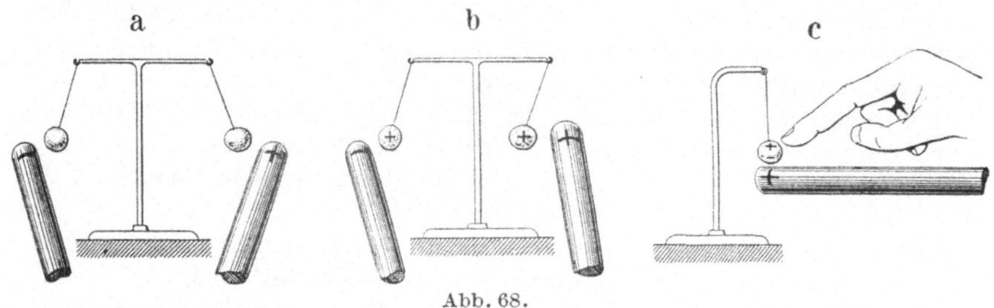

Abb. 68.

Nach diesen und ähnlichen Versuchen unterscheidet man Glas- und Harzelektrizität; die Glaselektrizität nennt man auch positive (+), die Harzelektrizität negative (—) Elektrizität. Das elektrische Pendel nimmt durch die Berührung dieselbe Elektrizität an, welche der Glas- oder Hartgummistab hat. Gleichnamige Elektrizitäten stoßen sich ab, ungleichnamige ziehen sich an (Abb. 68b).

Durch Reiben aneinander erlangt jeder in der nachstehenden Reihe vorhergehende Stoff positive Elektrizität, jeder folgende negative.

Pelz, Glas, Wolle, Papier, Seide, Harz, Schwefel.

Das Holunderkügelchen ist nach der Berührung mit einem geriebenen Glas- bzw. Hartgummistab positiv bzw. negativ elektrisch geladen; es bleibt elektrisch, wenn es mit einem unelektrischen Glas- oder Hartgummistab berührt wird, es verliert seine Elektrizität, wenn es mit der Hand angefaßt wird. In diesem Falle wird seine Elektrizität zur Erde abgeleitet, was auch geschieht, wenn das Kügelchen an einem Leinenfaden oder Metalldraht hängt. Es gibt gute Leiter, Halbleiter und Nichtleiter der Elektrizität.

Gute Leiter sind die Metalle in der Reihenfolge, wie wir sie bei der Wärmeleitung kennengelernt haben; auch Graphit, Säuren und Salze gehören dazu.

Trocknes Holz, Papier, Stroh, Marmor und der menschliche Körper sind **Halbleiter.**

Nichtleiter (Isolatoren) sind die fetten Öle, Metalloxyde, Porzellan, Kautschuk, Seide, Federn, Haare, Wolle, Glas, Paraffin, Wachs, Schwefel, Harze und trockne Luft.

In Leitern bewegt sich die Elektrizität mit großer Geschwindigkeit, in Nichtleitern bleibt sie an der Entstehungsstelle.

Man kann die Elektrisierung eines Körpers auch durch **elektrische Verteilung** erreichen. Zu diesem Zwecke nähert man einen positiv geladenen Glasstab einem am Seidenfaden hängenden Holunderkügelchen; es wird angezogen. Wird das Kügelchen, ohne daß der Glasstab entfernt wird, kurz mit dem Finger berührt (Abb. 68c), so ist es negativ elektrisch geladen; es wird von einem geriebenen Hartgummistab abgestoßen. Seine elektrische Ladung hat das Kügelchen durch **Influenz** (Einfluß, Verteilung) erhalten. Man nimmt an, daß jeder Körper von Natur aus in gleichen Mengen positive und negative Elektrizität besitze, so daß er unelektrisch erscheint. Genäherte elektrische Körper bewirken eine elektrische Verteilung, so daß die negative Elektrizität des Holunderkügelchens von dem Glasstab angezogen und festgehalten, die positive Elektrizität abgestoßen und durch den Finger zur Erde abgeleitet wird. Beim Reiben von Pelz und Schwefel geht die positive Elektrizität auf den Pelz, die negative auf den Schwefel. Es ist aber unmöglich, z. B. positive Elektrizität zu erregen, ohne gleichzeitig ebensoviel negative hervorzurufen.

Auf elektrischer Verteilung beruhen die Elektrisiermaschinen. In der Reibungselektrisiermaschine wird z. B. beim Drehen der Scheibe das Glas positiv, das Reibkissen (Leder mit Zinkamalgam) negativ elektrisch. Die Elektrizität des Reibzeuges und der Scheibe wird auf Metallkugeln (Konduktoren) gesammelt, welche durch Glassäulen isoliert sind. Will man mit der positiven Elektrizität der Scheibe Versuche machen, so leitet man die negative Elektrizität des Reibkissens durch eine Metallkette zur Erde ab.

Verbindet man beide Konduktoren durch einen Leiter, so fließt ein elektrischer Strom vom positiven zum negativen Pol. Werden die beiden Konduktoren einander genähert, so gleichen sich die Elektrizitäten durch einen überspringenden Funken aus; das Gewitter stellt eine solche Entladung im großen dar. Der Blitz entsteht nämlich durch den plötzlichen Ausgleich der hochgespannten Elektrizitäten zweier Wolken oder einer Wolke und der Erde. Stromstärken von Blitzen betragen häufig 10 000 bis 30 000, seltener 50—60 000 Ampere, während dabei Spannungen von 100 000—1 000 000 Volt auftreten. Der Blitz ist vom Donner wie der Funke der Elektrisiermaschine vom Knall begleitet; der Donner entsteht durch die heftige Erschütterung der Luft, welche erst verdrängt wird und dann wieder zusammenschlägt. Man kann auch annehmen, daß der elektrische Funke den Wasserdampf der Luft zu Knallgas zersetzt, das durch Zündung explodiert. Multipliziert man die Sekundenzahl zwischen Wahrnehmung von Blitz und Donner mit 340, so erhält man ungefähr die Entfernung des Gewitters in Metern.

Man unterscheidet Linien-, Flächen- und Kugelblitze.

Versieht man den Konduktor einer Elektrisiermaschine mit einer Metallspitze und stellt eine Flamme davor, so wird diese durch die ausströmende Elektrizität zur Seite geblasen. Die Wirkung der Spitze besteht in einem ununterbrochenen Ausströmen bzw. Einströmen der Elektrizität, so daß eine Ausgleichung erfolgt, bevor sich ein großer Spannungsunterschied gebildet hat. In dem Blitzableiter versuchte Franklin (1752) dieses Verhalten der Spitzen auszunutzen, was aber nur unvollkommen geschah. Vielmehr liegt die Hauptwirkung des Blitzableiters darin, daß er den einschlagenden Blitz zur Erde ableitet; deshalb ist er durch einen guten Leiter mit einer Kupferplatte verbunden, die in der feuchten Erde verlegt ist. Alle größeren Metallmassen des Gebäudes, Gas- und Wasserleitungen, müssen an die Erdleitung des Blitzableiters angeschlossen sein. Der Blitz trifft meist hohe und einzeln stehende Gegenstände, welche gute Leiter der Elektrizität sind.

Das Ausströmen der Elektrizität aus Spitzen ist mit einer büscheligen Lichterscheinung verbunden, was man gelegentlich nachts an Blitzableitern, Windfahnen, Kronen der Bäume, Masten der Schiffe (St. Elmsfeuer) beobachten kann. Auch das Polarlicht ist eine elektrische Entladungserscheinung der Atmosphäre — magnetisches Gewitter.

31. Berührungselektrizität.

Galvanische Elemente.

Taucht man in ein mit verdünnter Schwefelsäure gefülltes Glas eine Kupfer- und eine Zinkplatte so, daß beide in der Flüssigkeit sich nicht berühren, und verbindet die hervorragenden Enden beider Platten durch einen Kupferdraht, so wird durch die Berührung der Metallplatten mit der Säure elektrische Verteilung hervorgerufen. In der Flüssigkeit geht der Strom vom Zink zum Kupfer, außerhalb läuft der Strom vom Kupfer zum Zink (Abb. 69). Das hervorragende Ende der Kupferplatte heißt der positive (+) Pol oder die Anode, das andere (Zink) der negative (—) Pol oder die Kathode. Sind die beiden Pole durch einen Leitungsdraht verbunden, so heißt der Strom geschlossen; ist der Leitungsdraht unterbrochen, so ist der Strom geöffnet, d. h. er ist nicht vorhanden. Eine solche Verbindung von Metallen mit elektrizitätserregenden Flüssigkeiten nennt man ein galvanisches Element.

Der Entdecker der Berührungselektrizität war Volta (1794). Er wies nach, daß die Beobachtung des Anatomen Galvani (1792) an frisch präparierten Froschschenkeln, welche Zuckungen ausführten, wenn sie mit einem kupfernen Haken an einem eisernen Gitter hingen, mit der durch die Berührung der beiden verschiedenen Metalle Kupfer und Eisen entstandenen Elektrizität zu deuten wäre. Die Froschschenkel waren lediglich Anzeiger und nicht Erreger der Elektrizität.

Statt des Zinks und Kupfers können auch andere Metalle für ein galvanisches Element gewählt werden. Dabei ist die elektrizitätserregende oder elektromotorische Kraft (EMK) um so größer, je weiter die beiden verschiedenen Metalle in der von Volta aufgestellten Spannungsreihe auseinander stehen:

Zink, Blei, Zinn, Eisen, Kupfer, Silber, Gold, Platin (Kohle).

Jedes vorhergehende Metall mit einem folgenden berührt, nimmt positive, jedes folgende mit einem vorhergehenden negative Elektrizität an. Der Spannungsunterschied der Metalle ist um so größer, je stärker die Flüssigkeit auf das Metall zersetzend einwirkt. Infolge des Spannungsunterschiedes fließt der elektrische Strom in der Richtung vom positiven zum negativen Pol. Die Spannung ist bei gleichartigen Elementen immer gleich groß; so zeigt sowohl das Leclanché-Element, als auch seine zum Betriebe von Taschenlampen benutzte Zwergform eine Spannung von 1,4 Volt. Die Spannung ist demnach nur von der Natur der Stoffe, nicht von ihrer Menge abhängig.

Die EMK eines Elementes ist der Höchstbetrag der Spannung, der an den Polen des Elementes auftreten kann. Unter der Kapazität versteht man die Höchststrommenge, die das Element liefern kann.

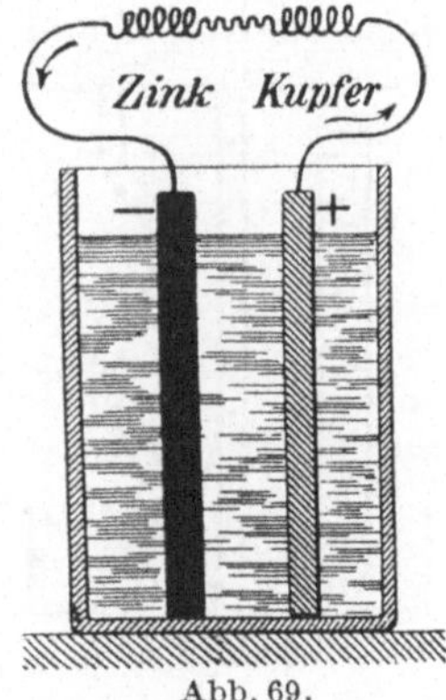

Abb. 69.

Das oben beschriebene Volta-Element (Zink-Kupfer-Schwefelsäure) wirkt jedesmal nur kurze Zeit — inkonstante Elemente. Das Wasser in ihm wird durch den elektrischen Strom in Sauerstoff und Wasserstoff zerlegt. Der Wasserstoff setzt sich an das Kupfer und verhindert die Erregung von Elektrizität, indem er einen den Hauptstrom schwächenden, sog. Polarisationsstrom hervorruft.

Konstante Elemente erhält man dadurch, daß man diejenige Platte, an welcher sich der Wasserstoff entwickelt,

1. mit Sauerstoff umgibt (Salpetersäure, Chromsäure, Braunstein), der sich mit dem Wasserstoff sofort zu Wasser vereinigt;

2. aus Kupfer wählt und in Kupfervitriollösung stellt, aus welcher sich statt Wasserstoff Kupfer abscheidet.

Bunsen-Element. Zink in verdünnter Schwefelsäure, Kohle in konzentrierter Salpetersäure. Eine Tonzelle bewirkt die Trennung der beiden Säuren, wird aber durchtränkt und dadurch leitend. 1,8 Volt.

Daniell-Element. Zink in verdünnter Schwefelsäure, Kupfer in gesättigter Kupfervitriollösung. Die beiden Flüssigkeiten sind durch eine Tonzelle getrennt; durch ein in das Glas gehängtes Säckchen mit Kupfervitriol wird der Kupfergehalt der Lösung trotz Abscheidung von Kupfer erhalten. 1,1 Volt.

Meidinger-Element. Zink in Bittersalzlösung, Kupfer in Kupfervitriollösung. Das größere spez. Gewicht der unten befindlichen Kupferlösung genügt, einer Vermischung der beiden Salzlösungen vorzubeugen. 1,1 Volt. Anwendung in der Telegraphie.

Leclanché-Element. Zink in Salmiaklösung, braunsteinhaltige Kohle in einer Tonzelle. 1,4 Volt. Dient besonders für Klingelanlagen.

Trockenelemente besitzen die Flüssigkeiten in breiartigem Zustande.

32. Spannung. Stromstärke. Widerstand.

Ein Bild von der elektrischen Stromleitung gibt das Wasser, welches infolge des Höhenunterschiedes zwischen den beiden Behältern (Abb. 70) die Rohrleitung durchfließt.

Mit dem Gefälle oder dem Druckunterschied zwischen dem oberen und unteren Wasserspiegel ist die Spannung zu vergleichen, durch welche die Elektrizität bewegt wird. Das Maß für die Spannung ist das $Volt = V$. Ein Volt Spannung besitzt ungefähr das Meidinger-Element. Für Beleuchtungsanlagen kommen 110 oder 220 Volt in Anwendung, mit 500 Volt Spannung werden elektrische Straßenbahnen betrieben.

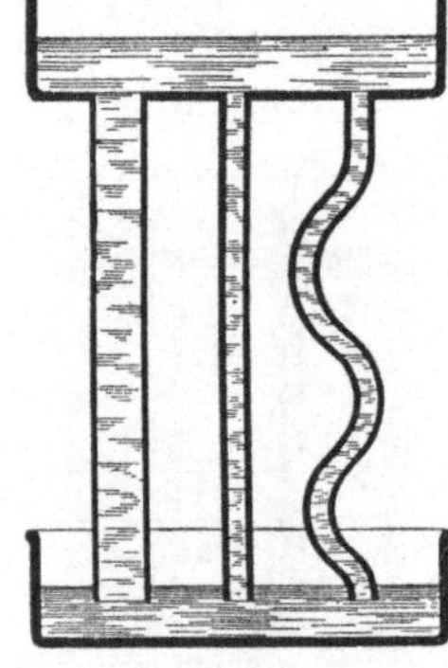

Abb. 70.

Die Stromstärke entspricht der Wassermenge, welche die Rohrleitung in der Zeiteinheit durchfließt. Die Einheit der Stromstärke ist das Ampere $= A$. 1 Ampere ist die Stärke desjenigen Stromes, der durch einen Leiter von 1 Ohm Widerstand fließt, wenn zwischen seinen beiden Enden die Spannung 1 Volt herrscht. 1 Ampere ist z. B. zum Betriebe einer 32kerzigen Glühlampe bei einer Spannung von rund 110 Volt erforderlich.

Auch das Strömen des Dampfes durch die Rohrleitung des Dampfkessels und das Fließen der Wärme bei Temperaturunterschieden eines oder zweier sich berührender Körper gibt einen guten Vergleich mit der elektrischen Stromleitung.

Ähnlich wie bei unveränderlicher Wasserhöhe die Wassermenge um so schwächer wird, je enger und je länger die Rohrleitung und je größer die Reibung in derselben ist — der Widerstand des linken Rohres (Abb. 70) ist am kleinsten, der des rechten am größten —, ebenso setzen die vom elektrischen Strom durchflossenen Leiter demselben Widerstand entgegen.

Dieser Widerstand ist um so größer, je kleiner der Querschnitt des Leiters und je länger der Leiter ist. Außerdem ist der Widerstand noch von dem Stoffe des Leitungsmaterials abhängig, indem z. B. Kupfer unter sonst gleichen Bedingungen den Strom sechsmal leichter als Eisen leitet. Da aber auch Kupfer noch einen merklichen Widerstand besitzt, geht bei der Fortleitung des Stromes ein Teil der Energie verloren (Spannungsverlust). Bei der Auswahl der Leitungsquerschnitte muß man berücksichtigen:

1. die mechanische Festigkeit des Kupferdrahtes,
2. die Erwärmung desselben durch den Strom und
3. den Spannungsverlust.

Die elektrische Leitfähigkeit der Metalle ist der Wärmeleitfähigkeit proportional.

Das Maß für den Widerstand ist das Ohm (Ω). Ein Ohm ist gleich dem Widerstande, den eine Quecksilbersäule von 106,3 cm Länge und 1 qmm Querschnitt bei 0° dem Strome entgegensetzt.

Die Flüssigkeiten leiten den Strom viel schlechter als Metalle, angesäuertes Wasser viel besser als reines.

Der Widerstand eines Stromkreises ist zusammengesetzt

1. aus dem Widerstande der Flüssigkeit innerhalb des Elementes — der innere Widerstand (W_i);

2. aus dem Widerstand der äußeren Leitung — der äußere Widerstand ($W_ä$).

Der innere Widerstand eines Elementes ist um so kleiner, je größer seine Metallplatten sind und je näher sie voneinander stehen. Für die am häufigsten gebrauchten Elemente beträgt der innere Widerstand 0,1—0,6 Ohm.

Der äußere Widerstand umfaßt den Leitungsdraht und die an ihn angeschlossenen Apparate.

33. Ohmsches Gesetz und Schaltung.

Die Stromstärke, die Menge des durchfließenden Stromes, ist um so größer, je höher die Spannung und je kleiner der Widerstand der Leitung ist.

$$\text{Stromstärke} = \frac{\text{Spannung}}{\text{Widerstand}}. \qquad \text{Ampere} = \frac{\text{Volt}}{\text{Ohm}}.$$

$$J = \frac{E}{W}. \qquad\qquad J = \frac{E}{W_i + W_ä}.$$

Will man mehrere Elemente gleichzeitig gebrauchen, so vereinigt man sie zweckmäßig zu Batterien, indem man sie hintereinander, nebeneinander oder gruppenweise schaltet.

Bei der **Hintereinanderschaltung** verbindet man den positiven Pol jedes Elementes mit dem negativen des folgenden, so daß von dem ersten Element der negative und von dem letzten der positive Pol zur Entnahme des Stromes freibleibt (Abb. 71a). Da bei der Hintereinanderschaltung jedes Element für sich bestehen bleibt, so wächst die Spannung und der innere Widerstand mit der Zahl (n) der Elemente.

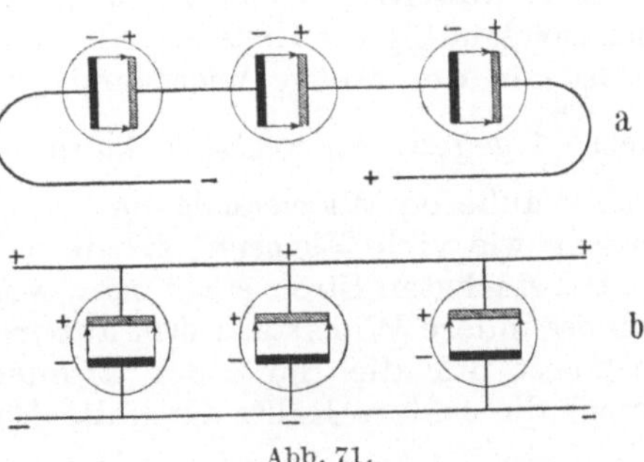

Abb. 71.

$$(1) \qquad J = \frac{n \cdot E}{n \cdot W_i + W_ä}.$$

Bei der **Nebeneinanderschaltung** oder **Parallelschaltung** werden sämtliche positiven Pole unter sich und sämtliche negativen Pole unter sich in leitende Verbindung gesetzt (Abb. 71 b). In diesem Falle wirken alle verbundenen Elemente (m) zusammen wie ein einziges Element mit m-mal vergrößerter Plattenoberfläche, also mit m-mal kleinerem inneren Widerstande. Da die Spannung nur von der Art der Platten, nicht von ihrer Größe abhängt, so bleibt sie unverändert.

$$(2) \qquad J = \frac{E}{\frac{W_i}{m} + W_a} .$$

Bei der **Gruppenschaltung** schaltet man einen Teil (n) der Elemente hintereinander und derartig hintereinander geschaltete Gruppen (m) nebeneinander.

$$(3) \qquad J = \frac{n \cdot E}{\frac{n \cdot W_i}{m} + W_a} .$$

Aufgabe: Welche Stromstärken lassen sich durch verschiedene Schaltungen von 6 Elementen herstellen, wenn bei jedem die Spannung $E = 1{,}9$ Volt, der innere Widerstand $W_i = 0{,}24$ Ohm beträgt und ein Leitungswiderstand $W_a = 5$ Ohm vorhanden ist?

1. 6 Elemente hintereinander.   3. Je 3 Elemente hintereinander, 2 nebeneinander.

$$J = \frac{6 \times 1{,}9}{6 \times 0{,}24 + 5} = 1{,}78 \text{ A.} \qquad J = \frac{3 \times 1{,}9}{\frac{3 \times 0{,}24}{2} + 5} = 1{,}06 \text{ A.}$$

2. 6 Elemente nebeneinander.   4. Je 2 Elemente hintereinander, 3 nebeneinander.

$$J = \frac{1{,}9}{\frac{0{,}24}{6} + 5} = 0{,}38 \text{ A.} \qquad J = \frac{2 \times 1{,}9}{\frac{2 \times 0{,}24}{3} + 5} = 0{,}736 \text{ A.}$$

Ist der äußere Widerstand im Vergleich zum inneren groß, dann wählt man zweckmäßig die Hintereinanderschaltung, z. B. bei der Telegraphie.

Ist nun der äußere Widerstand groß, so daß man W_i und um so mehr $\frac{W_i}{m}$ gegen W_a weglassen kann, so wird $J = \frac{E}{W_a}$, d. h. bei sehr großem äußeren Widerstande (im Verhältnis zu W_i) leistet ein Element dasselbe wie viele Elemente, welche nebeneinander geschaltet sind.

Den stärksten Strom erhält man, wenn man die Elemente so schaltet, daß der innere Widerstand dem äußeren möglichst gleich wird. Dabei geht aber nur die Hälfte des Stromes in die äußere Leitung (Nutzstrom), die andere Hälfte durch die Batterie.

34. Leistung und Arbeit.

Die Einheit der elektrischen Leistung ist das Watt, das Produkt aus Stromstärke und Spannung. Elektrische Leistung = Stromstärke × Spannung = Ampere × Volt [1]. In der Technik wird gewöhnlich der 1000fache Wert des Watt, des Kilowatt, gewählt. 1 Pferdekraft (PS) ist gleich 0,736 Kilowatt. Vom elektrischen Verbrauch, z. B. einer Glüh-

---

[1] Nur bei Gleichstrom.

lampe, spricht man, wenn es sich um die Aufnahme von Watt handelt. Für eine 32 kerzige Kohlenfadenglühlampe beträgt die Stromstärke bei 110 Volt Spannung etwa 1 Ampere, die Lampe verbraucht demnach $110 \times 1 = 110$ Watt.

Von der elektrischen Leistung, z. B. einer Gleichstrommaschine, spricht man, wenn Watt abgegeben werden, von mechanischer Leistung z. B. eines Elektromotors, wenn es sich um seine Leistung handelt. Ein Elektromotor verbraucht z. B. 8,2 Kilowatt und leistet 10 Pferdestärken.

Die elektrische Arbeit wird berechnet durch Multiplikation der Leistung in Kilowatt mit der Zeitdauer der Leistung; ihre Einheit ist die Kilowattstunde. Die 32 kerzige Glühlampe verbraucht rund 100 Watt $= 0,1$ Kilowatt; nach zehnstündigem Betriebe ist ihr Verbrauch $= 0,1 \times 10 = 1$ Kilowattstunde. Beim Anschluß an das Stromverteilungsnetz eines Elektrizitätswerkes erfolgt die Bezahlung nach den Kilowattstunden, die vom Elektrizitätszähler angezeigt werden.

35. Wärmewirkungen des elektrischen Stromes.

In gleicher Weise, wie beim Reiben, Sägen usw. infolge des zu überwindenden Widerstandes Wärme entsteht, findet auch in den von Elektrizität durchströmten Leitern Erwärmung statt. Die entwickelte Wärme ist um so größer, je höher der Widerstand, die Stromstärke und die Zeit der Einwirkung ist. Nach dem Gesetz von Joule ist die entwickelte Wärmemenge dem Widerstande des Leiters, dem Quadrat der Stromstärke und der Dauer des Stromes proportional. Ein Strom von 1 Ampere, der in einem Widerstande von 1 Ohm 1 Sekunde fließt, entwickelt 0,24 Kalorien. Daher ist

$$1. \text{ Kal.} = 0,24 \; W \cdot J^2 \cdot t \,.$$

Die Wärmemenge ist auch proportional dem Produkt aus Stromstärke und Spannung, was sich ergibt, wenn man in die Formel von Joule statt eines J dessen Wert $= \dfrac{E}{W}$ einsetzt:

$$2. \text{ Kal.} = 0,24 \; E \cdot J \cdot t \,.$$

Aufgabe: Durch einen Draht von 5 Ohm Widerstand geht 20 Minuten lang ein Strom von 0,24 Ampere und 1,2 Volt; wieviel Gramm-Kalorien entstehen dabei?

1. $W = 0,24 \times 5 \times 0,24 \times 0,24 \times 20 \times 60 = 82,94$ Kalorien.
2. $W = 0,24 \times 1,2 \times 0,24 \times 20 \times 60 \quad\;\; = 82,94$ „

Verbinde ich die beiden Pole einer Stromquelle kurze Zeit durch einen dünnen Eisendraht, so gerät er ins Glühen; bei längerem Schließen eines genügend starken Stromes schmilzt er durch. Schaltet man in dieselbe Leitung eine Kette von gleich langen und gleich dicken Silber- und Platinstreifen, so glühen die letzteren, während die Silberstreifen dunkel bleiben.

Anwendungen. Eine durch den Strom erwärmte Spirale aus Nickeleisen dient zum Betriebe von Öfen, Plättereien, Lötkolben usw. Zu wissenschaftlichen Untersuchungen benutzt man Widerstandsöfen aus Platinblatt oder Chromeisendraht, und in der Metallurgie finden elektrische Schmelzöfen eine stetig wachsende Anwendung.

In den Glühzündern der Sprengschüsse wird die Zündmasse der Kapsel durch einen elektrisch zum Glühen gebrachten, dünnen Draht zur Detonation gebracht.

Mit Hilfe einer durch den elektrischen Strom zum Glühen gebrachten Platinschlinge schneidet der Arzt Wucherungen und Geschwüre weg. Stumpfschweißen, Punktschweißen, Lichtbogenschweißen.

Zur Vermeidung von „Kurzschluß" schaltet man in die Leitung als Sicherung ein kurzes Stück Bleidraht ein, welches bei zu starkem Strom durchschmilzt und den Strom unterbricht, so daß die Leitung vor Zerstörung und das Gebäude vor Brand geschützt werden. Das Leuchten der Kohlenfadenglühlampe (Edison 1879) erfolgt durch das Glühen des vom Strom durchflossenen Kohlenfadens, der in einer luftleeren Glasbirne eingeschlossen ist (Abb. 72). Die Fassung dient zur Befestigung der Lampe und zum Anschluß an die stromführende Leitung; sie besitzt Gewindegang, in welchen das Gewinde der Lampe eingeschraubt wird. Die am meisten gebräuchlichen Lampen verbrauchen 3—3,5 Watt für die erzeugte Hefnerkerze (Lichteinheit), die 16kerzigen Lampen demnach 50—55 Watt. Die Lichtstärke der Kohlenfadenlampen nimmt nach längerer Brenndauer rasch ab, so daß die Kosten für ihren Betrieb erheblich steigen. Auer von Welsbach ersetzte den Kohlenfaden durch Drähte aus Osmium oder Wolfram (Osramlampen), und Siemens-Halske durch Tantaldrähte; solche Metallfädenlampen erleiden im Verlaufe ihres Gebrauchs kaum Einbuße an Leuchtkraft. In der Nernstlampe wird ein Stäbchen aus Magnesia und beigemengten anderen Erden, welches zunächst durch einen Heizkörper erhitzt und dadurch leitend gemacht ist, vom Strom durchflossen und in Weißglut gehalten. Die Glühlampen werden fast ausschließlich parallel geschaltet, da bei der Hintereinanderschaltung durch Beschädigung einer Lampe der Stromkreis unterbrochen würde.

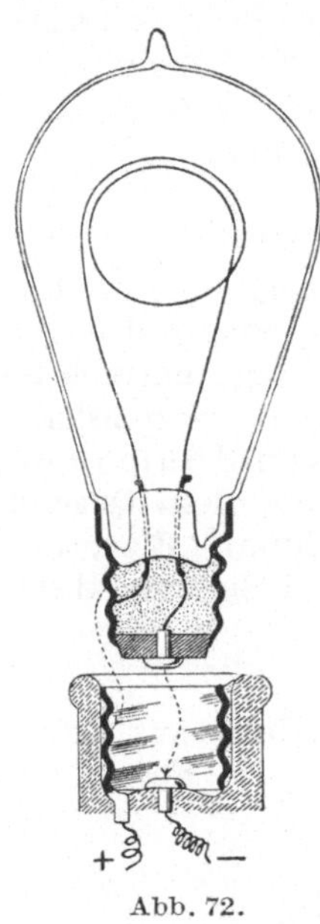

Abb. 72.

Läßt man den elektrischen Strom durch zwei sich mit ihren Spitzen berührende Stäbchen aus Retortenkohle fließen und entfernt sie dann etwas voneinander, so entsteht zwischen ihnen ein äußerst helles Licht, das elektrische Bogenlicht. Der Bogen wird aus losgerissenen, in Weißglut befindlichen Kohlenteilchen gebildet, welche einen Leiter von hohem Widerstand darstellen (Davy 1821). Heute weiß man, daß ähnlich wie bei den Geißlerröhren (S. 66) auch bei den Gasen unter gewöhnlichem Druck bei genügend großer Spannung eine selbständige Entladung als elektrischer Funke zwischen den Elektroden auftritt. Bei hinreichend starken Stromstärken werden nun die Kohlenenden und Luft stark erhitzt, so daß sie ins Glühen geraten, letztere leitend wird, und die Entladung in das elektrische Bogenlicht übergeht. In den hierauf beruhenden

Bogenlampen werden die Kohlen durch automatische Regler immer in gleicher Entfernung gehalten. Da die positive Kohle doppelt so schnell wie die negative abbrennt, hat man sie doppelt so dick gewählt. Das Bogenlicht diente zur Beleuchtung großer Hallen, Säle und Geschäftsräume; zur Erzeugung geringerer Helligkeit ist es nicht geeignet. In der hohen Glut (3000°) des Bogenlichts schmilzt Platin wie Wachs, und Diamant verwandelt sich in Graphit.

36. Chemische Wirkungen des elektrischen Stromes.

Läßt man den elektrischen Strom durch einen Platindraht fließen, so erwärmt er sich; elektrische Energie wird in Wärmeenergie verwandelt. Schickt man dagegen den elektrischen Strom durch angesäuertes Wasser, so wird zwar auch elektrische Energie in Wärme umgewandelt, aber gleichzeitig das Wasser chemisch verändert. Am negativen Pol scheidet sich die doppelte Raummenge Wasserstoff wie am positiven Pol Sauerstoff ab (Abb. 109).

Wie das Wasser werden auch alle Flüssigkeiten zersetzt, die imstande sind, den elektrischen Strom zu leiten, die Säuren und Basen, die Salze in wässeriger Lösung und im geschmolzenen Zustande. Dabei erscheint am negativen Pol immer Wasserstoff oder ein Metall, am positiven Pol Sauerstoff, Chlor u. a.

Die Zersetzung eines Körpers durch den elektrischen Strom nennt man Elektrolyse, die leitenden Flüssigkeiten Elektrolyte.

Die Mengen der in der Zeiteinheit ausgeschiedenen Stoffe wachsen in demselben Maße wie die Stromstärke und verhalten sich wie die chemischen Äquivalentzahlen (Faraday 1833).

Ein Strom von 1 Ampere in der Sekunde scheidet aus

$$\text{Wasser} \quad \ldots \ldots \quad 0{,}01038 \text{ mg Wasserstoff,}$$
$$\text{Silbernitrat} \quad \ldots \quad 0{,}01038 \cdot \frac{108}{1} = 1{,}12 \text{ mg Silber,}$$
$$\text{Kupfersulfat} \quad \ldots \quad 0{,}01038 \cdot \frac{63{,}6}{2} = 0{,}33 \text{ mg Kupfer ab.}$$

Man kann also die Stromstärke durch die Menge des ausgeschiedenen Wasserstoffs, Silbers, Kupfers usw. messen.

Aufgabe: Ein elektrischer Strom wurde 5 Minuten durch eine Kupfersulfatlösung geschickt; die Menge des ausgeschiedenen Kupfers betrug 104,6 mg. Wie groß ist die Stromstärke?

$$J = \frac{104{,}6}{0{,}33 \times 60 \times 5} = 1{,}05 \text{ Ampere.}$$

Die Elektrolyse wird auch benutzt, um leicht angreifbare oder unansehnliche Gegenstände mit einem Überzug von Zink, Kupfer, Nickel, Silber, Gold zu bekleiden (Galvanostegie); ferner zum Abformen von Abdrücken (Münzen, Kunstgegenstände, Totenmaske) auf galvanischem Wege (Galvanoplastik).

Die chemische Großindustrie bedient sich der Elektrolyse in stetig wachsendem Umfange zur Erschmelzung des Aluminiums, Magnesiums,

Kalziums, Natriums und Zers, sowie von Natron, Kali, Wasserstoff, Sauerstoff, Chlor, Chloraten u. a. Da das Metall oder der Wasserstoff immer am negativen Pol ausgeschieden werden, kann man mit Hilfe der Elektrolyse die Richtung des elektrischen Stromes, bzw. die Pole der Stromquelle bestimmen. Das Polreagenzpapier enthält Kochsalzlösung und einen Indikator. Das Kochsalz wird durch den elektrischen Strom in Chlor und Natrium gespalten.

$$NaCl = Na + Cl.$$

Dieses setzt sich mit Wasser sofort zu Natronlauge und Wasserstoff um; der Indikator wird durch die Lauge z. B. purpurrot gefärbt und zeigt so den negativen Pol an.

37. Polarisationsstrom. Akkumulator.

Zersetzt man angesäuertes Wasser und verbindet dann die Platinplatten mit einem Multiplikator, so beobachtet man eine Ablenkung der Nadel. Da der Wasserstoff positiv, und der Sauerstoff negativ elektrisch wirkt, so entsteht ein Strom, der dem ursprünglichen entgegengesetzt ist und so lange anhält, als noch die Platten mit Gas beladen sind. Dieser „Polarisationsstrom" ist ebenfalls durch eine chemische Wirkung erzeugt, indem Wasserstoff und Sauerstoff das Bestreben haben, sich wieder zu Wasser zu vereinigen. Auf Polarisation beruhen die Akkumulatoren (Sammler). Von zwei in Schwefelsäure stehenden Bleiplatten bedeckt sich unter der Einwirkung des „Ladestroms" die mit.dem positiven Pol verbundene Platte, an der sich der Sauerstoff ausscheidet, mit braunem Bleisuperoxyd, während die mit dem negativen Pol verbundene Platte, an der sich der Wasserstoff entwickelt, metallisch rein bleibt. Man erhält so ein Element, in welchem der zum Laden benutzte Strom gleichsam gesammelt ist, so daß man ihn später daraus entnehmen kann. Durch den Ladestrom wird in dem Akkumulator eine chemische Umwandlung hervorgerufen; beim Entladen erzeugt der umgekehrte chemische Vorgang elektrischen Strom. Je nach dem Ladezustand beträgt die Spannung einer Akkumulatorzelle 2,6—1,8 Volt. Durch Hintereinanderschalten einer Anzahl von Akkumulatorzellen erhält man eine Batterie, welche zum Ausgleich von Unregelmäßigkeiten in der Stromentnahme von Maschinen dient. Der geladene Akkumulator liefert einen starken, längere Zeit konstant bleibenden Strom; durch zu weit gehende Entladung (unter 1,85 Volt) leidet seine Dauerhaftigkeit.

38. Ablenkende Wirkung des elektrischen Stromes auf die Magnetnadel.

Wird der elektrische Strom über, unter, neben einer Magnetnadel geleitet, so wird sie aus ihrer Richtung abgelenkt.

Schwimmerregel. Denkt man sich im elektrischen Strome schwimmend, den Kopf voran und das Gesicht der Nadel zugewendet, so liegt der abgelenkte Nordpol zur Linken.

Daumenregel. Richtet man die rechte Hand mit der Innenfläche gegen die Magnetnadel, mit den Fingerspitzen in die Stromrichtung, so wird der Nordpol der Nadel in der Richtung des Daumens abgelenkt (Abb. 73). Auf diese Weise kann man die Pole einer Stromquelle bestimmen.

Der Ablenkungswinkel wächst mit der Zunahme der Stromstärken, so daß man diese aus dem Maß der Ablenkung ermitteln kann (Galvanometer, Multiplikator, Tangentenbussole). In dem Multiplikator wird die ablenkende Wirkung des stromdurchflossenen Leiters auf die Magnetnadel dadurch verstärkt, daß man viele, voneinander isolierte Windungen aneinander legt.

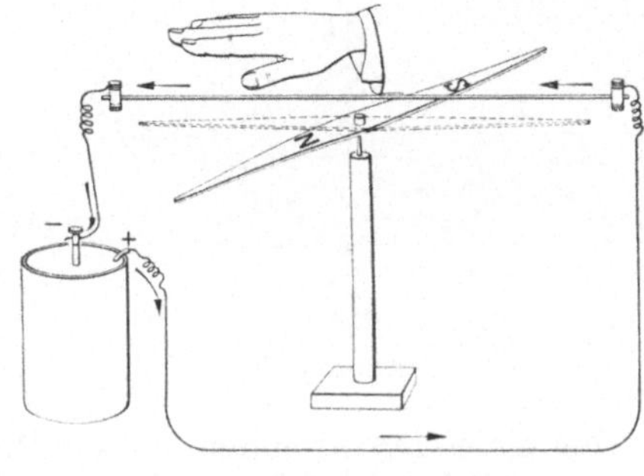

Abb. 73.

Der Einfluß des Erdmagnetismus auf die Magnetnadel wird durch Anwendung einer astatischen Nadel nahezu aufgehoben; sie besteht aus zwei gleichen, mit entgegengesetzten Polen parallel übereinander befestigten Magnetnadeln.

39. Elektromagnetismus.

Umwickelt man einen Stab aus weichem Eisen mit isoliertem Kupferdraht und schickt einen elektrischen Strom durch seine Windungen, so werden die Molekularmagnete des Eisens gerichtet; das Eisen ist magne-

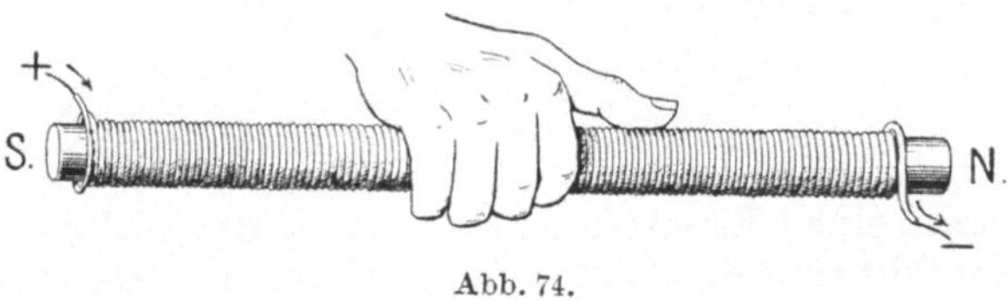

Abb. 74.

tisch, solange ein Strom durch die Spule fließt. Hält man den Eisenstab so in der rechten Hand, daß der Strom die Richtung von der Handwurzel nach dem Mittelfinger hat, so zeigt der ausgespreizte Daumen den Nordpol des Elektromagneten an (Abb. 74).

Auf diese ablenkende Wirkung des Stromes soll im folgenden etwas näher eingegangen werden.

Ablenkende Wirkung des festen Leiters auf einen beweglichen Magneten. Steckt man senkrecht durch die Mitte von steifem Papier einen geraden Stab und sendet einen starken Strom durch denselben, so ordnen sich auf das Papier gesiebte Eisenfeilspäne in Kreisen um den Draht (Abb. 75).

Es ist ein magnetisches Kraftfeld entstanden, in dem die Kreise die Richtung der Kraftlinien angeben.

Läßt man den Strom durch einen Drahtring fließen, so ordnen sich die Kraftlinien um jeden Querschnitt des Drahtes kreisförmig an (Abb. 76).

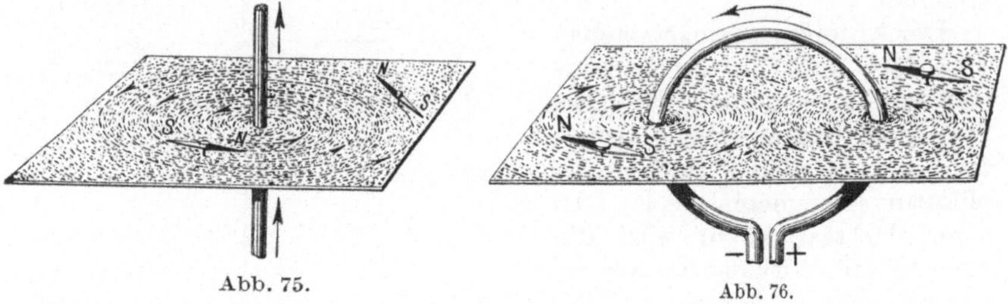

Abb. 75.   Abb. 76.

Bei einer Drahtspirale (Solenoid) gehen die Kraftlinien im Inneren hauptsächlich parallel der Achse der Spirale hindurch, treten jedoch auch seitlich aus, und alle bilden außerhalb geschlossene Linienzüge (Abb. 77).

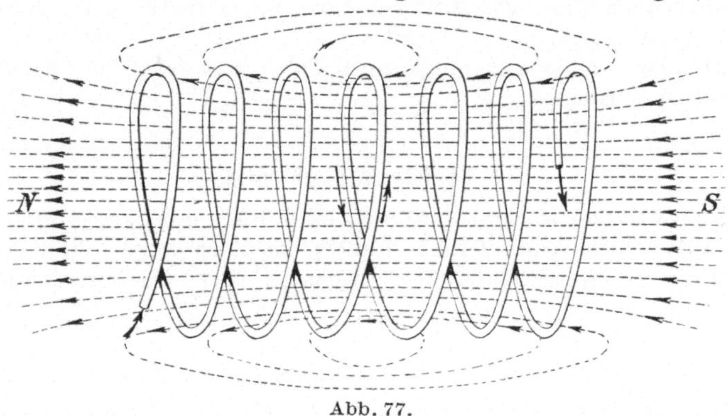

Abb. 77.

Bringt man einen Eisenkern in das Innere der Spule, so verdichtet sich das Kraftlinienfeld infolge der erheblich größeren magnetischen Leitfähigkeit des Eisens in der Spule.

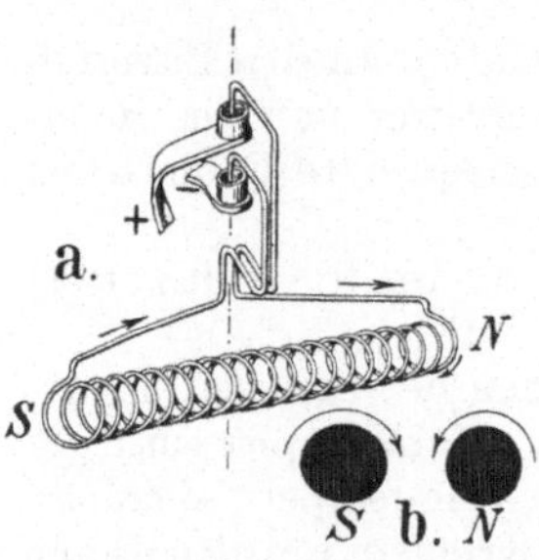

Abb. 78.

Aus diesen Versuchen folgt, daß ein elektrischer Strom in seiner Umgebung wie ein Magnet magnetische Kräfte ausübt.

Hängt man einen Solenoid frei beweglich auf, so wirkt er wie eine Magnetnadel beim Durchleiten des Stromes, es stellt sich die Achse der Spule also von Süd nach Nord ein (Abb. 78). Durch einen eisernen Kern im Inneren der Spirale wird auch hier die Wirkung verstärkt.

Ablenkende Wirkung des Magneten auf den beweglichen Stromleiter. In dem Hufeisenmagnet NS (Abb. 79) gehen die Kraftlinien vom Nordpol N aus und erstrecken sich durch die Luft zum Südpol. An zwei Lamettafäden ist ein Metallstreifen so aufgehängt, daß er zwischen den Schenkeln des Magneten ruht. Sendet man einen starken Strom durch die Lamettafäden und den Metallstreifen, so wird dieser aus dem Magnetfelde gestoßen. — **Grundgedanke des Elektromotors.**

Bewegt man den stromlosen Metallstreifen senkrecht zur Richtung der Kraftlinien durch das magnetische Feld, so entsteht in dem Metallstreifen und den Lamettafäden ein Induktionsstrom. — **Grundgedanke der Dynamomaschine.**

Wirkung zweier stromdurchflossener Leiter aufeinander. Um die Einwirkung elektrischer Ströme aufeinander zu zeigen, bedient man sich des Ampereschen Gestells (Abb. 80). Zwei Messingsäulen tragen oben je eine Messingleiste, die in ein Näpfchen endet, das mit einem Tropfen Quecksilber gefüllt ist. In das Quecksilber tauchen die aus Stahlstiften bestehenden Enden eines zum Rechteck gebogenen

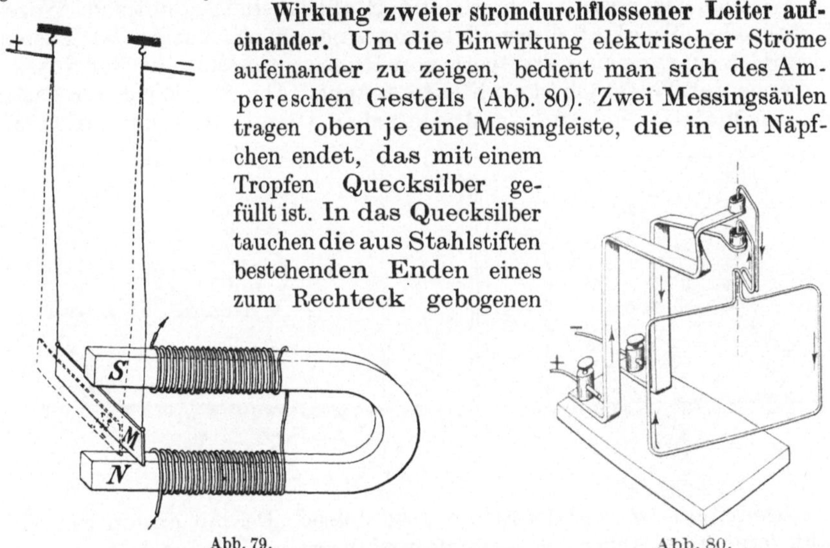

Abb. 79.   Abb. 80.

Drahtes, der sich frei drehen kann. Führt man einen anderen Strom in der Nähe des beweglichen Leiters vorbei, so ergeben sich folgende Gesetze:

a) Zwei parallele und gleichgerichtete Ströme ziehen sich an.

b) Zwei parallele und entgegengesetzt gerichtete Ströme stoßen sich ab.

Zwei gekreuzte Ströme drehen sich daher so lange, bis sie parallel und gleichgerichtet sind.

Stecken wir einen Stab aus weichem Eisen nur ein wenig in die Höhlung einer Drahtspule hinein, dann wird er bei Schließung des Stromes kräftig in diese hineingezogen. Der elektrische Strom wirkt also nicht nur allein drehend auf die Magnetnadel, sondern er bewirkt auch unter Umständen eine fortschreitende Bewegung des Magneten.

Die Anziehung, welche eine solche vom elektrischen Strom durchflossene Spule auf einen beweglichen Eisenkern ausübt, benutzt man als Strom- und Spannungsmesser für technische Zwecke. In dem Gehäuse des Amperemeters befindet sich eine mit dickem Draht bewickelte Spule, in die ein dünner, leichter Eisenkern, der z. B. an einer Spiralfeder aufgehängt ist, um so tiefer hineingezogen wird, je stärker der die Spule durchfließende Strom ist. Die Stellung des Eisenkerns wird durch einen daran befestigten Zeiger längs einer Skala angezeigt, die durch Vergleich mit Strömen gemessener Stärke geeicht worden ist.

Enthält die Spule viele Windungen eines Drahtes im Nebenschluß, so dient dieser Apparat als **Voltmeter**, wenn er mit einer nach Volt geteilten Skala versehen ist. Ist nämlich der Widerstand des Instruments gegenüber dem inneren Widerstand sehr groß, so kann letzterer gegen ersteren unberücksichtigt bleiben $(JW_a = E)$. Beträgt der Widerstand des Spannungsmessers z. B. 100 Ohm und wird derselbe nach $^1/_{100}$, $^2/_{100}$, $^3/_{100} \ldots$ Ampere geeicht, so geben die Teilstriche 1, 2, 3 $\ldots$ die Zahl der Volt an.

Weiches Eisen wird vorübergehend, Stahl dauernd magnetisch. Wegen ihrer großen Tragkraft dienen Elektromagnete zum Heben großer Lasten, elektrische Krane zum Transport von Roheisenmasseln und Schrott.

Auch der Telegraph ist ein Elektromagnet (Abb. 81). Wird der Taster des am meisten gebrauchten **Morseschen Drucktelegraphen** (1837)

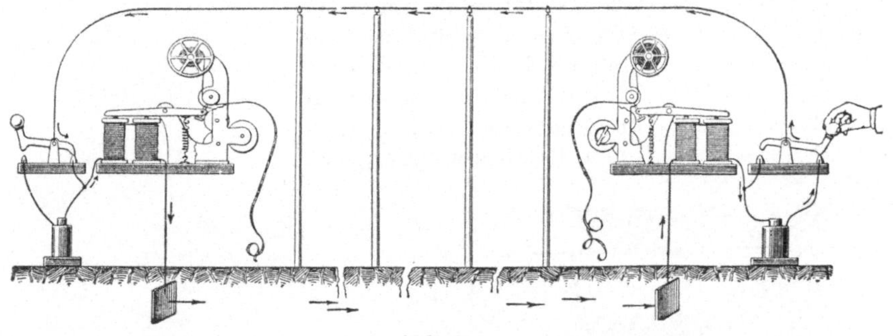

Abb. 81.

herabgedrückt, so wird der Strom geschlossen. Der mit einem Schreibstift versehene Anker des Zeichenempfängers wird dadurch angezogen und schreibt auf den Papierstreifen der durch ein Uhrwerk sich drehenden Trommel einen Strich oder einen Punkt, je nachdem der Taster längere oder kürzere Zeit herabgedrückt wird. Das Morsealphabet besteht aus Punkten und Strichen, die in bestimmter Reihenfolge zusammengesetzt werden. Die Leitungsdrähte haben nur den Zweck, den Strom hinzuleiten; zur Rückleitung genügt es, den anderen Pol der Batterie (auf 100 km Entfernung 20 Meidinger-Elemente) mit einer großen, in die feuchte Erde versenkten Kupferplatte zu verbinden.

Die elektrische Klingel (Abb. 82) besteht aus einem Elektromagneten, der Glocke, dem Anker und dem Stromunterbrecher. Der elektrische Strom geht von dem Element durch die Stellschraube mit Platinspitze, die Feder des Ankers mit dem Klöppel, den Elektromagneten und zum Element zurück. Sobald der Strom geschlossen ist, wird der Elektromagnet magnetisch und zieht den Anker mit Klöppel an. Dabei entfernt sich die Feder des Ankers von der Schraube, dadurch wird der Strom unterbrochen; der Elektromagnet wird unmagnetisch, der Anker federt zurück, wodurch der Strom wieder geschlossen wird.

In den **elektrischen Uhren** wird die Anziehungskraft eines Elektromagneten auf den Mechanismus der Uhr übertragen; man unterscheidet Hauptuhren und Nebenuhren. Bei den Hauptuhren ist der elektrische

Strom allein die Triebkraft. Die Nebenuhren besitzen ein Zeigerwerk mit einem Schaltrade, welches durch den elektrischen Strom jede volle Minute um einen Zahn weiter bewegt wird. Durch eine Pendeluhr (Normaluhr) wird der Strom geschlossen und geöffnet. Die Nebenuhren sind heute als Straßen-, Bahnhofs-, Fabrik- und Hoteluhren sehr verbreitet.

Elektromagnetverschlüsse dienen dazu, dem unbefugten Öffnen der Grubenlampe vorzubeugen.

Elektromagnetische Aufbereitung der Erze. Magnetische Eigenschaften haben Erze mit einem Gehalt an Eisen, Mangan und einigen anderen Metallen, ferner sulfidische und oxydische Kupfererze und alle eisen- und manganhaltigen Silikate (Schlacken industrieller Feuerungen), Phosphate und Karbonate, während Quarz, Flußspat, Schwerspat, Kalkspat, Koks und Dolomit unmagnetisch sind; darauf gründet sich die elektromagnetische Aufbereitung. Das zerkleinerte Gut wird z. B. an magnetisierte, sich drehende Walzen geführt, wo das taube Gestein nach unten fällt. Das magnetische Erz wird dagegen von der Walze ein Stück mitgenommen und erst außerhalb des Bereiches der Elektromagnete freigegeben.

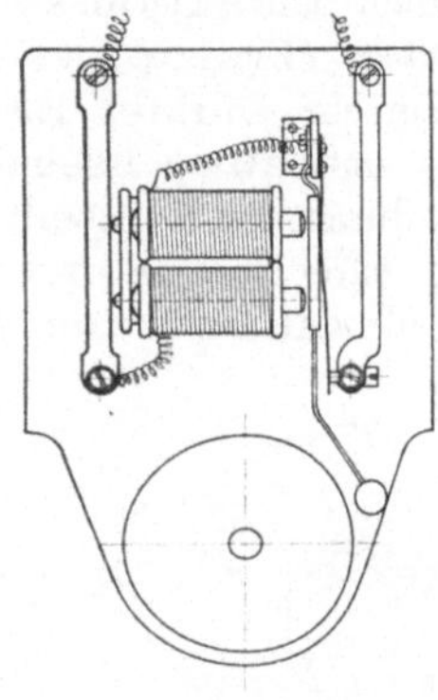

Abb. 82.

40. Magnetinduktion.

Verbindet man die Enden einer isolierten Drahtspule mit einem Multiplikator, so schlägt sein Zeiger aus, wenn man einen Magneten in die Spule steckt. Es ist also ein elektrischer Strom in der geschlossenen Leitung entstanden; er fließt nicht, solange der Magnet in Ruhe ist. Beim Herausziehen des Magneten schlägt der Zeiger des Multiplikators nach der entgegengesetzten Seite aus. Jeder Magnet erregt in benachbarten geschlossenen Leitern durch Magnetinduktion Ströme, die man Induktionsströme nennt.

Elektroinduktion.

Wird eine stromdurchflossene Drahtspule in eine andere Spule, deren Drahtenden miteinander verbunden sind, hineingestoßen, so entsteht in dieser ein Induktionsstrom (Abb. 83). Jeder elektrische Strom erregt beim Schließen, Verstärken, Annähern in einem benachbarten, geschlossenen Leiter einen Strom von entgegengesetzter, beim Öffnen, Schwächen, Entfernen einen Strom von gleicher Richtung.

Man nennt die innere stromführende Spule die induzierende, primäre oder Hauptspule, ihren Strom Primärstrom. Die äußere Spule, in welcher die Induktionsströme erregt werden, heißt die induzierte, sekundäre oder Nebenspule. Durch Vermehrung der Windungen der Nebenspule werden die Induktionsströme verstärkt, da in jeder Windung eine EMK für sich induziert wird. Auch kann man für die Nebenspule dünnen Draht wählen, da die Stromstärke des Induktionsstromes klein ist.

Durch Vergrößerung der Stromstärke des primären Stromes wächst die Spannung des Induktionsstromes; deshalb wählt man für die Hauptspule wenige Windungen eines dicken Drahtes.

Induktionsapparat (Abb. 84). Der Widerstand der primären Spule wird durch wenige Windungen aus dickem Draht möglichst verringert; dadurch erhält man einen Primärstrom von geringer Spannung und großer Stärke. Der Widerstand der Induktionsspule wird durch Anbringen vieler Windungen von dünnem Draht erhöht; man erhält so einen Induktionsstrom von großer Spannung und geringer Stromstärke (Prinzip der Transformatoren). In der primären Spule befindet sich ein Bündel Eisendrähte, welche beim Schließen und Öffnen des Stromes abwechselnd magnetisch und unmagnetisch werden. Sie wirken dadurch in demselben Sinne induzierend auf die Nebenspule wie der primäre Strom und verstärken seine Wirkung. Läßt man die Hauptspule dauernd vom Strom durchfließen, so muß man sie abwechselnd durch schnelles Herausziehen entfernen und durch schnelles Hineinstoßen nähern. Die Hauptspule bleibt aber einfacher ständig in der In-

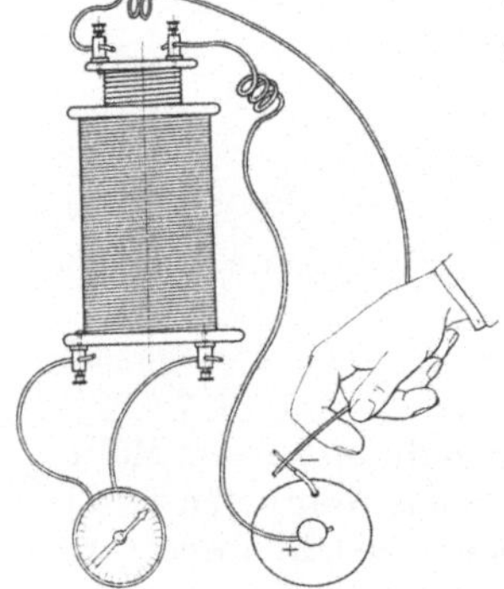

Abb. 83.

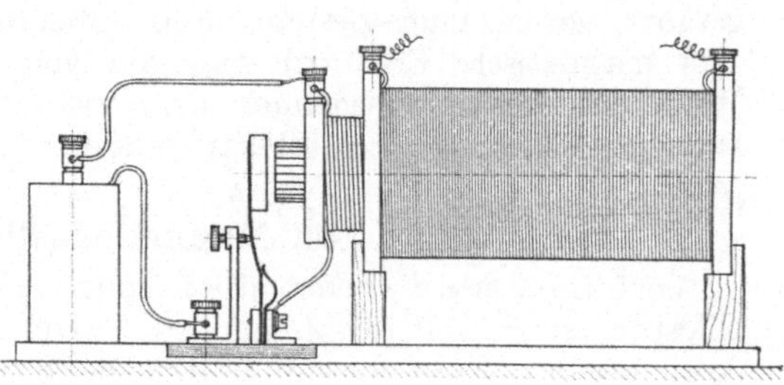

Abb. 84.

duktionsspule stecken, und man bewirkt mit Hilfe eines Stromunterbrechers, der dem der elektrischen Klingel gleicht, ein sehr schnelles Schließen und Öffnen des Stromes. Daher erregen die Induktionsströme starke physiologische Wirkungen und werden aus diesem Grunde in der Heilkunde angewandt. Die Induktionsströme dienen ferner zur Darstellung der farbenprächtigen Erscheinungen im luftverdünnten Raume (Geißlerröhren), Erregung von Kathoden- und Röntgenstrahlen, Zündung von Funkenzündern und Explosionsmotoren, drahtlosen Telegraphie und zu Dynamomaschinen und Transformatoren. Elektrischen Strom durch Induktion erzeugen die Dynamomaschinen; man erhält mit ihnen sowohl gleichmäßigen, in einer Richtung fließenden Gleichstrom, oder abwechselnd nach der einen und anderen Richtung fließenden, in seiner Stärke dauernd zu- und abnehmenden Wechselstrom. Die Elektromotore für Gleichstrom sind eine direkte Umkehrung der Dynamomaschinen, sie empfangen elektrischen Strom und wandeln ihn in mechanische Arbeit um. Über diese Maschinen wird in der „Elektrizitätslehre" näher unterrichtet.

41. Telephon.

Um die Nordspule der beiden Magnetstäbe NS und $N'L'$ (Abb. 85) sind Induktionsspulen gelegt, deren Drähte miteinander leitend verbunden sind. Vor den Nordpolen befinden sich die kreisförmigen Eisenmembranen P und P', welche am Rande eingeklemmt und durch die magnetische Verteilung in der Mitte südmagnetisch, am Rande nordmagnetisch sind. Spricht man gegen die Membran, so gerät sie in Schwingungen; sie nähert und entfernt sich von dem Nordpol. Dadurch entstehen Induktionsströme. Nähert sich die Membran P dem Magnet NS,

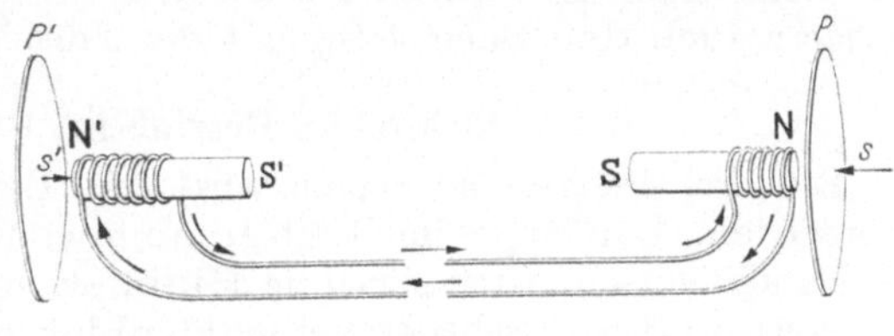

Abb. 85.

so entsteht in der Spule ein Strom, welcher den Magneten $N'S'$ umkreist und seinen Nordpol verstärkt, so daß die Membran P' angezogen wird. Durch denselben Induktionsstrom wird aber der Nordpol des Magneten NS geschwächt, infolgedessen entfernt sich die Membran P wieder von dem Magneten. Nun wird auch der Magnet $N'S'$ wieder schwächer, und die Membran P' kehrt in ihre alte Lage zurück. Die Induktionsströme bringen also die Membran des Empfängertelephons in die gleichen Schwingungen mit der Sendermembran, so daß auch die Luftschwingungen der Sprache vollständig miteinander übereinstimmen.

42. Thermoelektrizität.

Auch durch Erwärmung oder Abkühlung der Lötstellen von zwei verschiedenen Metallen, z. B. Kupfer und Wismut, deren freie Enden leitend miteinander verbunden sind, erhält man einen elektrischen Strom (Abb. 86). Man nennt solche Metallbügel ein Thermoelement und die darin erzeugte Elektrizität Thermoelektrizität.

In den Thermoelementen wächst die elektromotorische Kraft mit dem Tem-

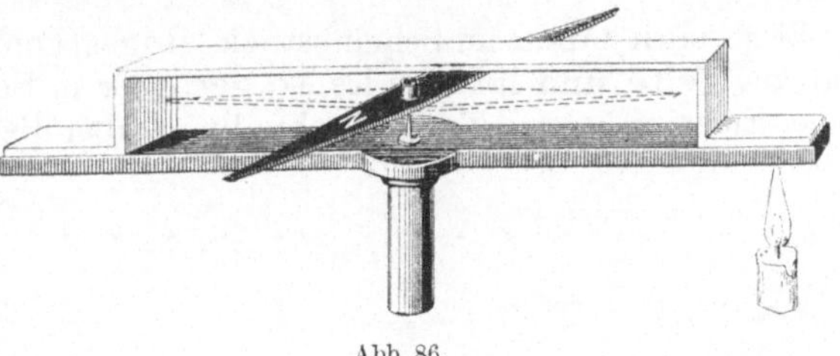

Abb. 86.

peraturunterschied der beiden Verbindungsstellen; sie ist aber auch von der Natur der beiden verschiedenen Metalle abhängig. Je weiter die beiden Metalle in der thermoelektrischen Spannungsreihe auseinanderstehen — Wismut, Quecksilber, Platin, Kupfer, Blei, Zink, Eisen, Antimon —, desto größer ist die Spannung. Diese beträgt z. B. bei einem aus Wismut und Antimon zusammengesetzten Thermoelement 10,1 Millivolt, bei Wismut und Kupfer dagegen nur 7,4 Millivolt.

Thermoelemente dienen zum Messen von hohen und tiefen Temperaturen. Die Lötstelle des Platin-Platinrhodiumelements wird mit Hilfe eines Schutzrohres z. B. in den Koksofen eingebaut, während die freien Enden mit einem empfindlichen Galvanometer verbunden sind, welches außer der Millivolteinteilung auch eine Temperaturskala besitzt. Da der Sauerstoffgehalt der flüssigen Luft von ihrer Temperatur abhängt und der Thermostrom sehr empfindlich gegen jede Temperaturveränderung ist, kann man mit einem Thermoelement nicht nur die Temperatur, sondern auch den Sauerstoffgehalt der flüssigen Luft ermitteln.

Elektrischer Betrieb im Bergbau.

Seit den letzten 30 Jahren wird die Elektrizität in immer größer werdendem Umfange im Bergbau angewandt, wobei eine Reihe von Sicherheitsvorschriften zumal im Hinblick auf den elektrischen Funken einerseits und auf Schlagwetter und Kohlenstaubluftgemische anderseits nötig waren. So müssen die elektrischen Leitungen nicht nur gegen mechanische Beanspruchungen widerstandsfähig sein, sondern auch schlagwettersicher gesplißt und verbunden werden (Sicherheitskasten). Schlagwettersicher müssen ferner die Lampen der elektrischen Beleuchtung sein und sämtliche Maschinen auf Schlagwettergruben. Antriebsmaschinen über und · unter Tage: Fördermaschinen, Häspel, Aufbereitungsanlagen, Schüttelrutschen, Luttenventilatoren u. a. Bei der elektrischen Zündung der Sprengschüsse müssen Zündmaschinen, Zündschnüre und Schießschalter schlagwettersicher sein. Schließlich sei noch erwähnt, daß auch elektrische Meßverfahren (Prüfung von Drahtseilen, Wassereinbrüchen) im Betriebe des Bergbaus Anwendung gefunden haben.

E. Lehre vom Schall. Akustik.

43. Entstehung und Fortpflanzung des Schalles.

Biegt man einen im Schraubstock eingespannten, elastischen Stahlstab zur Seite und läßt ihn los, so gerät er in Schwingungen. Vermöge seiner Elastizität und Trägheit schnellt er über die Ruhelage hinaus nach

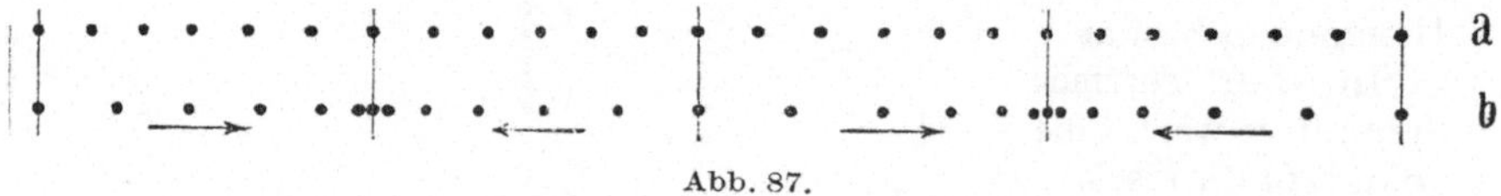

Abb. 87.

der anderen Seite, kehrt dann wieder um und so fort. Gleichzeitig entstehen vor und hinter dem schwingenden Stab Verdichtungen und Verdünnungen der Luft (Abb. 87b), welche vorher in Ruhe war (Abb. 87a). Die Luft gerät also dadurch selbst in Schwingungen, indem sie Kugelschalen von abwechselnd größerer und geringerer Dichte bildet und sich als Welle von Schicht zu Schicht fortpflanzt. Treffen diese Wellen unser Ohr (Abb. 88), so erzeugen sie die Empfindung des Schalles.

Man nennt die verdichteten Teile der Luft Wellenberge, die verdünnten Teile Wellentäler. Die Luft bewegt sich dabei nicht fort, wie auch das Wasser bei seinen Wellenbewegungen sich nicht fortbewegt, sondern nur an Ort und Stelle auf- und abgehende Bewegungen ausführt. Macht ein Luftteilchen eine vollständige Schwingung, so läßt es eine neue vollständige Welle entstehen, welche sich somit um ihre eigene Länge fortpflanzt.

Man spricht vom Knall, wenn es sich um eine einzige, schnell vorübergehende Lufterschütterung handelt (Pistolenknall), vom Geräusch (Kettengeräusch) bei unregelmäßigen und vom Klang und Ton bei regelmäßigen Schwingungen der Luft.

Alle Körper, die festen, flüssigen und gasförmigen, leiten den Schall. Läßt man die Glocke eines Weckers in dem luftleeren Rezipienten einer Luftpumpe anschlagen, so hört man keinen Ton. Man vernimmt diesen, wenn man Luft in den Rezipienten einströmen läßt, da nun die Schwingungen der Glocke auf die Luft übertragen werden. Je dichter, elastischer und gleichartiger ein Körper ist, desto besser leitet er den Schall. Die

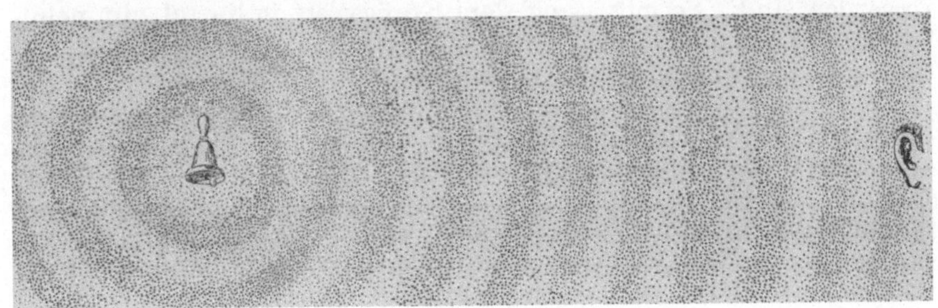

Abb. 88.

Fortpflanzungsgeschwindigkeit des Schalles in der Luft kann bestimmt werden, wenn man auf zwei Stationen Kanonen abfeuert und in beiden die Zeit beobachtet, welche zwischen Wahrnehmung ihres Blitzes und Donners vergeht. Das Mittel aus den Beobachtungen ergibt eine Fortpflanzungsgeschwindigkeit des Schalles in der Luft von 340 m/sek. bei 16°.

Im Genfer See wurde eine Glocke unter Wasser angeschlagen und die Ankunft des Schalles in einer bestimmten Entfernung durch ein in das Wasser versenktes Hörrohr festgestellt. Aus dem Zeitunterschied zwischen Erzeugung und Ankunft des Schalles ergab sich die Schallgeschwindigkeit in Wasser zu 1435 m/sek.

Noch leichter pflanzt sich der Schall in festen Körpern fort. Legt man eine Taschenuhr auf das eine Ende einer Schulbank und das Ohr an das andere Ende, so kann man die Uhr deutlich ticken hören. Die Fortpflanzungsgeschwindigkeit des Schalles beträgt in trockenem Tannenholz 6000 m/sek.

Wolle, Federkissen und Polster sind schlechte Überträger des Schalles, daher verwendet man gepolsterte Türen zum schallsicheren Abschluß von Sprechzimmern.

Die Stärke des Schalles wächst mit der Größe des Schallerregers und der Schwingungen, sowie mit der Dichtigkeit des Leiters und nimmt im Quadrate der Entfernung ab.

Wie eine Elfenbeinkugel von den Banden des Billards, ein Lichtstrahl vom Spiegel (Abb. 93), so wird auch der Schall von Wänden unter demselben Winkel zurückgeworfen (reflektiert), unter welchem er auffällt. Hierauf beruht das Echo. Von einer Mauer, Felsenwand, einem Walde wird das gesprochene Wort so zurückgeworfen, als käme es von einem Punkte, der ebenso weit hinter der reflektierenden Wand liegt, als der Rufer sich vor ihr befindet.

Man kann in einer Sekunde etwa 5—6 Silben deutlich aussprechen und aufnehmen. Spricht man eine Silbe gegen eine Wand, so muß diese $\dfrac{340}{2 \times 5} = 34$ m entfernt sein, damit das Echo entsteht, da das Wort je $^1/_5$ Sekunde braucht, um den Weg hin- und zurückzulegen. Bei einer Entfernung von $4 \times 34 = 136$ m kann die Wand vier Silben als Echo zurückwerfen.

Mehrfaches Echo zeigt sich dort, wo mehrere reflektierende Wände vorhanden sind. So gibt es auf dem Königsplatz in Kassel ein neunfaches, am Loreleifelsen ein 17faches Echo und in Adersbach (Böhmen) hört man ein siebensilbiges Wort dreimal.

Bei geringerer Entfernung der Wand als 34 m entsteht ein störender Nachhall, da der Schall schon teilweise zurück ist, wenn man die Silbe noch nicht vollständig ausgesprochen hat. Der letzte Teil der zurückgeworfenen Silbe tönt also der eben ausgesprochenen und vom Ohr aufgenommenen Silbe unmittelbar nach. Durch oftmaliges Unterbrechen der Wände, in Exerzierhallen z. B. durch aufgehängte Vorhänge, kann man die schädliche Wirkung des Nachhalls aufheben.

In elliptisch gekrümmten Sprachgewölben vernimmt das in dem einen Brennpunkt befindliche Ohr das in dem anderen Brennpunkt geflüsterte Wort, da die Schallstrahlen von dem einen Brennpunkt zum andern zurückgeworfen werden. Die Schallstrahlen breiten sich nach allen Richtungen mit gleicher Stärke aus; um sie zusammenzuhalten, bedient man sich in der Kirche des Schalldeckels über der Kanzel. Soll das gesprochene Wort möglichst weit gehört werden, so benutzt man das Sprachrohr, an dessen Wänden die Schallstrahlen so reflektiert werden, daß sie parallel der Achse austreten. Umgekehrt nimmt das Hörrohr vermöge seiner weiten Mündung mehr Schallstrahlen als unser Ohr auf und leitet sie in den Gehörgang. Unter Anwendung von Sprach- und Hörrohr ist bei ruhigem Wetter eine Verständigung von Schiff zu Schiff über mehrere Kilometer Entfernung möglich. Sprachrohrleitungen an Bord der Schiffe, in den Gruben, Gasthäusern halten ebenfalls das gesprochene Wort zusammen, so daß es bis auf mehrere hundert Meter zu hören ist. Ein natürliches Hörrohr bildet die menschliche Ohrmuschel mit dem Gehörgang.

44. Musikalische Töne.

Bei den Tönen unterscheidet man ihre

1. **Stärke.** Ein Ton ist um so stärker, je größer seine Schwingungsweite, d. h. der Unterschied zwischen Wellenberg und -tal ist.

2. **Tonhöhe.** Ein Ton ist um so höher, je größer die Zahl der Schwingungen ist, die in einer Sekunde vollendet werden.

3. **Klangfarbe.** Der Klang des Tones ist von der Form der Wellen abhängig. So haben die verschiedenen Blasinstrumente, Streichinstrumente, die menschliche Stimme bei gleicher Tonhöhe verschiedene Klangfarbe.

Um die Schwingungen einer Stimmgabel graphisch darzustellen, befestigt man an einer ihrer Zinken einen Schreibstift. Nach dem Anschlagen bringt man die Stimmgabel mit dem Stift in leichte Berührung mit Papier, welches über eine Walze gezogen und durch ein Uhrwerk in gleichförmige Umdrehung versetzt ist. Man erhält so Kurven, welche bestimmten Tönen entsprechen (Abb. 89). Da die Kurven a und b in gleicher Menge in derselben Zeit entstanden sind, ist ihre Schwingungszahl gleich; sie entsprechen also einem gleich hohen Ton. Die Kurve a hat einen größeren Unterschied zwischen Wellenberg und -tal als Kurve b, deshalb ist der a entsprechende Ton auch stärker als der von b. Die Kurve c entspricht einem Ton, welcher doppelt soviel Schwingungen wie denen von a und b entspricht; sein Ton ist daher um eine Oktave höher.

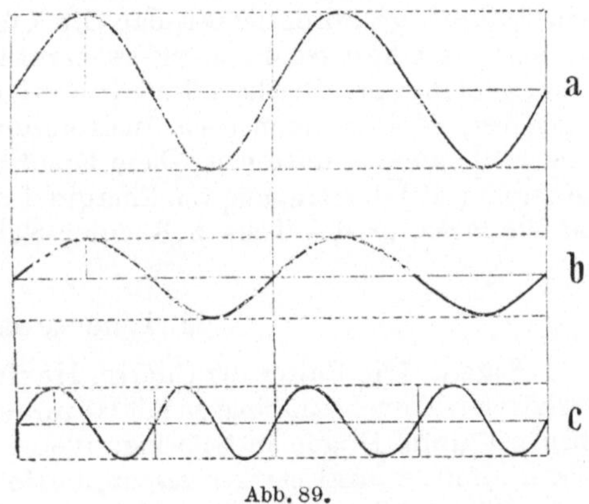

Abb. 89.

Mit Hilfe der Sirene kann man diese Gesetzmäßigkeiten noch besser erfassen; sie besteht aus einer maschinell gedrehten Scheibe, auf welcher sich in konzentrischen Kreisen und in gleichmäßiger Folge angeordnete Löcher befinden. Blasen wir mit einem Rohr auf die Löcher, so entstehen Töne von bestimmter Höhe. Sind vier Kreise mit entsprechend 40, 50, 60, 80 Löchern vorhanden, und macht die Scheibe in einer Sekunde zehn Umdrehungen, so sind die Schwingungszahlen der vier erzeugten Töne

$$400, \; 500, \; 600 \text{ und } 800,$$

da sie das Produkt aus der Anzahl der Löcher im Kreise und der Zahl der Umdrehungen der Scheibe in einer Sekunde sind. Die Schwingungsverhältnisse der vier Töne sind $4 : 5 : 6 : 8$; ist c der Grundton, so bilden sie c, e, g, c. Aus solchen Verhältnissen lassen sich die Schwingungszahlen der Tonleiter ableiten. Bei der C-Dur-Tonleiter haben wir folgendes Verhältnis der Schwingungszahlen:

C	D	E	F	G	A	H	c
24	27	30	32	36	40	45	48
1	$9/8$	$5/4$	$4/3$	$3/2$	$5/3$	$15/8$	2.

Das menschliche Ohr vermag Töne wahrzunehmen, deren Schwingungszahlen in der Sekunde zwischen 24 in der Tiefe und 50 000 in der Höhe liegen. Das eingestrichene a der Violine führt in der Sekunde 435 Schwingungen aus und bildet den Grundton der musikalischen Stimmung (Stimmgabel).

Zwei Töne, deren Schwingungszahlen in einem einfachen Verhältnis zueinander stehen, bilden einen Wohlklang (Konsonanz), wenn sie zusammenklingen; ist der Zusammenklang mißtönend, so spricht man von Dissonanz.

Bei jedem musikalischen Tone kann man bei genauem Zuhören neben dem Grundton noch verschiedene, schwächere Obertöne wahrnehmen. Sie entstehen durch Bildung kleinerer Schwingungen innerhalb der Hauptschwingungen und bewirken die verschiedenen Klangfarben der sonst gleichen Grundtöne. Mit Hilfe des Phonographen läßt sich nachweisen, daß sich unsere Vokale auf Obertöne zurückführen lassen. Die Vokale sind dadurch gekennzeichnet, daß die Obertöne an bestimmten Stellen der musikalischen Skala besonders verstärkt werden. Bringt man zwei Stimmgabeln von gleichem Tone in einiger Entfernung einander genau gegenüber, so hört man nach Anstreichen der einen nach wenigen Sekunden die zweite mittönen. Diese Erscheinung nennt man Resonanz; sie beruht auf Übertragung von Energie durch Wellenbewegung und dient zur Verstärkung des Tons, z. B. einer Stimmgabel, Geige usw.

45. Tonerzeuger.

1. Saiten. Die Saiten der Gitarre, Harfe, Zither geraten durch Zupfen, des Klaviers durch Anschlagen mit Hämmern und der Geigen durch Streichen mit dem Bogen in Schwingungen. Der Ton ist um so höher, je kürzer, dünner und stärker gespannt die Saite ist.

2. Stäbe. Elastische Stäbe der Spieldose, Harmonika und Stimmgabel (gabelförmig gebogener Stahlstab) werden durch Anschlagen in Schwingungen versetzt und tönen. Der Ton ist um so höher, je kürzer und dicker der Stab und je größer seine Elastizität ist.

3. Platten und Membrane. Die elastischen Platten und Membranen der Pauken, Trommeln, Glocken und des Telephons schwingen beim Schlagen, Streichen, Sprechen usw. als Ganzes oder in Teilen, welche durch Knotenlinien getrennt sind. Man kann diese sichtbar machen, wenn man eine Glasplatte, die an einer Stelle eingespannt wird, mit Sand bestreut und mit dem Violinbogen streicht. Der Sand ordnet sich nach Knotenlinien zu Figuren, welche man Chladnische Klangfiguren nennt.

4. Blasen und Pfeifen. Bei der Trompete, Posaune, Orgel, Flöte wird durch Anblasen eine Luftsäule in Röhren in Schwingungen gesetzt; diese werden bei einigen Instrumenten: Klarinette, Oboe, Fagott, auf Zungen übertragen. Der Ton einer Pfeife ist um so höher, je kürzer die schwingende Luftsäule ist und je stärker geblasen wird. Offene Pfeifen geben einen um eine Oktave höheren Ton als gleich lange gedeckte Pfeifen. Der menschliche Kehlkopf mit Stimmritze, Stimmbändern und Luftröhre stellt eine Lippenpfeife dar.

Auch durch kleinere und größere Flammen kann man die Luft in entsprechenden Röhren zum Schwingen bringen — singende Flammen (vgl. Wasserstoff).

46. Schwebungen. Interferenz.

Schlägt man zwei Stimmgabeln von gleicher Tonhöhe an, so erhält man immer den Eindruck eines vollkommen gleichen Tones, da Wellenberg mit Wellenberg und ebenso die Wellentäler zusammenfallen. Dadurch werden die Töne dauernd verstärkt oder geschwächt.

Ist jedoch die eine Stimmgabel nur ein wenig verstimmt, so hört man den Ton abwechselnd anschwellen und wieder schwächer werden. Die Töne verstärken sich, wenn Wellenberg mit Wellenberg zusammentrifft, sie schwächen oder heben sich ganz auf, so oft Berg und Tal teilweise oder ganz zusammenfallen. Diese Wirkung von Tonwellen nennt man Interferenz; unser Ohr empfindet sie als Schwebungen.

Abb. 90 stellt die Wellenberge zweier Töne (a und b) durch senkrechte Striche dar. Die Schwingungszahl von a ist 19, die von b ist 21. Bei 0 fällt die Verdichtung des höheren Tones mit einer Verdünnung des tiefe-

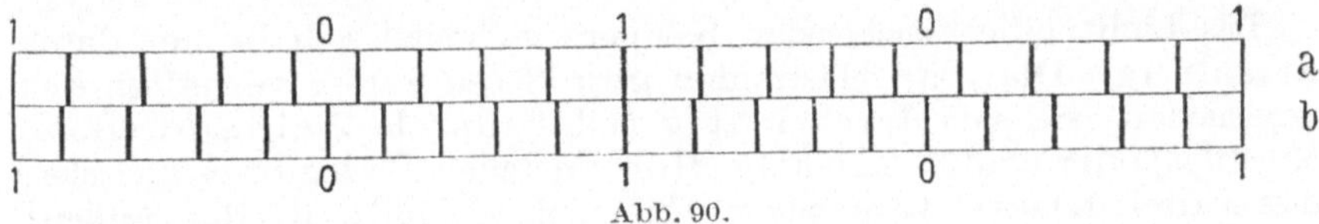

Abb. 90.

ren zusammen. Wir haben dann weder Verdichtung noch Verdünnung, der Ton erlischt. Bei 1 fallen die Verdichtungen der beiden Töne zusammen, der Ton verstärkt sich.

Auf diesen Interferenzerscheinungen beruht die Schlagwetterpfeife von Haber.

47. Phonograph (Edison 1877).

Eine mit Paraffin überzogene, zylindrische Walze wird durch eine Schraubenspindel als Achse gleichzeitig gedreht und seitlich verschoben. Vor der Walze befindet sich eine Membran mit Stift, welcher sich gegen die Walze leicht anlegt. Die Membran gerät beim Sprechen in Schwingungen, welche durch den Stift in das Paraffin eingegraben werden. Läßt man nun den Stift die Furche von Anfang an durchlaufen, während sich die Walze dreht und seitlich bewegt, so daß er über alle Höhen und Tiefen der Furche gleitet, so wird die Membran in dieselben Schwingungen wie vorher beim Sprechen gebracht, so daß das Gesprochene oder Gesungene jederzeit wiedergegeben werden kann.

F. Lehre vom Licht. Optik.

48. Lichtquellen und Ausbreitung des Lichtes.

Alle Gegenstände, welche wir durch das Auge wahrnehmen, senden Licht aus, sind also leuchtende Körper.

Die Sonne und Fixsterne sind natürliche Selbstleuchter. d. h. sie leuchten aus eigener Kraft, da sie sich in glühendem Zustande befinden. Künstliche Selbstleuchter sind verbrennende und glühende Körper, die Flammen, elektrische Glüh- und Bogenlampen. Hierhin gehören auch leuchtende Organismen, welche, wie z. B. gewisse Infusorien, Quallen und Mollusken das Meeresleuchten und, wie gewisse Bakterien, das Leuchten faulenden Holzes in Bergwerken hervorrufen.

Die nichtselbstleuchtenden Körper werden erst dadurch sichtbar, daß sie von dem Licht der Sonne oder einer künstlichen Lichtquelle getroffen werden. Die Monde und Planeten sind dunkel, sie leuchten nur, wenn das Licht der Sonne auf sie fällt.

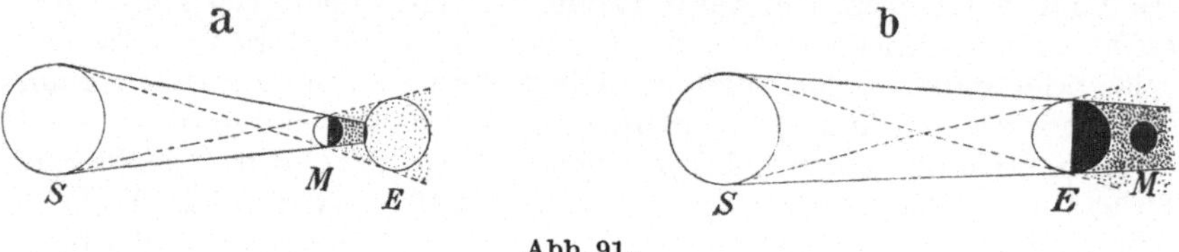

Abb. 91.

Das Licht eines leuchtenden Körpers verbreitet sich immer durch Strahlung. Die von Lichtstrahlen getroffenen Körper verhalten sich verschieden; sie sind durchsichtig (Glas), durchscheinend (Horn, Milchglas) oder undurchsichtig (Holz, Metalle). Doch gibt es zwischen diesen drei Klassen keine engen Grenzen, so läßt z. B. das äußerst dünne Goldplättchen das Licht mit blaugrüner Farbe durch.

Innerhalb desselben Mittels pflanzen sich die Lichtstrahlen des leuchtenden Körpers nach allen Seiten geradlinig fort. Daher entsteht

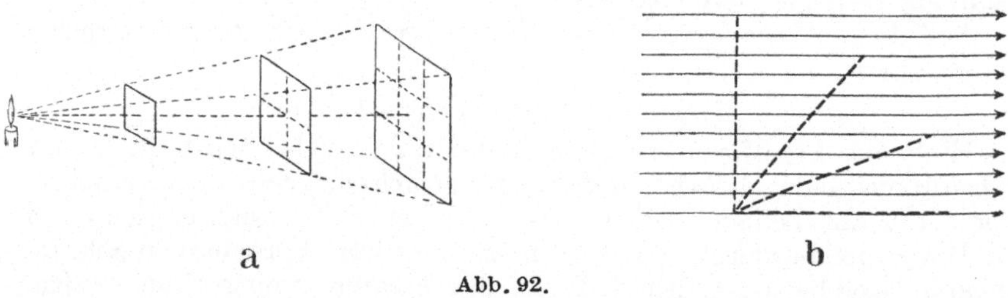

Abb. 92.

hinter beleuchteten, undurchsichtigen Körpern ein Schatten, d. h. ein unerleuchteter Raum. Man unterscheidet Kernschatten und Halbschatten, je nachdem der Schattenraum ganz verfinstert oder teilweise erhellt wird. Ist die Lichtquelle ein leuchtender Punkt, so entsteht nur ein Kernschatten, und zwar in Gestalt eines abgestumpften Kegels. Ist die Lichtquelle eine große Fläche (Sonne), so erzeugt sie hinter den beleuchteten Körpern (Erde, Mond) Kern- und Halbschatten. Fällt bei Neumond der Schatten des Mondes auf die Erde, so spricht man von einer Sonnenfinsternis (Abb. 91a). Dagegen entsteht bei Vollmond eine Mondfinsternis (Abb. 91b), wenn der Schatten der Erde auf den Mond fällt. Die Stärke der Beleuchtung, die Helligkeit, nimmt ab im Quadrate der Entfernung. Von der Kerze (Abb. 92a) gehen vier Lichtstrahlen aus, welche eine bestimmte Lichtmenge einschließen. Tragen wir vom Schnittpunkt aus auf alle Strahlen gleiche Stücke 1, 2, 3 usw. ab, so verhalten sich ihre Flächen wie $1^2 : 2^2 : 3^2$ usw. Das volle Licht fällt also auf die Fläche 1, 4×1 und 9×1 usw., auf ihre Einheit entsprechend 1, $^1/_4$ und $^1/_9$ der Lichtmenge. Je schräger die Lichtstrahlen einen Gegenstand treffen, desto weniger wird er beleuchtet (Abb. 92b).

Fortpflanzungsgeschwindigkeit. Aus der Beobachtung der Verfinsterung der Jupitermonde berechnete der Däne Olaf Römer 1675 als erster die Fortpflanzungsgeschwindigkeit des Lichtes zu 300000 km in einer Sekunde. Trotz dieser großen Geschwindigkeit braucht ein Sonnenstrahl acht Minuten, das Licht weit entfernter Fixsterne Jahrhunderte, um auf die Erde zu kommen.

49. Zurückwerfung, Reflexion des Lichtes.

Die Lichtstrahlen werden von glatten, undurchsichtigen Flächen (Spiegel) zurückgeworfen, reflektiert, wie auch die strahlende Wärme und der Schall zurückgeworfen werden. In Abb. 93a sei AD der auffallende, CD der zurückgeworfene (reflektierte) Strahl und BD das Einfallslot. Den vom auffallenden Strahl und Einfallslot gebildeten Winkel ADB nennt man den Einfallswinkel und den vom reflektierten Strahl und Einfallslot gebildeten Winkel BDC den Reflexionswinkel.

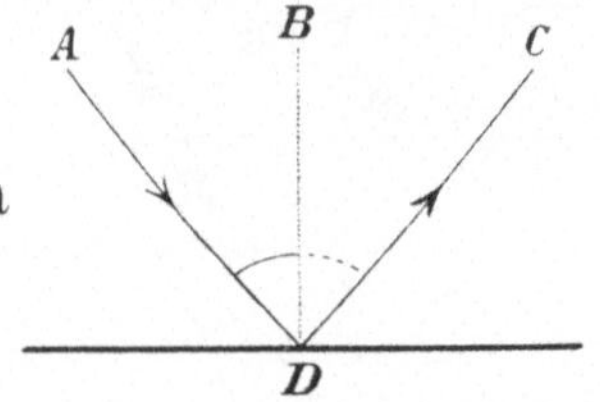

Regel: Der auffallende und der zurückgeworfene Strahl, sowie das Einfallslot liegen immer in einer Ebene, welche senkrecht auf der zurückwerfenden Fläche steht.

Ebener Spiegel. Die Lichtstrahlen, die von einem leuchtenden Punkte auf den Spiegel fallen, werden so reflektiert, daß ihre Verlängerungen rückwärts sich in einem Punkte schneiden, der symmetrisch zum leuchtenden Punkte hinter der Spiegelebene liegt. Das Auge erblickt das Bild ebenso weit hinter dem Spiegel, wie der leuchtende Gegenstand davor liegt (Abb. 93b).

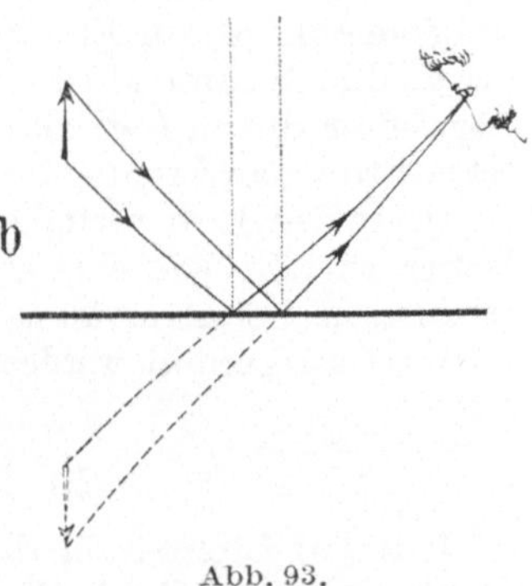

Abb. 93.

Das Bild eines Gegenstandes kann in einem zweiten Spiegel nochmals gespiegelt werden, so daß man sich auf diese Weise seitwärts und rückwärts betrachten kann. Bringt man zwischen zwei ebenen, parallel zueinander aufgestellten Spiegeln eine Kerzenflamme, so erblickt man eine große Reihe von Bildern der Flamme.

Winkelspiegel. Bei Winkelspiegeln erscheint von einem Gegenstande so oft ein Bild, als der Winkel, welchen die beiden Spiegel miteinander bilden, in 360 enthalten ist weniger 1. Beträgt der Winkel z. B. 90°, so erhält man drei Bilder; bei einem Winkel von 45° erblickt man sieben Bilder. Ein Lichtstrahl wird von zwei unter einem Winkel von 45° zueinander stehenden Spiegeln so zurückgeworfen, daß der reflektierte Strahl mit dem auffallenden Strahl einen rechten Winkel bildet (Abb. 94). Hierauf beruht die Anwendung des Winkelspiegels als Zielgerät bei markscheiderischen Messungen. Winkelspiegel dienen ferner als Spion am Fenster, zur Vorführung von Geistererscheinungen auf der Bühne und als Kaleidoskop.

Sphärische Spiegel sind kugelförmig gekrümmte Flächen. Wir unterscheiden Konkav- oder Hohlspiegel, wenn er auf der Innenfläche poliert ist, und Konvex- oder Erhabenspiegel, wenn das Licht auf der Außenfläche reflektiert wird.

Bilder in konvexen Zylindern und Kegelspiegeln sind verzerrt, zeigen z. B. in die Länge oder in die Breite gezogene Gesichter. Die hier und da

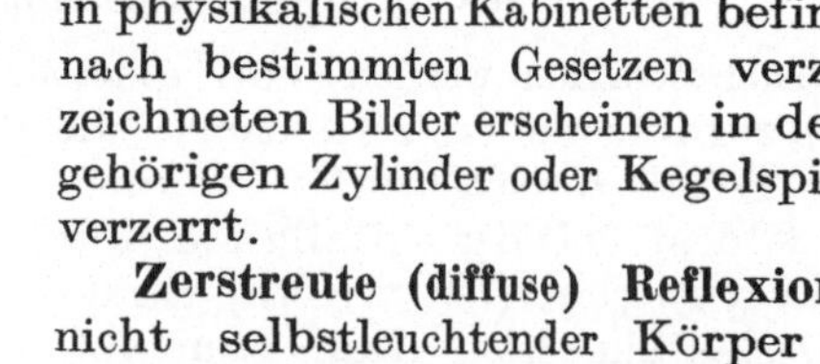
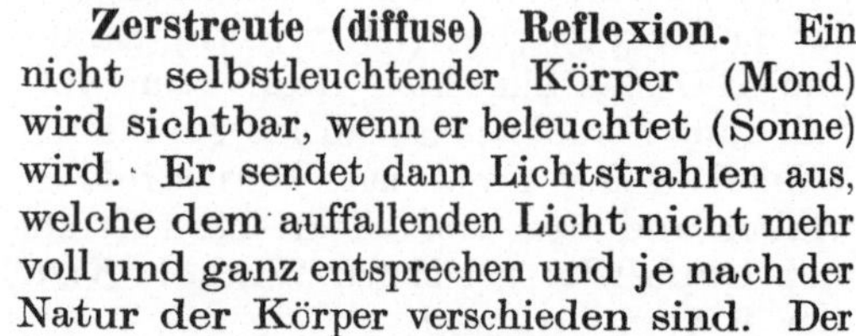

Abb. 94.

in physikalischen Kabinetten befindlichen, nach bestimmten Gesetzen verzerrt gezeichneten Bilder erscheinen in dem dazugehörigen Zylinder oder Kegelspiegel unverzerrt.

Zerstreute (diffuse) Reflexion. Ein nicht selbstleuchtender Körper (Mond) wird sichtbar, wenn er beleuchtet (Sonne) wird. Er sendet dann Lichtstrahlen aus, welche dem auffallenden Licht nicht mehr voll und ganz entsprechen und je nach der Natur der Körper verschieden sind. Der Mond besitzt kein eigenes Licht; bei Vollmond wirft die Mondscheibe das Sonnenlicht zur Erde zurück, so daß sie gut sichtbar ist. Aber auch der dunkle Neumond ist infolge des matten Lichtscheins noch sichtbar, welchen er durch Reflexion des Lichtes der von der Sonne grell beleuchteten Erde empfängt.

Die in der Luft verteilten Wassertröpfchen, Eisnädelchen und Staubkörner wirken wie eine große Zahl kleiner Spiegel und lassen Lichtstrahlen in Schattenräume treten, welche durch dieses zerstreute Licht teilweise aufgehellt werden.

50. Brechung des Lichtes.

Tritt ein Lichtstrahl, der sich in einem Mittel (Luft) bewegt, schräg in ein anderes Mittel (Wasser, Glas) ein, so wird er gebrochen, d. h. erfährt beim Übergang eine Richtungsänderung.

1. Fällt ein Lichtstrahl senkrecht auf die Trennungsfläche der beiden Mittel, so wird er nicht gebrochen.

2. Geht ein Lichtstrahl von einem dünneren Stoff in einen dichteren, so wird er dem Einfallslot zu gebrochen.

3. Er entfernt sich vom Einfallslot beim Übergang von einem dichteren in einen dünneren Stoff.

4. Fallen Lichtstrahlen schräg durch ebenparallele Glasplatten, so

wird der ausfallende Strahl parallel zum eintretenden Strahl verschoben
(Abb. 95).

Ein schräg ins Wasser gehaltener Stab erscheint an der Oberfläche
des Wassers geknickt. Werden Gegenstände im Wasser schräg betrachtet, so erscheinen sie immer höher liegend, als sie wirklich sind: Kiesel-
steine und Fische im Wasser. Auf dem Boden des mit Wasser gefüllten

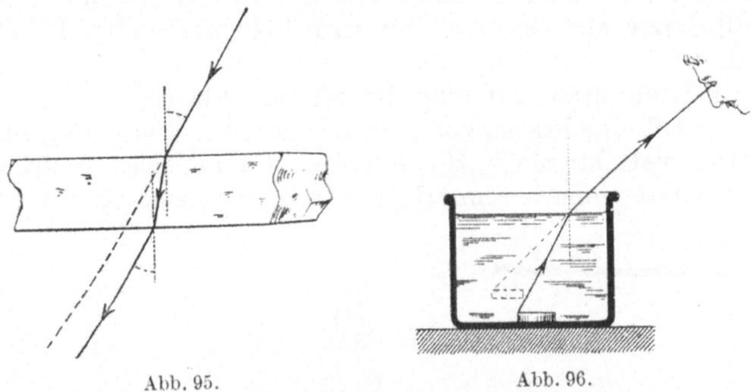

Abb. 95. Abb. 96.

Glasgefäßes (Abb. 96) liegt eine Münze; sie erscheint, schräg gesehen,
gehoben.

Da die Atmosphäre mit steigender Höhe immer dünner wird, erfahren
die von den Sternen kommenden Lichtstrahlen eine Brechung, sind stetig
gekrümmt. Daher sieht man die untergegangene Sonne noch vollständig
über dem Horizonte und jeden Stern höher, als er in Wirklichkeit ist.

51. Totale Reflexion.

Die Gesetze der Brechung haben nur Gültigkeit, wenn der Lichtstrahl innerhalb bestimmter Winkel auf die trennende Fläche fällt.
Dieser Grenzwinkel ist für die verschiedenen Mittel verschieden, er beträgt für Wasser gegen Luft 48½°, für Glas gegen Luft 42°, für Diamant
gegen Luft 23½° usw. Ist der Einfallswinkel eines Lichtstrahles, der
aus Wasser in Luft übergeht z. B. 48½°, so wird derselbe längs der
Oberfläche des Wassers verlaufen. Ist der Einfallswinkel größer als
48½°, so gelangt der gebrochene Strahl nicht in die Luft; er wird an
der Oberfläche des Wassers zurückgeworfen und kehrt in dasselbe zurück,
weil jetzt nicht mehr das Gesetz der Brechung, sondern das der Reflexion gilt. In diesem Falle wird alles Licht von der Oberfläche zurückgeworfen, deshalb nennt man diese Erscheinung totale Reflexion.
Hält man ein Probierglas schräg in ein mit Wasser gefülltes Becherglas,
so sieht es glänzend wie ein Spiegel aus. Eine halbe Spielkarte, welche
man am Umfang eines mit Wasser gefüllten zylindrischen Glasgefäßes
befestigt, erscheint ganz, wenn man von unten schräg gegen die Oberfläche des Wassers blickt. Die Tautropfen in der Morgensonne sehen
diamantglänzend aus, und unter Wasser befindliche Luftblasen, z. B.
der Wasserspinne, glänzen wie Silber.

Bei ganz ruhiger Luft entstehen in verschiedenen Höhen optisch dichtere oder dünnere Luftschichten; von weit entfernten Gegenständen werden dann durch totale Reflexion Bilder (Fata morgana) erzeugt.

Prisma. In der Optik versteht man unter Prismen durchsichtige Körper, die von zwei einen Winkel einschließenden Ebenen begrenzt sind. Man nennt diesen Winkel den brechenden Winkel, seine Ebenen die brechenden Flächen und ihre Schnittlinie die brechende Kante des Prismas. Die gebräuchlichen Prismen sind dreiseitige Glassäulen, sowie Hohlkörper aus Glas, welche mit lichtbrechenden Flüssigkeiten gefüllt sind.

Fällt ein Lichtstrahl auf eine brechende Fläche, so wird er beim Durchgang durch das Prisma von der brechenden Kante weg abgelenkt.

Die total reflektierende Hypotenusenfläche eines rechtwinkligen Glasprismas wird vielfach benutzt, um den Weg eines Lichtstrahls um

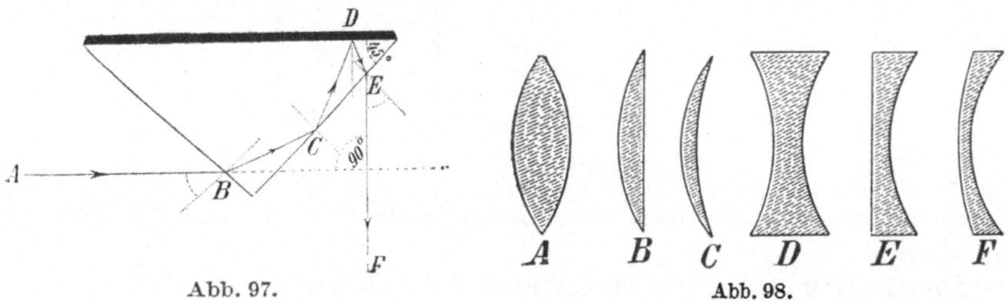

Abb. 97.　　　　　Abb. 98.

90° zu verlegen. Auf diese Weise kann man undurchsichtige, polierte und geätzte Körper (Metalle, Mineralien) gut beleuchten, so daß ihr Gefügeaufbau unter dem Mikroskop untersucht werden kann. Auch als Zielkontrollgeräte dienen solche Glasprismen; dabei fällt der Lichtstrahl gewöhnlich rechtwinklig zu der einen Kathete auf, wird an der Hypotenuse total reflektiert und tritt senkrecht zu der anderen Kathete aus. Auch bei schrägerem Auffallen der Lichtstrahlen auf die brechende Fläche ist das der Fall, wie aus dem Gang derselben in Abb. 97 ohne weiteres erkennbar ist.

Linsen. Linsen sind durchsichtige Körper (Glas, Quarz), die beiderseits oder wenigstens auf einer Seite von Kugelflächen begrenzt sind. Man unterscheidet Sammel- (Konvex-) linsen und Zerstreuungs- (Konkav-) linsen. In Abb. 98 stellt A eine bikonvexe, B eine plankonvexe, C eine konkavkonvexe, D eine bikonkave, E eine plankonkave, F eine konvexkonkave Linse dar.

Die Lichtstrahlen werden beim Eintritt in die Linse und bei ihrem Austritt nach bestimmten Gesetzen gebrochen. Für die Konstruktion der Bilder sind zwei Strahlen von besonderer Bedeutung:

1. **Hauptstrahlen.** Sie gehen durch den Mittelpunkt O (Abb. 99) der Linse, werden nicht gebrochen, gehen in derselben Richtung weiter (AA'). Auch andere durch O gehende Strahlen werden nicht gebrochen, vorausgesetzt, daß die Linse dünn und der Winkel, den der Strahl mit der Hauptachse bildet, klein ist. Sonst wird der Strahl gebrochen und verläuft nach der Brechung seiner ursprünglichen Richtung parallel.

2. **Achsenparallele Strahlen.** Sie fallen parallel zur Hauptachse auf, werden von der Linse gebrochen und vereinigen sich auf der anderen Seite in einem Punkte, z. B. F' (Abb. 100). In diesem Punkte ist Licht- und Wärmewirkung der Sonne zusammengedrängt, leicht entzündliche Gegenstände fangen in ihm Feuer; er wird deshalb Brennpunkt genannt.

Jede Bikonvexlinse besitzt zwei Brennpunkte. Gehen die Lichtstrahlen vom Brennpunkt aus, so werden sie so gebrochen, daß sie parallel der Achse auf der anderen Seite der Linse verlaufen. Die Entfernung des Brennpunktes von der Linse nennt man Brennweite. Man bezeichnet die Konvexlinsen als Sammellinsen, weil sie die Strahlen durch Brechung sammeln. Je weiter der Gegenstand von der Linse entfernt ist, desto kleiner wird sein Bild. Hierauf beruht die Anwendung der Linsen in den Kammern der photographischen Apparate behufs Erzielung scharfer Bilder.

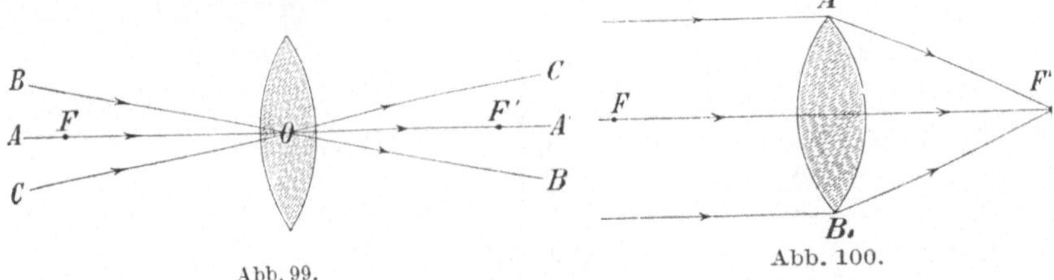

Abb. 99. Abb. 100.

Stellt man in den Brennpunkt der Linse ein helles Licht (elektrisches Bogenlicht, Kalklicht), so entsteht kein Bild; die Linse dient als Scheinwerfer.

Liegt der Gegenstand zwischen Unendlich und doppelter Brennweite, so entsteht ein wirkliches, umgekehrtes und verkleinertes Bild zwischen einfacher und doppelter Brennweite. Liegt der Gegenstand in doppelter Brennweite, so entsteht, ebenfalls in doppelter Brennweite, ein wirkliches, umgekehrtes und gleichgroßes Bild. Befindet sich der Gegenstand zwischen einfacher und doppelter Brennweite, so entsteht ein wirkliches, umgekehrtes und vergrößertes Bild zwischen doppelter Brennweite und Unendlich.

Liegt der leuchtende Punkt R (Abb. 101a) innerhalb der Brennweite, so kann kein wirkliches Bild entstehen, da die Lichtstrahlen so gebrochen werden (RAU und RBV), daß sie auseinandergehen. Die gebrochenen Strahlen AU und BV schneiden bei der rückwärtigen Verlängerung die Hauptachse in R', so daß es scheint, als ob sie von diesem Punkte kämen.

Danach ergibt sich die Konstruktion des Bildes vom Pfeile ST, welcher sich innerhalb der Brennweite befindet (Abb. 101b). Die von R ausgehenden Strahlen werden so gebrochen, daß sie scheinbar von R' auslaufen. Auf der Senkrechten in diesem Punkte hat man die S und T entsprechenden Punkte S' und T' zu suchen, welche man findet, wenn man vom optischen Mittelpunkt O die Hauptstrahlen OS und OT zeichnet und rückwärts verlängert. Das Auge erblickt das Bild des Pfeiles aufrecht, vergrößert und auf derselben Seite der Linse. Es ist aber nur ein scheinbares Bild entstanden, welches wir auf einem Schirme ebensowenig auffangen können wie das Bild in einem Spiegel. In diesem Falle dient die Linse als Vergrößerungsglas oder Lupe.

Bei dem **Fernrohr** (Abb. 102) erzeugt die Objektivlinse *Ob* von großer Brennweite ein wirkliches, umgekehrtes und verkleinertes Bild des entfernten Gegenstandes *G* innerhalb der Brennweite der Okularlinse *Ok*. Die Okularlinse vergrößert das Bild nochmals, läßt es aber in umgekehrter Lage. Die beiden Linsen sind in ein innen geschwärztes Rohr eingeschlossen, dessen Länge verstellbar ist, so daß das Okular in die richtige

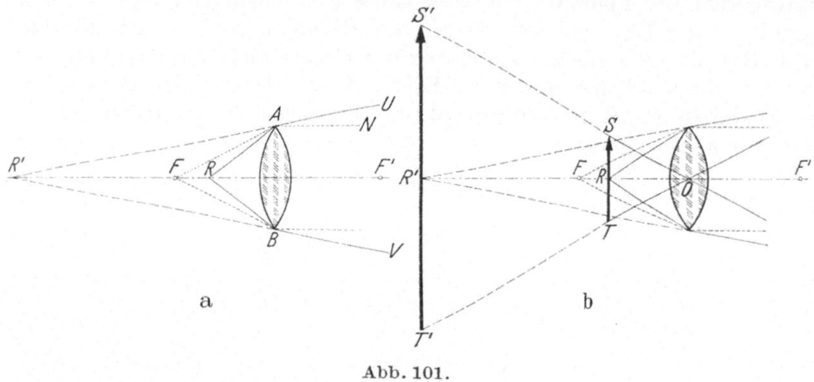

Abb. 101.

Entfernung von dem durch das Objektiv erzeugten Bilde eingestellt werden kann.

Solche Fernrohre benutzt man zu geometrischen Messungen (Theodolit) und astronomischen und spektralanalytischen Untersuchungen.

Auch das zusammengesetzte **Mikroskop** besteht aus zwei an den Enden einer ausziehbaren Röhre befestigten konvexen Linsen. Das Objektiv erzeugt von dem kleinen Gegenstand, welcher bis dicht an den Brennpunkt gebracht ist, ein umgekehrtes, vergrößertes und wirkliches

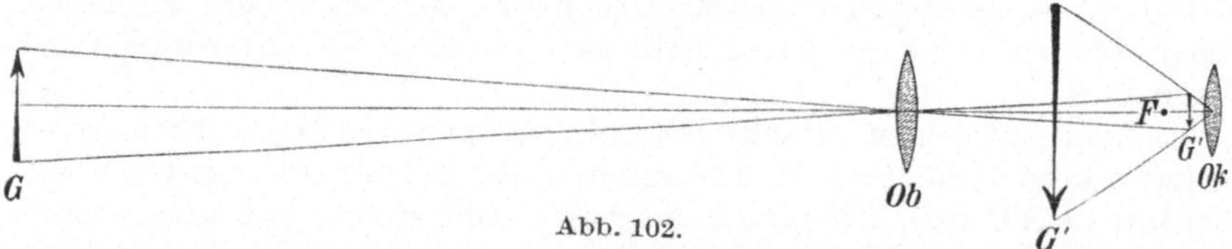

Abb. 102.

Bild. Dieses wird durch das Okular wie durch eine Lupe betrachtet, dabei wird es nochmals vergrößert, bleibt umgekehrt, ist jetzt aber ein scheinbares Bild geworden.

Mit Hilfe des Mikroskops war es der Naturwissenschaft möglich, eingehende Kenntnisse über den Bau der Tier- und Pflanzenzelle, die Lebens- und Fortpflanzungsverhältnisse der kleinsten Lebewesen und den feinsten Aufbau der Mineralien zu gewinnen. Dabei bedient man sich des durchfallenden Lichtes, welches die mit dem Rasiermesser geschnittenen, sehr dünnen Plättchen des Tier- und Pflanzenkörpers und die Dünnschliffe der Gesteine genügend aufhellt.

Zur Untersuchung der undurchsichtigen Metalle und Mineralien benutzt man das auffallende Licht einer künstlichen Lichtquelle, von der man einen Teil der Lichtstrahlen durch eine unter 45° gestellte, dünne Glasplatte, einen Spiegel oder ein Prisma ablenkt und schräg auf den zur Prüfung dienenden geätzten Schliff fallen läßt.

Die Konkavlinsen werden Zerstreuungslinsen genannt, weil die achsenparallelen Strahlen so gebrochen werden, daß sie auseinandergehen, zerstreut werden. Die bei den Sammellinsen auseinandergesetzten Benennungen wie Hauptachse, Hauptstrahlen, Brennpunkt, Brennweite usw. gelten auch hier. Zur Konstruktion des Bildes eines Gegenstandes ST außerhalb der Brennweite (Abb. 103) zieht man zunächst die Hauptstrahlen SO und TO; sie werden

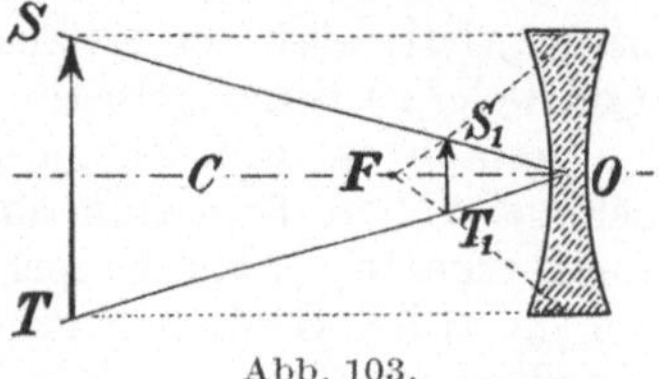

Abb. 103.

nicht gebrochen. Die von den leuchtenden Punkten S und T parallel zur Achse auffallenden Strahlen werden so gebrochen, als kämen sie vom Brennpunkt F. Die Rückverlängerungen der gebrochenen achsenparallelen Strahlen schneiden die Hauptstrahlen SO und TO in S_1 und T_1. Das Bild S_1T_1 des Pfeiles ST ist also scheinbar, aufrecht und verkleinert.

52. Farbenzerstreuung des Lichtes.

Das weiße Sonnenlicht ist aus vielen farbigen Strahlen zusammengesetzt, die sich durch ihre verschiedene Brechbarkeit voneinander unterscheiden (Newton 1672). Läßt man weißes Sonnenlicht durch einen feinen Spalt des geschlossenen Fensterladens auf ein Prisma fallen, und fängt es auf einem weißen Schirme auf, so erblickt man da, wo das gebrochene Bild des Spaltes zu erwarten ist (Abb. 104), einen Streifen, der von dem einen zu dem anderen Ende die Regenbogenfarben: rot, orange, gelb, grün, hellblau, dunkelblau, violett zeigt. Diese Farben gehen allmäh-

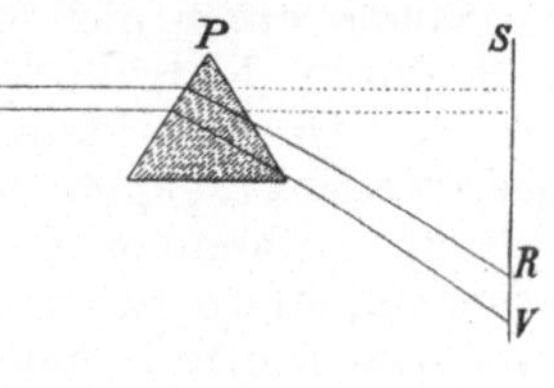

Abb. 104.

lich ineinander über. Läßt man sie durch eine Sammellinse gehen, so werden sie wieder zu einem weißen Lichtfleck vereinigt. Es folgt daraus, daß das weiße Licht schon die Farben enthielt und durch das Prisma infolge der verschiedenen Brechbarkeit derselben zerlegt worden ist. Man nennt den Farbenstreifen das Spektrum. Das rote Licht wird am wenigsten, das violette am meisten abgelenkt; die roten Strahlen besitzen also die kleinste, die violetten die größte Brechbarkeit. Das rote Licht hat eine Wellenlänge von etwa 0,76 μ, das violette von etwa 0,4 μ (1 μ = 0,001 mm).

Das Wesen des Lichtes besteht darin, daß ein äußerst feiner, unwägbarer, elastischer Stoff, der Äther, welcher im ganzen Weltall und zwischen den kleinsten Teilen jedes Körpers vorhanden ist, durch die Lichtquelle in Schwingungen versetzt wird, welche auf unser Auge übertragen werden. Ganz ähnlich der Tonhöhe unterscheiden sich die Farben durch die Schwingungszahl der in einer Sekunde erfolgenden Lichtwellen. Je kleiner die Wellenlänge, desto größer ist die Schwingungszahl. Rot macht in der Sekunde 395 Billionen, Violett 763 Billionen Schwingungen.

Die Farben der Körper entstehen dadurch, daß diese von dem Sonnenlicht einige Farben absorbieren, andere hindurchlassen oder zurückwerfen. Fällt weißes Licht auf Zinnober, so werden alle Farben außer Rot von ihm aufgenommen. Da Zinnober vorwiegend rote Strahlen zurückwirft, sieht er rot aus. Rubinglas verschluckt alle Farben außer Rot, welches durchgelassen wird, daher erscheint es rot.

Betrachtet man Zinnober und Rubinglas mit einer durch Kochsalz gelb gefärbten Bunsenflamme, so sehen sie gelb aus, da sie nur gelbes Licht erhalten. Ein Körper kann nur das Licht wiedergeben, welches auf ihn fällt, deshalb muß er schwarz erscheinen, wenn er alle Farben absorbiert.

Lenkt man von den Spektralfarben z. B. Rot ab, so entsteht durch Vereinigung der übrigen eine grüne Mischfarbe. Dem Grün fehlt also das Rot, um mit ihm Weiß zu bilden. Rot und Grün ergänzen sich zu Weiß. Jeder Spektralfarbe entspricht eine Ergänzungsfarbe, mit welcher sie Weiß erzeugt, nämlich Rot und Grün, Orange und Blau, Gelb und Violett.

Spektralanalyse.

Außer der Sonne geben auch weißglühende feste Körper, z. B. die weißglühenden Kohlenteilchen einer Flamme, das bekannte, ununterbrochene Spektrum.

Durch Erhitzen flüchtiger Substanzen mit Hilfe eines Platindrahtes im Saume einer nichtleuchtenden Flamme wird diese kennzeichnend, z. B. durch Natrium gelb, Strontium karminrot, Kupfer grün usw. gefärbt. Da Natriumverbindungen, z. B. Kochsalz, beim Glühen nur gelbes Licht erzeugen, so besteht ihr Spektrum aus einem gelben Streifen. Alle im glühenden Zustande befindlichen Gase und Dämpfe zeigen kennzeichnende Streifen im Spektralapparat; mit seiner Hilfe hat man viele Stoffe in Mineralien, der Sonne und anderen Fixsternen feststellen können. Der Nachweis ist so empfindlich, daß man auf diesem Wege z. B. beim Natrium $^1/_{3\,000\,000}$ Milligramm deutlich bestimmen kann.

Regenbogen.

Die Farbenfolge eines Regenbogens gleicht der eines Spektrums, nach innen liegt der violette Saum, der rote nach außen. Der Regenbogen entsteht durch Brechung, Zerlegung, totale Reflexion und abermalige Brechung des Lichtes in Wassertröpfchen einer regnenden Wolke, eines Wasserfalls oder eines Springbrunnens. Man erblickt ihn, wenn man hinter sich die Sonne und vor sich die Wand der Wassertröpfchen hat. Der Mittelpunkt des Regenbogens und der Sonne liegt mit dem Auge des Beobachters in einer Geraden.

In dem bisweilen sichtbaren, größeren und blässeren Nebenregenbogen sind die Farben des Spektrums in umgekehrter Folge angeordnet.

53. Interferenz des Lichtes.

Die Interferenz des Lichtes besteht darin, daß zwei Lichtstrahlen beim Zusammentreffen unter gewissen Umständen eine Verstärkung, unter anderen Bedingungen eine Schwächung oder eine völlige Auslöschung des Lichtes ergeben. Treffen Lichtstrahlen derselben Lichtquelle mit einem kleinen Wegunterschied zusammen, so interferieren sie.

Betrachtet man eine ebene Glasplatte, auf welche eine sehr schwach gekrümmte Konvexlinse gelegt ist, im gelben Licht einer Kochsalzflamme, so erscheint die dunkle Mitte von hellen und dunklen Ringen umgeben. Ähnlich den Schwebungen der Töne verstärken sich zwei gleiche Lichtwellen, wenn ihre Ausgangspunkte um eine gerade Anzahl Wellenlängen voneinander entfernt sind, da Wellenberg auf Wellenberg trifft. Die Lichtwellen schwächen sich oder heben sich auf, wenn ihre Ausgangspunkte um eine ungerade Anzahl halber Wellenlängen entfernt sind, weil Wellenberg mit Wellental zusammenfällt.

Bei der Betrachtung der Platte und Linse im weißen Licht sieht man statt der hellen und dunklen Ringe farbige Ringe. Diese Erscheinungen des Farbenwechsels nimmt man auch an sehr dünnen Häutchen wahr. So zeigen Seifenblasen und sehr dünne, auf Wasser ausgebreitete Schichten von Öl die Regenbogenfarben.

In dem **Interferometer** von Zeiß ist die eine von zwei gleichen Kammern mit Luft, die andere z. B. mit Grubengas gefüllt. Da Luft und Grubengas für Lichtstrahlen ein verschiedenes Brechungsvermögen haben, so erfahren zwei gleiche Lichtstrahlen in diesen Mitteln Gangunterschiede, so daß sie Interferenzerscheinungen auslösen. Aus der Größe der Interferenz läßt sich der Gehalt der Wetter an Grubengas bestimmen, nachdem die darin enthaltene Kohlensäure durch Absorption mit Natron entfernt worden ist.

54. Chemische Wirkungen des Lichtes.

Wird Licht von einem Körper aufgenommen, so wandelt es sich in Wärme um. Mit der Aufnahme von Licht kann auch die Leistung chemischer Arbeit verbunden sein. So vereinigt sich ein Gemenge von Wasserstoff und Chlor unter Explosion zu Salzsäure, wenn es von einem Lichtstrahl der Sonne getroffen wird. Der Vorgang des Bleichens der Wäsche vollzieht sich unter der vereinten Wirkung von Licht und Wasser, die Schwarzfärbung von Chlor-, Brom- und Jodsilber unter dem Einfluß des Lichtes. Darauf beruht die ausgedehnte Anwendung der Photographie.

Die photographische Kammer besteht aus einem innen geschwärzten Kasten, dessen eine Wand aus einer durchscheinenden Platte aus mattgeschliffenem Glas gebildet wird; ihr gegenüber ist in einer verstellbaren Röhre eine Sammellinse angebracht. Diese Linse entwirft von dem vor der Kammer befindlichen Gegenstand auf der Mattscheibe ein wirkliches, umgekehrtes, verkleinertes Bild, welches durch Verstellen der Röhre scharf eingestellt wird.

Die Mattscheibe der Kammer wird nun durch eine Kassette mit der lichtempfindlichen Platte vertauscht. Je nach der Beleuchtung genügt eine ganz kurze oder etwas längere Zeit für die Zersetzung oder die einleitende Zersetzung des Silbersalzes zu metallischem Silber. Bei der dann folgenden Eintauchung der Platte in das Bad, z. B. einer Lösung von Pyrogallussäure (Entwickler), wird die Ausscheidung des Silbers mit schwarzer Farbe an den Stellen beendet, welche von den Lichtstrahlen des Gegenstandes getroffen waren. In dem Fixierbade aus einer Lösung von unterschwefligsaurem Natron werden die unzersetzt gebliebenen Teile des Silbersalzes weggelöst. Mit der so erhaltenen negativen Platte kann man beliebig viel positive Abzüge erhalten, indem die dunklen Stellen des Negativs die hellen Lichtstrahlen beim Kopieren verschlucken, und nur die hellen Stellen sie durchlassen.

Von geringer chemischer Wirkung sind die roten Lichtstrahlen, deshalb entwickelt man die Platte bei rotem Licht. Die stärkste chemische Wirkung hat das violette Licht, aus dem Grunde erscheinen auf den photographischen Bildern z. B. blaue Kleider hell, während rote dunkel aussehen.

Die Zerlegung der Kohlensäure und des Wassers in den Pflanzenzellen (Assimilation, S. 111) erfolgt unter Mitwirkung des lebenden Blattgrüns und des Sonnenlichtes. Das Blattgrün der Pflanzen verschluckt außer Grün alle Lichtstrahlen. Diese aufgenommenen Lichtstrahlen sind es, welche die Pflanzenstoffe durch Umsetzung von Wasser und Kohlensäure aufbauen; sie verrichten also chemische Arbeit, werden dadurch aufgespeichert und können später durch Verbrennen der Pflanze, des Torfs und der Kohle in Form von Licht und Wärme wiedergewonnen werden.

55. Das Auge.

Das Auge entspricht ungefähr der photographischen Kammer. Es besteht aus der

1. Hornhaut, einer vorn stärker gekrümmten und hier durchsichtigen Lederhaut;

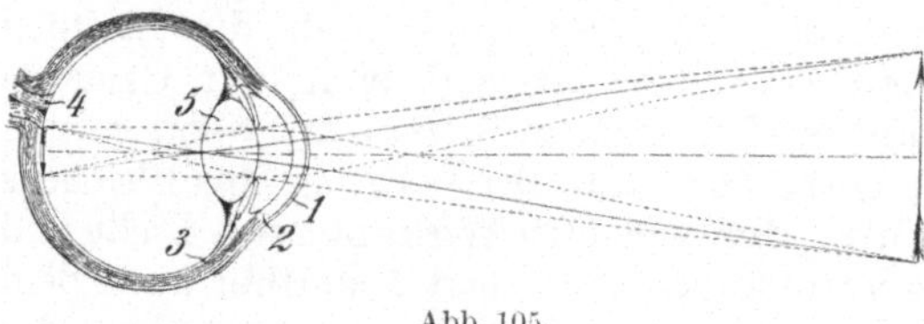

Abb. 105.

2. Aderhaut, welche mit einem dunklen Farbstoff durchtränkt ist (Regenbogenhaut) und vorn ein kreisrundes Loch, die Pupille, hat;

3. Netzhaut, einem äußerst zarten, lichtempfindlichen Häutchen, welches die Verzweigung des Sehnerves darstellt;

4. dem Sehnerv, welcher die Vorgänge im Auge dem Gehirn übermittelt;

5. der Linse (Abb. 105).

Der Raum zwischen der Hornhaut und der Linse ist von einer wasserhellen Flüssigkeit erfüllt, während das Innere des Auges aus einer klaren Gallerte, der Glasflüssigkeit, besteht.

Das Auge wird in der Augenhöhle durch Muskeln gehalten und bewegt und besitzt die Fähigkeit, die Linse mehr oder weniger stark zu krümmen, so daß entfernte und nahe Gegenstände klar erfaßt werden können. Die Lichtstrahlen eines Gegenstandes werden so gebrochen, daß auf den Netzhäuten jedes Auges ein ebenes, umgekehrtes wirkliches Bild entsteht, und zwar das eine mehr von links, das andere mehr von rechts gesehen (Stereoskop). Aus Übung und Gewohnheit sieht man jedoch ein Bild, welches aufrechtsteht, der natürlichen Größe entspricht und körperlich wirkt.

Verliert der Muskel der Linse die Anpassungsfähigkeit, so muß man durch Anwendung von Brillen zunächst Bilder von dem Gegenstande erzeugen, welche die Augenlinse aufnimmt und der Netzhaut übergibt. Kurzsichtige besitzen zu stark gekrümmte Linsen; die Lichtstrahlen vereinigen sich schon vor der Netzhaut zum Bilde, welches durch Zerstreuungslinsen zurückverlegt wird.

Bei weitsichtigen Augen entsteht das deutliche Bild erst hinter der Netzhaut; das Bild wird durch Sammellinsen weiter nach vorn auf die Netzhaut verlegt.

Jeder Lichteindruck von mäßiger Stärke hat eine gewisse Dauer. Währt der Lichteindruck zu kurz, so sieht das Auge den Gegenstand nicht oder unterliegt optischen Täuschungen. Schwingt man eine glühende Holzkohle schnell herum, so sieht man einen ununterbrochenen feurigen Kreis. Die Speichen eines sehr schnell gedrehten Rades erscheinen als Scheibe. Auf der schnell gedrehten Farbenscheibe kann man die einzelnen Farben nicht mehr erkennen, man sieht ihre Mischfarbe oder weiß. Nachempfindung, Kinematograph, Thaumatrop, stroboskopische Scheiben.

Von anderen optischen Täuschungen kann man sich leicht ein Bild machen. So erscheint z. B. eine geteilte Gerade länger als eine ungeteilte. Parallele Gerade erscheinen schief, wenn sie vielfach schief durchstrichen werden. Ein heller Gegenstand sieht auf dunklem Grunde vergrößert, ein gleich großer Gegenstand auf hellem Grunde verkleinert aus.

II. Chemie.

56. Chemische Grundbegriffe.

Unterschied zwischen Physik und Chemie. Während die Physik sich mit den vorübergehenden Zustandsänderungen der Körper befaßt, behandelt die Chemie ihre dauernden oder stofflichen Veränderungen.

Schwefel wird durch Reiben mit Wolle elektrisch, d. h. befähigt, kleine Papierschnitzel anzuziehen. Läßt man den elektrischen Strom durch eine Glühbirne fließen, so erglüht sie. Beide Erscheinungen gehören zum Gebiete der Physik, denn sie zeigen sich nur, solange die Ursache ihrer Veränderung (Reiben bzw. Durchfließen des Stromes) dauert.

Erhitzt man dagegen den Schwefel an der Luft, so entzündet er sich und verbrennt mit blauer Flamme zu einem neuen Körper mit neuen Eigenschaften, von welchen der stechende Geruch sofort bemerkbar wird. Auch das Magnesiumband verbrennt, angezündet an der Luft, mit glänzendem Licht zu einem weißen Pulver. In dem Verbrennen des Schwefels und des Magnesiums haben wir es mit chemischen Vorgängen zu tun, bei welchen der Körper dauernd oder stofflich verändert wird.

In vielen Fällen bedarf es der Zufuhr von Energie (z. B. Temperatur, Licht, Druck, Elektrizität usw.), um chemische Vorgänge auszulösen. So erhält man durch bloßes Mischen von Eisenpulver und Schwefel nur ein mechanisches Gemenge, in welchem man mit dem bloßen Auge Eisen und Schwefel nebeneinander erkennt. Durch Schlämmen mit Wasser oder mit Hilfe des Magneten kann man Eisen vom Schwefel wieder vollständig trennen. Erhitzen wir aber die Mischung von Schwefel und Eisen in einem Probierröhrchen an einer Stelle, so erglüht diese plötzlich, und das Erglühen setzt sich ohne weiteres Erhitzen durch die ganze Masse fort. Nach dem Erkalten können wir in dem neuen schwarzen Körper selbst unter dem Mikroskop weder Schwefel noch Eisen erkennen, auch läßt sich der Schwefel durch die obenerwähnten Mittel nicht mehr vom Eisen befreien; es ist unter dem Einfluß des Erhitzens eine chemische Verbindung, Schwefeleisen, entstanden, die nur auf chemischem Wege wieder in Schwefel und Eisen zersetzt werden kann. Die Ursache der Kraft, welche die Vereinigung der Elemente zu Verbindungen bewirkt, nennt man chemische Verwandtschaft.

Zusammengesetzte und einfache Stoffe. Alle in der Natur vorkommenden Stoffe kann man in zusammengesetzte und einfache einteilen. Die ersteren, **Verbindungen** genannt, setzen sich aus einfachen Stoffen zusammen und können in diese zerlegt werden. Solche Körper, die man auf chemischem Wege nicht ohne weiteres zerlegen kann, nennt man **einfache Stoffe, Grundstoffe oder Elemente.**

Molekül und Atom. Die Teilbarkeit des Stoffes geht außerordentlich weit. Wird eine Flasche, welche stark riechende Stoffe, z. B. Schwefelwasserstoffwasser, enthält, nur kurze Zeit im Zimmer geöffnet, so ist sein übler Geruch bald überall wahrzunehmen; eine empfindliche Wage zeigt dagegen kaum einen Gewichtsverlust der Flasche an.

Durch Zerstoßen eines Stückchens Eis erhält man sehr kleine Körnchen, die unter dem Mikroskop wie grobe Körper erscheinen. Beim Erwärmen zerfließt ein solches Eiskörnchen zu einem Tröpfchen Wasser, welches, weiter erwärmt, in Wasserdampf übergeht. Durch diesen Vorgang ist das Eiskörnchen schon mindestens auf das 1700fache ausgedehnt, und durch weiteres Erhitzen können wir die kleine Menge Wasserdampf noch mehr zerteilen. Schließlich aber gibt es eine Grenze, über welche hinaus eine weitere Zerteilung des Wasserdampfes **ohne chemische Zersetzung** nicht möglich ist. Diese kleinsten Teilchen einer Verbindung oder eines Elementes nennt man **Moleküle.** Die Moleküle einer Verbindung sind gleich groß und schwer und besitzen gleiche Eigenschaften.

Ein Hauptgesetz der Chemie lehrt uns, daß sich das Molekül einer Verbindung durch Vereinigung der kleinsten Teile der Elemente im Verhältnis ihrer Verbindungsgewichte bildet. Diese chemisch nicht ohne weiteres zerlegbaren kleinsten Teile eines Elementes nennt man **Atome.** Das Molekül Quecksilberoxyd setzt sich aus einem Atom Quecksilber und einem Atom Sauerstoff, das Molekül Sauerstoff aus den beiden gleichartigen Atomen Sauerstoff zusammen.

Die einfachen Körper (Elemente) sind demnach solche, bei denen die Moleküle aus untereinander gleichen Atomen, die zusammengesetzten Körper solche, bei denen die Moleküle aus untereinander verschiedenen Atomen bestehen. Die Atome desselben Elementes sind gleich groß und gleich schwer. Die Atome der verschiedenen Elemente besitzen aber verschiedene Eigenschaften, Größe und Gewicht. Das Verhältnis zwischen den Gewichten verschiedener Atome wird durch die **Atomgewichte** der Elemente ausgedrückt, wobei man das Gewicht von einem Atom Wasserstoff = 1 setzt. So ist das Gewicht eines Atoms Sauerstoff 16 mal so groß und das eines Atoms Stickstoff 14 mal so groß als das eines Atoms Wasserstoff.

Nach dem heutigen Standpunkt der Wissenschaft stellt das Atom in etwa ein Sonnensystem im Kleinen dar: Um einen positiv geladenen Kern, der Masse besitzt, kreisen negativ geladene massenlose Elektronen. Man nimmt an, daß die Atome je eine positive Kernladung haben, nach der sich die Anzahl der schalenförmig um den Kern angeordneten negativen Elektronen richtet. Das Kohlenstoffatom besitzt z. B. in seinem Kern sechs positive Ladungen; danach hat es auch sechs Elektronen und die Ordnungszahl 6, und Kalium mit 19 Elektronen die Ordnungszahl 19. In der Reihe dieser Ordnungszahlen erscheinen nach einer bestimmten Zahl von Elementen immer wieder ähnlich gebaute, die auch in ihren Eigenschaften mehr oder minder gut übereinstimmen.

Im Interesse einer größeren Übersichtlichkeit und zur Ersparung von Zeit und Raum schreibt man die Elemente nicht mit ihren vollen Namen, sondern mit leicht verständlichen Zeichen. Man wählte dazu die Anfangsbuchstaben ihrer lateinischen oder griechischen Namen und fügte da, wo zwei oder mehr Elemente mit demselben Buchstaben beginnen, noch einen zweiten, kennzeichnenden Buchstaben hinzu.

Die Zahl der jetzt bekannten Elemente beträgt etwa 90; die für uns wichtigsten sind mit ihren Zeichen und Atomgewichten in der folgenden Atomgewichtstabelle zusammengestellt:

Nichtmetalle:

Name	Zeichen	Atomgewicht	Name	Zeichen	Atomgewicht
Wasserstoff. . .	H	1	Silizium	Si	28,1
Kohlenstoff . .	C	12	Phosphor . . .	P	31
Stickstoff . . .	N	14	Schwefel	S	32
Sauerstoff . . .	O	16	Chlor	Cl	35,5

Metalle:

Name	Zeichen	Atomgewicht	Name	Zeichen	Atomgewicht
Natrium	Na	23	Zink.	Zn	65,4
Magnesium . .	Mg	24,3	Silber	Ag	107,9
Aluminium . .	Al	27	Zinn.	Sn	118,7
Kalium	K	39,1	Barium	Ba	137,4
Kalzium	Ca	40	Platin	Pt	195,2
Eisen	Fe	55,8	Gold	Au	197,2
Nickel	Ni	58,7	Quecksilber . .	Hg	200,6
Kupfer	Cu	63,6	Blei	Pb	207,2

Die folgende Zahlenreihe gewährt einen Überblick über die Verteilung der wichtigeren chemischen Elemente in Hundertteilen bis zu einer Teufe von 10 km:

$$
\begin{array}{llll}
O_2 = 47,2 & Mg = 2,5 & P = 0,09 & Cu = 0,002 \\
Si = 28,0 & K = 2,5 & Mn = 0,08 & Zn = 0,0001 \\
Al = 8,0 & Na = 2,5 & Ba = 0,03 & Ag = 0,000\,001 \\
Fe = 4,5 & C = 0,22 & Cl = 0,03 & Au = 0,000\,0001 \\
Ca = 3,5 & H_2 = 0,17 & Ni = 0,02 &
\end{array}
$$

Chemische Formeln und Gleichungen. Um die qualitative und quantitative Zusammensetzung einer Verbindung anzugeben, schreibt man die Zeichen der Elemente nebeneinander und setzt die Faktoren hinzu, mit denen das Atomgewicht eines jeden zu multiplizieren ist. Die Formel HgO drückt aus, daß

1. Quecksilberoxyd aus Quecksilber und Sauerstoff besteht;

2. sich ein Atom Quecksilber mit einem Atom Sauerstoff zu einem Molekül Quecksilberoxyd verbunden hat;

3. in 216,6 Gewichtsteilen Quecksilberoxyd 200,6 Gewichtsteile Quecksilber und 16 Gewichtsteile Sauerstoff enthalten sind und

4. $\dfrac{200,6 \times 100}{216,6} = 92,6\%$ Quecksilber

$\dfrac{16 \times 100}{216,6} = 7,4\%$ Sauerstoff darin sind.

Aus der Elektrolyse des Wassers folgt, daß das Molekül Wasser aus zwei

Atomen Wasserstoff und einem Atom Sauerstoff zusammengesetzt ist; daher hat Wasser die Formel H_2O.

Mit Hilfe dieser Zeichen kann man auch chemische Vorgänge in Gestalt von Gleichungen schreiben, wobei die auf beiden Seiten der chemischen Gleichung stehenden Gewichte übereinstimmen müssen.

$$2\,H + O = H_2O; \qquad Fe + S = FeS;$$
$$2\ \ + 16 = 18. \qquad 55{,}8 + 32 = 87{,}8.$$

$$HgO = Hg + O;$$
$$216{,}6 = 200{,}6 + 16.$$

Da die Elemente im Atomzustande wenig beständig sind, so vereinigen sie sich unmittelbar nach ihrem Freiwerden aus der Verbindung zu Molekülen, z. B. $2\,H = H_2$; $2\,O = O_2$.

Desgleichen werden die Moleküle der Elemente vor ihrer Vereinigung zu Verbindungen in die Atome gespalten; dazu ist chemische Energie erforderlich. Man nennt den künstlichen Aufbau von Elementen zu chemischen Verbindungen Synthese und die Zerlegung von Stoffen in die Bestandteile zur Ermittlung ihrer Zusammensetzung chemische Analyse.

Wertigkeit der Elemente. Die Tatsache, daß ein Atom Sauerstoff sich mit zwei Atomen Wasserstoff zu Wasser vereinigt, erklärt man mit der Annahme der Wertigkeit der Elemente. Sauerstoff ist also zweiwertig, da er zwei Atome Wasserstoff bindet oder sättigt. Nimmt man die Bindungsfähigkeit des Wasserstoffs als Einheit, dann sind:

Chlor, Natrium, Kalium, Silber **einwertig**;

Sauerstoff, Schwefel, Magnesium, Kalzium, Barium, Nickel, Kupfer, Zink, Quecksilber, Blei **zweiwertig**;

Stickstoff, Phosphor, Aluminium, Eisen, Gold **dreiwertig**;

Kohlenstoff, Silizium, Zinn, Platin **vierwertig**.

Für viele der übrigen Elemente, z. B. Sauerstoff, ist ihre Wertigkeit **veränderlich**. So gibt es fünf Stickoxyde: N_2O_5, N_2O_3, NO_2, NO und N_2O.

Stets aber vereinigen sich die Elemente im Verhältnis ihrer Atomgewichte oder einfacher Multiplen.

G. Metalloide.

57. Sauerstoff (O = 16).

Vorkommen. Der Sauerstoff ist das verbreitetste Element auf der Erde, fast die Hälfte der Erdrinde besteht aus ihm. Im freien Zustande findet er sich in der Luft, im gebundenen Zustande im Wasser, in mineralischen und organischen Körpern.

Darstellung. 1. Durch Erhitzen von rotem Quecksilberoxyd, einer Verbindung von Quecksilber mit Sauerstoff (Abb. 106). Hierbei zersetzt sich das feste Oxyd in flüssiges Quecksilber und gasförmigen Sauerstoff. $HgO = Hg + O$.

2. Durch **Erhitzen** von Kaliumchlorat; dieses zersetzt sich vollständig in festes Chlorkalium und Sauerstoff. $KClO_3 = KCl + 3\,O$.

3. Durch **Elektrolyse** von mit Schwefelsäure angesäuertem Wasser, welches dabei in Sauerstoff und Wasserstoff zerfällt (Abb. 109).

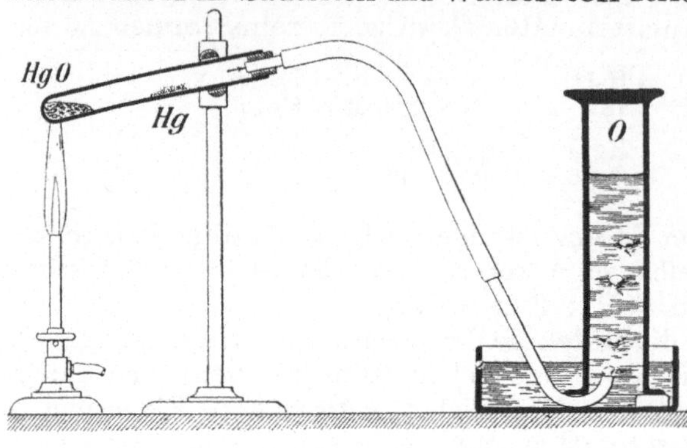

Abb. 106.

4. Aus flüssiger Luft; man läßt sie teilweise wieder verdampfen, wobei eine stark sauerstoffhaltige Flüssigkeit hinterbleibt, da der flüssige Stickstoff wegen seines niederen Siedepunktes schneller verdampft.

Eigenschaften. Sauerstoff ist ein farb-, geruch- und geschmackloses Gas. Sein spez. Gewicht beträgt 1,106 (Luft = 1); 1 cbm Sauerstoff wiegt 1,43 kg (0°, 760 mm).

Der Sauerstoff vereinigt sich mit den meisten Elementen direkt; die Verbrennung brennbarer Stoffe an der Luft beruht auf ihrer Vereinigung mit Sauerstoff. In reinem Sauerstoff verbrennen alle Stoffe viel lebhafter. Ein glimmender Span und glühende Holzkohle werden in Sauerstoff sofort zu heller Flamme entfacht und brennen mit hellem Licht. Schwefel verbrennt in Sauerstoff mit schön blauer Flamme, Phosphor mit blendend weißem Licht. Sogar Eisen und andere Metalle verbrennen in ihm mit hellem Licht unter Funkensprühen.

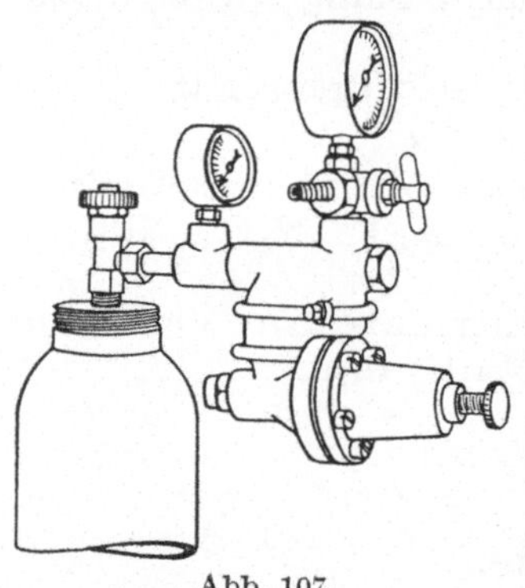

Abb. 107.

Anwendung. Der Sauerstoff wird in stählerne Flaschen gepumpt und kommt so unter einem Druck von 120—150 Atm. in den Handel. Er wird zu Sauerstoffgebläsen und zur Atmung (Selbstretter, Dräger Apparat) benutzt.

Außer seiner wichtigen Anwendung in der autogenen Metallschweiß- und -schneidetechnik (vgl. S. 95) dient der Sauerstoff in größerem Umfange zu synthetischen Zwecken, z. B. der Gewinnung von Salpetersäure durch Verbrennen von Luft.

Die Stahlflaschen sind zur Regelung der Gaszufuhr mit Reduzierventilen ausgerüstet. Abb. 107 zeigt eine solche Stahlflasche mit dem Flaschenventil, an dessen Seitenzapfen das Reduzierventil (Dräger) mit Hilfe einer Überwurfmutter befestigt ist. Das kleine Manometer nächst dem Flaschenventil zeigt den Druck und dadurch den Gasinhalt der Flasche an, während das größere Manometer den Druck angibt, mit welchem das Gas aus dem Reduzierventil austritt. Der gewünschte

Druck wird durch die Stellvorrichtung (Regelschraube) rechts eingestellt; ihr gegenüber befindet sich noch eine Schraube, mit welcher der Gasstrom eingestellt werden kann.

Aufgabe: Wieviel Sauerstoff kann man aus 35 g Quecksilberoxyd durch Erhitzen darstellen?

$$HgO : O = 35 : x.$$

$$x = \frac{16 \times 35}{216,6} = 2,59 \text{ g}.$$

58. Verbrennung.

Die chemische Vereinigung der Körper unter Licht- und Wärmeentwicklung mit dem Sauerstoff der Luft nennt man Verbrennung. Zu einer Verbrennung ist ein brennbarer Stoff und Luft erforderlich. So verbrennen Schwefel, Magnesium und Kohlenstoff beim Erhitzen an der Luft, indem sie sich mit ihrem Sauerstoff zu Oxyden vereinigen:

$$S + 2\,O = SO_2 \text{ (Schwefeldioxyd),}$$
$$Mg + O = MgO \text{ (Magnesiumoxyd),}$$
$$C + 2\,O = CO_2 \text{ (Kohlendioxyd).}$$

Aus dem Umstand, daß diese Elemente in reinem Sauerstoff viel lebhafter verbrennen, und daß eine brennende Kerze in einem abgeschlossenen Gefäß bald erlischt, erkennen wir, daß der Sauerstoff die Verbrennung bewirkt.

Eine Kerze wird beim Verbrennen immer kleiner, bis sie schließlich fast restlos verschwindet. Die Verbrennung erscheint daher zunächst als ein Vorgang, der zu einer Vernichtung des Stoffes führt. In Wirklichkeit aber nimmt der verbrennende Körper an Gewicht zu, und zwar um so viel, als er Sauerstoff zum Verbrennen aufnimmt. Der Nachweis der Gewichtszunahme beim Verbrennen läßt sich leicht erbringen, wenn man die gasförmigen Verbrennungsprodukte der Kerze — Wasser und Kohlensäure — in dem durch Abb. 108 veranschaulichten Versuch auffängt. Die Kerze steht auf dem Rahmen eines Lampenzylinders, dessen obere Hälfte Ätznatron enthält. Die ganze Vorrichtung befindet sich auf einer empfindlichen Wage im Gleichgewicht. Entzündet man die Kerze, so werden die gasförmigen Stoffe der Verbrennung vom Ätznatron aufgenommen, wodurch dieses schwerer wird und sinkt.

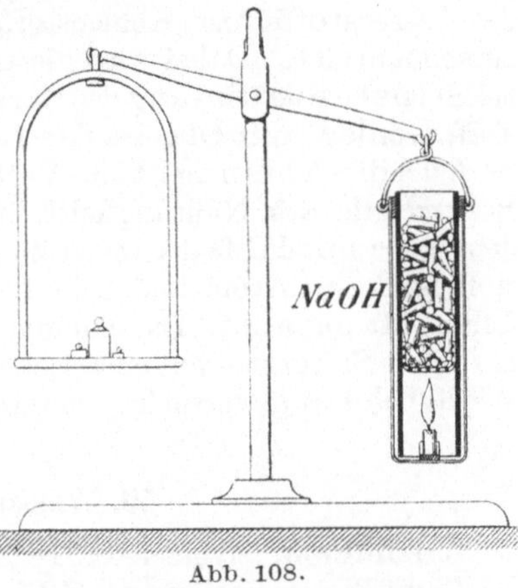

Abb. 108.

Die durch Verbrennen einer gleichen Menge eines brennbaren Körpers erzeugte Wärme ist gleich groß, wenn man ihn an der Luft oder wenn man ihn im reinen Sauerstoff verbrennt. Beim Verbrennen des Körpers an der Luft ist die Einwirkung des Sauerstoffs viel geringer, weil er durch eine große Menge Stickstoff verdünnt ist. Der Stickstoff wird natürlich beim Verbrennen erhitzt; die dazu erforderliche Wärme wird der Verbrennungswärme des verbrennenden Körpers entzogen. Deshalb muß auch die Verbrennungstemperatur in Luft viel geringer als in Sauerstoff sein.

Geschieht die Vereinigung eines Körpers mit Sauerstoff nicht unter Feuererscheinung, so bezeichnen wir den Vorgang als langsame Verbrennung. Das Rosten des Eisens, das Verwesen von Pflanzen und Tieren sind langsame Verbrennungen, bei welchen dieselbe Wärmemenge wie bei der eigentlichen Verbrennung erzeugt wird, ohne daß eine merkliche Temperaturerhöhung festzustellen ist, da die Verbrennung sehr langsam vor sich geht.

Solche Körper des Pflanzen- und Tierreiches, die vornehmlich aus Kohlenstoff, Wasserstoff und Sauerstoff bestehen, sind auch ohne äußere Luftzufuhr langsamer Oxydation ausgesetzt. Bei den Vorgängen der Inkohlung und Fäulnis, die zur Bildung von Kohlenflözen führen, ist die atmosphärische Luft von den in Zersetzung begriffenen organischen Stoffen infolge Bedeckung mit Wasser oder Erde abgeschlossen. Statt dessen bewirkt der Sauerstoff der organischen Stoffe selbst, daß ein Teil des Wasserstoffs bzw. Kohlenstoffs mit ihm zu Wasser bzw. Kohlensäure zusammentritt. Dabei wird die erzeugte Wärme unter Umständen bis zur Selbstentzündung der Körper gesteigert (feuchtes Heu und Stroh, Torf, Kohlen, mit Öl getränkte Lappen und Werg).

Auch die Atmung ist eine Verbrennung, bei welcher die ausgesuchten Bestandteile der Nahrungsmittel durch den Sauerstoff der Luft, welche dem Blute mit Hilfe der Lunge zugeführt wird, verbrennen. Ohne Sauerstoff ist kein Atem und kein Leben möglich; er wurde daher früher Lebensluft genannt. Die Atmung der Menschen und Tiere vollzieht sich in reinem Sauerstoffgas energischer als in der Luft. Deshalb nimmt man Wiederbelebungsversuche mit reinem Sauerstoff vor.

59. Wasserstoff $(H = 1)$.

Vorkommen. Wasserstoff ist in der Welt sehr verbreitet; er ist in der Umhüllung der Sonne und Fixsterne enthalten. Bläser aus Kalisalzgruben bestehen bisweilen aus fast reinem Wasserstoff, die Bläser der Kohlengruben sind fast frei davon. Die hier und da in Wettern von Kohlengruben nachgewiesenen geringfügigen Mengen von Wasserstoff entstammen oft der Einwirkung von sauren Grubenwässern auf eiserne Schienen und Lutten.

Wegen seiner großen Verwandtschaft zum Sauerstoff findet sich die Hauptmenge des auf der Erde vorkommenden Wasserstoffs im gebundenen Zustande als Wasser (Meere, Flüsse usw.). Die tierischen und pflanzlichen Stoffe besitzen Wasserstoff als wesentliche Bestandteile. Auch in vielen Mineralien ist Wasserstoff im gebundenen Zustande enthalten.

Darstellung. 1. Durch Einwirkung von metallischem Kalium und Natrium auf Wasser wird Wasserstoff frei; die dabei erzeugte Wärme ist so groß, daß sich der Wasserstoff entzündet und mit dem Sauerstoff der Luft verbrennt.

$$K + H_2O = H + KOH \text{ (Ätzkali)},$$
$$Na + H_2O = H + NaOH \text{ (Ätznatron)}.$$

Die Einwirkung des Kalziums verläuft schon träger; viele schwere Metalle, z. B. Eisen, zersetzen Wasserdampf bei Rotglut unter Bildung von Oxyden und Wasserstoff. Auch durch Leiten von Wasserdampf über glühenden Kohlenstoff wird Wasserstoff gewonnen (S. 112).

2. Aus dem mit Schwefelsäure angesäuerten Wasser durch Elektrolyse; am negativen Pol entwickelt sich doppelt soviel Wasserstoff wie am positiven Pol Sauerstoff (Abb. 109). Mit Hilfe der Elektrolyse wird Wasserstoff technisch dargestellt.

3. Aus Säuren, das sind Wasserstoffverbindungen, deren Wasserstoff bei der Einwirkung auf Metalle durch diese ersetzt wird. Im Kippschen Apparat (Abb. 110a) läßt sich diese Zersetzung bequem und gefahrlos vornehmen.

$$Fe + H_2SO_4 = H_2 + FeSO_4 \text{ (schwefelsaures Eisen)},$$
$$Zn + 2\,HCl = H_2 + ZnCl_2 \text{ (Chlorzink)}.$$

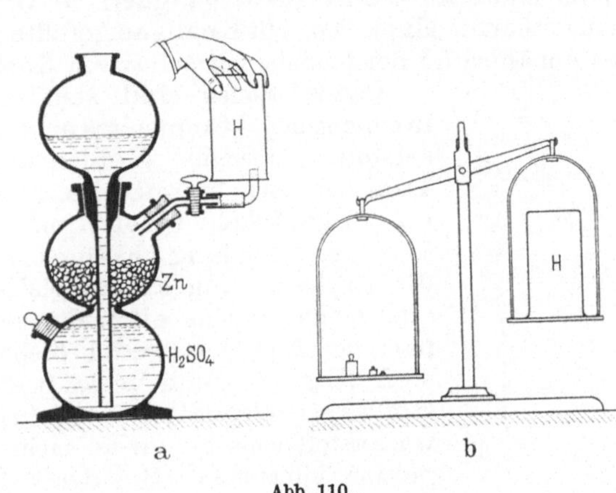

Abb. 109.   Abb. 110.

Eigenschaften. Wasserstoff ist ein farb-, geruch- und geschmackloses Gas, das leichteste aller Elemente. Wasserstoff ist $14\frac{1}{2}$ mal leichter als die atmosphärische Luft; sein spez. Gewicht beträgt 0,0695 (Luft = 1). 1 cbm Wasserstoff wiegt 0,0899 kg.

Das Füllen, Wägen (Abb. 110a und b) und Umfüllen von Gefäßen mit Wasserstoff muß wegen seiner großen Leichtigkeit derart geschehen, daß man das anzufüllende Gefäß mit der Öffnung nach unten hält (Abb. 111). Aus einem aufrechtstehenden, offenen Gefäß entweicht der Wasserstoff sofort. Ein mit Wasserstoff gefüllter Kautschukballon ist leichter als die verdrängte Luft und steigt demnach in die Höhe. Wasserstoff ist nicht giftig, vermag aber die Atmung nicht zu unterhalten. Auch die Verbrennung unterhält der Wasserstoff nicht, obwohl er selbst brennt (Abb. 112). Die brennende Kerze erlischt in ihm, während der Wasserstoff selbst aus dem Gefäß heraus brennt. Die Wasserstoffflamme ist kaum sichtbar, schwach blau und sehr heiß.

In Gegenwart von Katalysatoren, wie z. B. Platinmohr geht die Verbrennung des Wasserstoffs mit dem Sauerstoff der Luft schon bei verhältnismäßig niedrigen Temperaturen vor sich. Unter Katalysatoren versteht man Stoffe, die einen chemischen Vorgang beschleunigen oder auch hemmen, ohne jedoch an dem Aufbau der Erzeugnisse der Endreaktion teilzunehmen.

Abb. 111.

Führt man eine Glasröhre vorsichtig über eine Wasserstoffflamme, so fängt sie an zu singen.

Wasserstoff verbrennt mit Sauerstoff zu Wasser. 1 kg Wasserstoff liefert beim Verbrennen 33910 WE; wenn jedoch das dabei entstehende Wasser in Dampfform vorliegt, nur 28570 WE. Bei der Verbrennung verbinden sich stets zwei Raumteile Wasserstoff mit einem Raumteil Sauerstoff zu Wasser: $2\,H_2 + O_2 = 2\,H_2O$.

Entzündet man die Mischung von zwei Raumteilen Wasserstoff und einem Raumteil Sauerstoff (Knallgas), so verbrennt der Wasserstoff unter scharfer Explosion. Mit Knallgas gefüllte Seifenblasen explodieren bei Annäherung der Flamme mit scharfem Knall.

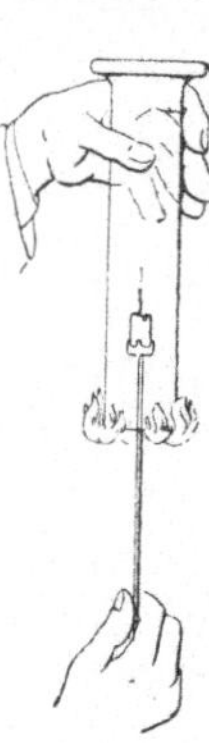

Abb. 112.

Gasexplosionen sind sehr schnell verlaufende Verbrennungen des Gemisches eines brennbaren Gases (Wasserstoff, Grubengas, Kohlenoxyd, Leuchtgas) oder des Dampfes einer brennbaren Flüssigkeit (Benzin, Alkohol, Schwefelkohlenstoff) mit Sauerstoff oder Luft. Durch eine Zündung (Flamme, elektrischer Funke) wird die Explosion eingeleitet; sie ist am heftigsten, wenn alles brennbare Gas allen Sauerstoff verbraucht, so daß nach der Explosion weder brennbares Gas noch Sauerstoff übrig ist. Auch verläuft die Explosion der Sauerstoffwasserstoffgemische viel heftiger als die der Luftwasserstoffgemische, weil mehr Raumteile an der Explosion teilnehmen. Bei der Explosion von Luftwasserstoffgemischen dagegen muß der Luftstickstoff mit auf die hohe Explosionstemperatur erhitzt werden. Nebenstehende Zahlentafel dient zur näheren Erläuterung.

Die mit der hohen Explosionstemperatur verbundene 10—15fache Ausdehnung der Gase während der Explosion bewirkt, daß die eigentliche Explosion (erster Schlag) vom Explosionsherd hinweggerichtet ist. Da nun der erzeugte Wasserdampf unmittelbar nach der Explosion sich zu flüssigem Wasser verdichtet, tritt eine Raumverminderung und damit ein Rückschlag (zweiter Schlag) ein, der naturgemäß zum Explosionsherd zurückgeht und stärker als der erste Schlag ist, weil er sich auf den luftverdünnten Raum bezieht.

Gemische von Raumteilen	$\dfrac{\begin{array}{c}30\,H_2\\15\,O_2\end{array}}{45}$	$\dfrac{\begin{array}{c}20\,H_2\\80\,Luft\end{array}}{100}$	$\dfrac{\begin{array}{c}30\,H_2\\70\,Luft\end{array}}{100}$	$\dfrac{\begin{array}{c}40\,H_2\\60\,Luft\end{array}}{100}$
An der Explosion nahmen teil . . . . . %	100	$\dfrac{\begin{array}{c}20\,H_2\\10\,O_2\end{array}}{30}$	$\dfrac{\begin{array}{c}30\,H_2\\15\,O_2\end{array}}{45}$	$\dfrac{\begin{array}{c}25{,}2\,H_2\\12{,}6\,O_2\end{array}}{37{,}8}$
An der Explosion nahmen nicht teil R. T.	0	$\dfrac{\begin{array}{c}6{,}8\,O_2\\63{,}2\,N_2\end{array}}{70{,}0}$	55 N_2	$\dfrac{\begin{array}{c}14{,}8\,H_2\\47{,}4\,N_2\end{array}}{62{,}2}$
Zusammensetzung der Nachschwaden . . %	—	$\dfrac{\begin{array}{c}9{,}7\,O_2\\90{,}3\,N_2\end{array}}{100{,}0}$	100 N_2	$\dfrac{\begin{array}{c}23{,}8\,H_2\\76{,}2\,N_2\end{array}}{100{,}0}$
Raumverminderung . %	100	30	45	37,8

Anwendung. 1. Wasserstoff dient zur Füllung von Ballonen; man erhält die Tragkraft eines Ballons, indem man seinen Rauminhalt in Kubikmetern mit $1{,}29 - 0{,}09 = 1{,}2$ kg multipliziert und davon das Gewicht des Ballons abzieht. Trotz seines geringeren Auftriebes ist das Edelgas Helium [He $= 4$, spez. Gew. $= 0{,}138\ (0°,\ 760\ \text{mm})$] das bessere

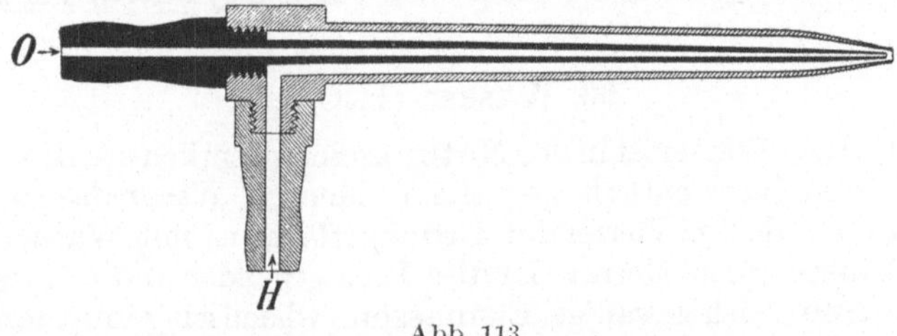

Abb. 113.

Ballonfüllgas, weil es unbrennbar ist. Es wird vornehmlich aus amerikanischen Erdgasquellen und Mineralien gewonnen und wird künftig neben Wasserstoff als Füllgas der Zeppeline benutzt.

2. In dem Danielschen Hahn (Abb. 113) läßt man durch den äußeren Brenner zunächst Wasserstoff strömen und entzündet ihn; öffnet man jetzt den Sauerstoffhahn, so entsteht ein Knallgasgebläse, in welchem man Platin, Quarz, Feldspat schmelzen, Metalle zerschneiden und verschweißen kann (autogenes Schweißen). Gebrannter Kalk wird im Knallgasgebläse glühend und strahlt ein blendend weißes Licht aus (Drummondsches Kalklicht).

Beim autogenen Schneiden wird zunächst durch die Wasserstoff-Sauerstoffflamme eine Stelle des Eisens glühend gemacht, gegen die man dann Sauerstoff unter 30 Atm. Druck strömen läßt. Das Eisen verbrennt unter diesen Bedingungen an der Oberfläche, während die darunter-liegenden Eisenteilchen infolge der hohen Verbrennungswärme des Eisens schmelzen. Durch Fortführen des Brenners auf einer durch Körnerpunkte bezeichneten Linie läßt sich das Eisen glatt und scharf durchschneiden (Abb. 114).

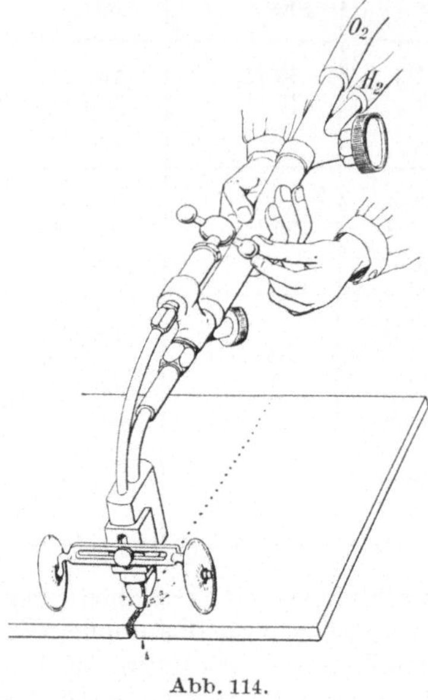

Abb. 114.

Beim autogenen Schweißen werden die Schweißenden mit Hilfe der heißen Flamme auf Schweißtemperatur erhitzt, bei Blechen bis zu 3 mm Dicke aneinandergedrückt und durch Bestreichen mit dem Brenner verbunden. Bleche von 3—8 mm Dicke werden an den zu verschweißenden Kanten abgeschrägt und diese zu einer Nute zusammengesetzt, welche mit geschmolzenem Schweißdraht angefüllt wird.

Mit Hilfe der Wasserstoff-Sauerstoffflamme erfolgt auch das Verbleien von eisernen Platten usw., sowie das Verschweißen von Blei zur Auskleidung von Sättigern der Ammoniakfabrik.

3. Die größte Menge des erzeugten Wasserstoffes wird heute zu synthetischen Zwecken (Ammoniak-, Salzsäure-, Benzinsynthese) verwandt.

60. Wasser (H_2O).

Vorkommen. Wasser ist in der Natur außerordentlich stark verbreitet. Unsere Atmosphäre enthält gewaltige Mengen Wasserdampf (Nebel, Wolken), mehr als drei Viertel der Erdoberfläche ist mit Wasser bedeckt (Quellen, Flüsse, Seen, Meere). In den Polargegenden und auf den Hochgebirgen türmen sich gewaltige Eismassen. Chemisch gebunden kommt Wasser in allen tierischen und pflanzlichen Körpern und in vielen Mineralien vor.

Bildung. Wasser entsteht durch Verbrennung von Wasserstoff und wasserstoffhaltigen Körpern (Holz, Torf, Kohle, Erdöl, Benzol u. a.).

Eigenschaften. Reines Wasser ist geschmacklos, geruchlos und in dünneren Schichten farblos. Dicke Schichten von Wasser haben eine schön blaue Färbung (Alpenseen). Wasser von 4° (760 mm) hat man als Einheit der Dichte gewählt. Durch einen Druck von etwa 12000 Atm. läßt sich das Wasser auf $^4/_5$ seines Volumens zusammendrücken. Bei 1000° beginnt der Zerfall von Wasserdampf in Wasserstoff und Sauerstoff; dieser Vorgang ist bei 2500° noch nicht beendet.

Wasserdampf dringt in die feinsten Risse des Gesteins ein, verdichtet sich zu Wasser, und dieses dehnt sich beim Gefrieren um $^1/_{11}$ seines Volumens bei 0° aus; dadurch werden die Felsen schließlich auseinandergesprengt. Auch der Ackerboden wird durch das in ihm gefrorene Wasser aufgelockert und zerkleinert, so daß die in der Luft enthaltene Kohlensäure die Silikate zersetzen und in lösliche Verbindungen überführen kann (Verwitterung).

Das reinste in der Natur vorkommende Wasser ist das Regen- und Schneewasser.

Wasser, welches den Erdboden berührt hat, ist kein reines Wasser; es enthält stets gelöste Gase, Salze und andere Stoffe.

Die vom Wasser aufgenommene Luft enthält mehr Kohlensäure und Sauerstoff und weniger Stickstoff, als der Zusammensetzung der Luft entspricht. Diese Eigenschaft des Wassers ist für das Leben der im Wasser durch Kiemen atmenden Tiere sehr wichtig.

Nach der verschiedenen Beschaffenheit des Bodens ist auch die Zusammensetzung des Wassers verschieden, welches auf ihm gestanden hat. Vom geologisch alten Granit vermag Wasser nur wenig aufzulösen, während es in Berührung mit mittleren und jüngeren geologischen Formationen viel größere Mengen von Salzen löst. Die gelösten Salze gelangen durch die Quellen in die Bäche und Flüsse, von dort in das Meer, welches dadurch mit der Zeit salzreicher wird.

Die in Quell- und Brunnenwasser vorkommenden Salze sind leichter lösliche (Kochsalz $NaCl$, Glaubersalz Na_2SO_4, Soda Na_2CO_3, Chlorkalium KCl, Chlorkalzium $CaCl_2$, Chlormagnesium $MgCl_2$) und schwerer lösliche wie doppeltkohlensaurer Kalk $Ca(HCO_3)_2$, Gips $CaSO_4$ u. a.

Von der Art und Menge dieser Salze und organischen Stoffe hängt es ab, ob Quell- und Brunnenwasser als Trinkwasser zu benutzen ist. Durch einen gewissen Gehalt an Kohlensäure erhält es einen erfrischenden Geschmack. Die Reinigung des Wassers zu Trinkzwecken erfolgt durch Filtration mit Hilfe von Koks, Kies und Sand.

Bei der Erwärmung des Wassers und bei einer Verringerung des Druckes verliert der doppeltkohlensaure Kalk die Hälfte seiner Kohlensäure und schlägt sich als Einfachkarbonat, d. i. kohlensaurer Kalk nieder. In gleicher Weise zersetzen sich die doppeltkohlensauren Salze von Magnesium, Eisen und Mangan, so daß sich aus dem Kühlwasser in Oberflächenkondensatoren, in den Kühlräumen von Großgasmaschinen, Kompressoren, Pumpen, Rohrleitungen usw. der Wasserstein und aus dem Kesselspeisewasser der Kesselstein (S. 128) bildet.

In der Kohlenwäsche erfolgt die Reinigung der Kohle mit Hilfe von Wasser, in welchem die Berge (Sandstein, Schiefer, Schwefelkies) wegen ihres höheren spez. Gewichtes schneller als die leichteren Kohlen fallen, so daß diese davon getrennt werden können.

Hartes Wasser enthält viel Kalk und Magnesia gelöst und ist zum Waschen und Kochen ungeeignet. Diese Erdalkalien liegen teils als doppeltkohlensaure, teils als schwefelsaure Salze vor; erstere gehen beim Kochen in die neutralen Karbonate über und fallen aus, wodurch sie die vorübergehende Härte bedingen. Die Sulfate dagegen rufen die bleibende Härte des Wassers hervor. Bei Zusatz von Seife zu hartem Wasser bildet sich unlösliche Kalkseife. Erst wenn alle Kalk- und Magnesiasalze niedergeschlagen sind, schäumt das Wasser und reinigt die Wäsche. Man muß also zweckmäßig das Wasser vorher enthärten, was am einfachsten durch Zusatz bestimmter Salze wie Natriummetaphosphat geschieht. Dieses bildet mit den im Wasser vorhandenen löslichen Kalksalzen ein Kalziumphosphat, das sich im Überschuß des Metaphosphats wieder auflöst und nun nicht mehr mit kalkfällenden Mitteln (Seife) reagiert. Fügt man demnach zu einem so behandelten Wasser Seifenlösung hinzu, so schäumt sie sofort auf.

Im Meerwasser sind 3,5% Salze gelöst, an Kochsalz allein 2,7%, ferner Kalzium- und Magnesiumsalze, Brom- und Jodverbindungen und viele andere. Läßt man Meerwasser in warmen Gegenden in „Salzgärten" verdunsten, so kann das Kochsalz gewonnen werden. In den Steinsalzlagern ist die Salzabscheidung auch infolge Verdunstung des Meerwassers erfolgt. Meeresbecken wurden durch Hebung des Meerbodens in warmen, niederschlagsarmen Gegenden abgeschlossen und verloren im Laufe geologischer Zeiten nach und nach ihr Wasser. Der schwer lösliche Gips schied sich zuerst ab, dann folgte das Kochsalz, bis sich schließlich auch die leicht löslichen Salze unter Bildung von Doppelsalzen wie Schönit, Karnallit (Abraumsalze) absetzten. Mineralwasser nennt man Quellwasser, welches durch einen bestimmten Gehalt an Gasen oder Salzen gekennzeichnet ist. Säuerlinge enthalten viel Kohlensäure, Schwefelwässer Schwefelwasserstoff. Aus den kochsalzhaltigen Solwässern gewinnt man das Kochsalz, indem man seinen Gehalt zunächst konzentriert. Das geschieht in den Gradierwerken, hohen mit Dornenreisig gefüllten Gerüsten. Das Wasser wird auf die Gradierwerke gepumpt und fließt langsam durch die hohe Reisigschicht, wobei es allmählich verdunstet und kohlensauren Kalk, kohlensaure Magnesia und Gips als Dornstein abscheidet. Nach wiederholtem Durchgang ist der Kochsalzgehalt der Sole so hoch geworden, daß sich sein weiteres Konzentrieren in Dampfpfannen lohnt. Bitterwässer enthalten Magnesiumsalze und Stahlquellen Eisen. Aus dem hohen Kohlensäuregehalt mancher Quellen und der hohen Temperatur warmer Quellen (Thermen) kann man schließen, daß diese aus vulkanischen Vorgängen entstanden sind.

Aufgabe: Wieviel Wasser kann man mit 9 g Natrium zerlegen?

$$Na : H_2O = 9 : x$$

$$x = \frac{18 \times 9}{23} = 7{,}04 \text{ g}.$$

61. Oxydation und Reduktion.

Der Vorgang der Vereinigung des Sauerstoffes mit anderen Körpern wird Oxydation genannt. Bei jeder Oxydation findet eine Gewichtszunahme statt; die Körper, welche dabei entstehen, nennt man Oxyde.

Leitet man Luft oder reinen Sauerstoff über erhitztes rotes Kupfer, so wird es schwarz unter Bildung von Kupferoxyd.

$$Cu + O = CuO.$$

Daß jede Verbrennung, z. B. von Kohlenstoff, eine Oxydation ist, haben wir bereits gesehen.

$$C + O_2 = CO_2.$$

Außer dem freien Sauerstoff wird die Oxydation auch durch Sauerstoff abgebende Körper bewirkt, wie z. B. Salpetersäure (NHO_3), chlorsaures Kali ($KClO_3$). Gibt ein Körper Sauerstoff ab, so wird er selbst reduziert. Die Entziehung von Sauerstoff wird **Reduktion** genannt. Mit diesem Vorgang ist stets eine Gewichtsabnahme des Körpers verbunden, welcher reduziert wird. Leitet man Wasserstoff über erhitztes Kupferoxyd, so wird es zu rotem Kupfer reduziert,

$$CuO + H_2 = Cu + H_2O,$$

während der Wasserstoff selbst oxydiert wird. Abb. 115 stellt die Reduktion von Kupferoxyd dar, das in der Kugel eines schwer schmelzbaren Glasrohres erhitzt wird. Die zwischen Kippschem Apparat und Glasrohr befindliche Flasche ist mit konzentrierter Schwefelsäure beschickt und dient zum Waschen und Trocknen des Wasserstoffes, während das erzeugte Wasser in der Flasche rechts aufgefangen

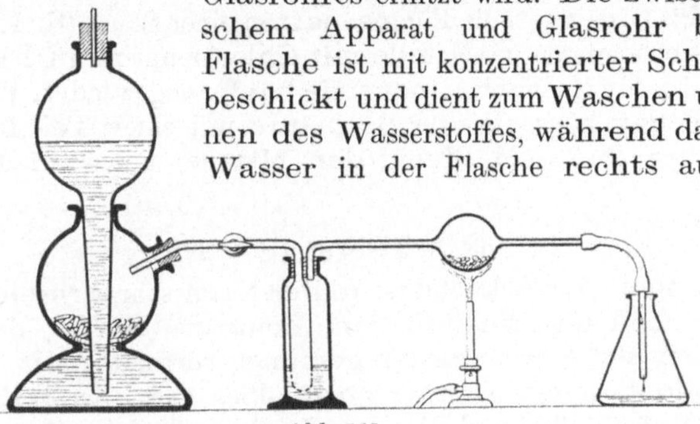

Abb. 115.

wird. Jede Reduktion ist also von einer Oxydation, jede Oxydation von einer Reduktion begleitet. Außer dem Wasserstoff wirken auch Wasserstoff abgebende Körper, z. B. Schwefelwasserstoff (H_2S), Grubengas (CH_4), Azetylen (C_2H_2), sowie Sauerstoff aufnehmende Körper, z. B. Kohlenstoff (Koks), Kohlenoxyd (CO) und schweflige Säure (SO_2), reduzierend.

Hochofen- und Bleikammerprozeß sind technische Verfahren, welche auf Reduktion und Oxydation in großem Umfange beruhen.

62. Chlor (Cl = 35,5).

Vorkommen. Chlor kommt im freien Zustande in der Natur nicht vor. In Verbindung mit Natrium ist es sehr verbreitet als Chlornatrium (Steinsalz, Kochsalz); ferner als Chlorkalium u. a.

Darstellung. Chlor wird technisch durch Elektrolyse von Chlorkalium in wäßriger Lösung gewonnen.

Eigenschaften. Das Chlor ist ein gelblichgrünes Gas von unangenehmem, erstickendem Geruch. Sein spez. Gewicht ist 2,49 (Luft = 1). Chlor läßt sich leicht zu einer dunkelgelben Flüssigkeit verdichten, die in Stahlflaschen in den Handel gebracht wird. Chlor ist in Wasser leicht löslich (Chlorwasser). Organische Stoffe werden von Chlor zerstört, organische Farbstoffe bei Gegenwart von Wasser gebleicht, oxydiert. Diese Wirkung des Chlors beruht darauf, daß es das Wasser unter Einwirkung des Sonnenlichtes zersetzt, so daß Sauerstoff frei wird.

7*

$$H_2O + Cl_2 = 2\,HCl + O.$$

Chlor ist deshalb ein kräftiges Oxydationsmittel.

Salzsäure (HCl).

Läßt man das Sonnenlicht auf ein Gemenge von gleichen Raumteilen
Chlor und Wasserstoff einwirken, so erfolgt ihre Vereinigung unter
Explosion zu Salzsäure.

$$Cl_2 + H_2 = 2\,HCl.$$

Salzsäure wird durch Destillation von Kochsalz und Schwefelsäure
gewonnen.

$$2\,NaCl + H_2SO_4 = Na_2SO_4 + 2\,HCl.$$

Die Salzsäure zeigt alle Eigenschaften einer Säure (S. 121).

Die Verbindungen der Metalle mit Chlor nennt man Chloride. Salzsäure wird in der chemischen Industrie häufig angewendet. Eine Mischung
von drei Teilen konzentrierter Salzsäure mit einem Teil konzentrierter
Salpetersäure löst Gold (König der Metalle) und wird Königswasser
genannt.

63. Schwefel (S = 32).

Vorkommen. Der Schwefel ist in der Natur sehr verbreitet, vor allem
in vulkanischen Gegenden (Sizilien, Louisiana, Mexiko, Japan), wo er
sich gediegen, mit erdigen Massen gemengt, vorfindet. Mit Metallen verbunden, bildet er die Kiese (Schwefelkies FeS_2, Kupferkies $CuFeS$),
Glanze (Bleiglanz PbS) und Blenden (Zinkblende ZnS). Auch mit Sauerstoff und Metallen kommt er als Sulfat vor, z. B. als Gips ($CaSO_4$). Im
Tier- und Pflanzenkörper ist organischer Schwefel enthalten und somit
auch in der Steinkohle.

Gewinnung. Schwefel wird durch Schmelzen mit Hilfe von Wasserdampf von 3—4 Atm. Druck von den erdigen Beimengungen befreit und
zur weiteren Reinigung aus gußeisernen Kesseln destilliert.

In Louisiana (Amerika) ist das Vorkommen so mächtig — in 150
bis 240 m Teufe 60—100 m starke Schichten mit schwefeldurchsetztem
Kalkstein abwechselnd — daß man den Schwefel mittels Schachtförderung hereingewinnen könnte, wenn überlagernde Schwimmsande
das nicht verhinderten. Durch drei ineinander gesteckte Rohre, die bis
in das Schwefellager führen, läßt sich der Schwefel ganz rein fördern.
Durch den Zwischenraum des äußeren und mittleren Rohres wird über-
hitztes Wasser (160°) gedrückt, welches unten seitlich austritt und den
Schwefel ausschmilzt. Dieser sammelt sich an der Rohrmündung, von
wo er durch heiße Luft von 28 Atm. Druck, die durch das innere Rohr
gepreßt wird, zwischen dem mittleren und inneren Rohr zutage gedrückt
und hier in gewaltigen Holzkästen zum Erkalten aufgefangen wird.

Große Mengen von Schwefel stehen uns in Deutschland im schwefelsauren Kalzium (Gips) zur Verfügung. Er kommt als Stangenschwefel,
Schwefelblume oder Schwefelblüte und als Schwefelfaden in den Handel.

Eigenschaften. Schwefel ist bei gewöhnlicher Temperatur ein sprö-
der, gelber Körper, der durch Reiben stark elektrisch wird. Auf —50°
abgekühlt, wird der Schwefel fast farblos. Bei 114° schmilzt er zu einer

gelben, dünnen Flüssigkeit, welche bei stärkerem Erhitzen sich dunkler
färbt und so zähe wird, daß man sie nicht ausgießen kann. Über 250°
erhitzt, wird der Schwefel wieder leichter beweglich, bis er bei 445°
siedet. Gießt man bis nahe an seinen Siedepunkt erhitzten Schwefel in
kaltes Wasser, so wird er nicht sofort fest, sondern verwandelt sich in
eine durchsichtige, braune, knetbare Masse, die allmählich wieder hart
wird. Der Schwefel tritt in mehreren, physikalisch verschiedenen Formen
auf. An der Luft verbrennt der Schwefel mit blauer, leuchtloser Flamme
zu schwefliger Säure.

$$S + O_2 = SO_2.$$

Anwendung. In der Medizin findet Schwefel in Form von Schwefel-
milch und Schwefelblumen Verwendung; ferner zur Beseitigung von
Pflanzenkrankheiten, in der Technik zur Darstellung von Schwefelsäure,
Schwarzpulver, Zündhölzchen und zum Vulkanisieren des Kautschuks,
der dadurch seine Sprödigkeit und Klebrigkeit verliert.

Schwefelwasserstoff (H_2S).

Vorkommen. Schwefelwasserstoff bildet sich bei der trocknen Destillation und Fäulnis organischer, schwefelhaltiger Stoffe und kommt deshalb in Destillationsgasen und Senkgruben vor. In den Kohlengruben
wird Schwefelwasserstoff hier und da im „Alten Mann" vorgefunden.
Da er vom Wasser begierig aufgenommen wird (Schwefelwasserstoffwasser), so enthalten Wasseransammlungen oft größere Mengen von
Schwefelwasserstoff. Beim Abzapfen des Wassers ist deshalb Vorsicht
geboten. In den Kaligruben trifft man Schwefelwasserstoff häufiger und
in größeren Mengen an. Schwefelwasserstoff ist auch in Schwefelwässern
enthalten.

Darstellung. Schwefelwasserstoff wird bei der Einwirkung von verdünnter Schwefelsäure oder Salzsäure auf Schwefeleisen erhalten.

$$FeS + H_2SO_4 = FeSO_4 + H_2S.$$
$$FeS + 2\,HCl = FeCl_2 + H_2S.$$

Eigenschaften. Der Schwefelwasserstoff ist ein farbloses, höchst
unangenehm nach faulen Eiern riechendes Gas, welches sehr giftig,
aber nicht so gefährlich wie Kohlenoxyd ist, da der widerliche Geruch
seine Anwesenheit auch in ganz geringen Menge verrät. Das spez. Gewicht des Schwefelwasserstoffes beträgt 1,19 (Luft = 1); 1 cbm wiegt
1,539 kg. Wasser löst bei gewöhnlicher Temperatur ungefähr das Drei-
fache seines Volumens. An der Luft verbrennt Schwefelwasserstoff mit
blaßblauer Flamme. $H_2S + 3\,O = SO_2 + H_2O.$
Hält man eine kalte Porzellanplatte in die Flamme, so scheidet sich
gelber Schwefel ab:

$$H_2S + O = S + H_2O.$$

Nachweis. Auch bei starker Verdünnung läßt sich Schwefelwasserstoff am Geruch erkennen. Mit Bleilösung getränktes Filtrierpapier
(Bleipapier) wird auch in kurzer Zeit von Schwefelwasserstoff geschwärzt,
wenn nur 0,003% davon in den Wettern vorhanden sind.

Anwendung. Schwefelwasserstoff findet im chemischen Laboratorium eine ausgedehnte Anwendung, da er viele Metalle aus den Salz-

lösungen als Schwefelmetalle niederschlägt und ihren Nachweis erleichtert.

Aufgabe: Wieviel Liter Schwefelwasserstoff erhält man durch Einwirkung von verdünnter Schwefelsäure auf 15 g Schwefeleisen (FeS)?

$$FeS : H_2S = 15 : x$$

$$x = \frac{34 \times 15}{88} = 5{,}73 \text{ g.} \qquad\qquad \frac{5{,}73}{1{,}539} = 3{,}72 \text{ Liter.}$$

Schweflige Säure (SO₂).

Vorkommen. Schweflige Säure kommt in den Vulkangasen vor. Die Luft über Industriestädten enthält immer schweflige Säure, welche aus dem Schwefel der verbrannten Kohlen stammt.

Darstellung. Durch Rösten von Sulfiden und durch Verbrennung von Schwefel und schwefelhaltigen Stoffen.

Eigenschaften. Schweflige Säure ist ein farbloses, stechend riechendes, zum Husten reizendes Gas. Das spez. Gewicht beträgt 2,26. Schweflige Säure vermag die Verbrennung nicht zu unterhalten; vom Wasser wird sie leicht gelöst. Bei Gegenwart von Wasser wirkt schweflige Säure auf Farbstoffe bleichend, was zum Teil auf Reduktionsvorgänge zurückzuführen ist.

Anwendung. Zum Bleichen, Desinfizieren und Konservieren. Zur Herstellung von Schwefelsäure. Flüssige schweflige Säure findet in Kältemaschinen Verwendung.

Schwefelsäure (H₂SO₄).

Vorkommen. Schwefelsäure kommt frei nur in einigen Gewässern Südamerikas vor. In Form von Sulfaten findet sie sich häufig z. B. in den Vitriolen (Kupfervitriol $CuSO_4 + 5\,H_2O$, Eisenvitriol $FeSO_4 + 7\,H_2O$). Saure Grubenwässer enthalten außer Eisenvitriol auch freie Schwefelsäure, da sie aus Schwefelkies durch Oxydation entstanden sind.

Darstellung. 1. Im Bleikammerprozeß durch Oxydation der schwefligen Säure durch Sauerstoff der Luft unter Mitwirkung von Salpetersäure und Wasser.

$$3\,SO_2 + 2\,HNO_3 + 2\,H_2O = 3\,H_2SO_4 + 2\,NO.$$

Die Stickoxyde werden durch Luft und Wasser wieder in Salpetersäure übergeführt, so daß man mit einer kleinen Menge Salpetersäure große Mengen Schwefelsäure erzeugen kann.

2. Im Kontaktverfahren, wobei die Vereinigung von schwefliger Säure mit dem Sauerstoff der Luft beim Überleiten über erhitzten Platinasbest sich leicht vollzieht. Das Umsetzungsprodukt, Schwefeltrioxyd SO_3, gibt mit Wasser unter starker Erhitzung direkt Schwefelsäure.

$$SO_3 + H_2O = H_2SO_4.$$

Eigenschaften. Die reine konzentrierte Schwefelsäure ist eine farblose, geruchlose Flüssigkeit vom spez. Gewicht 1,84. Sie zieht aus der Luft begierig Feuchtigkeit an und wird daher zum Trocknen von Gasen und anderen Körpern benutzt. Sie mischt sich mit Wasser in jedem Ver-

hältnis, wobei sie sich stark erhitzt. Stets muß daher die Schwefelsäure in dünnem Strahle in das Wasser gegossen werden, wenn man
eine verdünnte Schwefelsäure herstellen will. Organischen Körpern entzieht die Schwefelsäure Wasser, dadurch werden sie zerstört. (Ver-
kohlen von Papier, Holz, Tuch.)

Anwendung. Schwefelsäure wird zur Darstellung von schwefelsaurem Ammoniak in den Kokereien, vieler Säuren, z. B. Salzsäure und
Salpetersäure, zum Füllen von Akkumulatoren benutzt.

64. Stickstoff ($N = 14$).

Vorkommen. Im freien Zustande kommt der Stickstoff in der
atmosphärischen Luft vor, welche zu vier Fünftel ihres Volumens aus
Stickstoff besteht. An andere Elemente gebunden, findet er sich in
Nitraten (Chilesalpeter) und Ammoniakverbindungen, ferner in pflanzlichen und tierischen Stoffen (Steinkohle, Torf).

Darstellung. 1. Man befreit die atmosphärische Luft von ihrem Sauerstoff durch Absorption mit Hilfe von Phosphor bzw. glühendem Kupfer.
2. Aus flüssiger Luft entweicht zuerst Stickstoff wegen seines niederen
Siedepunktes, so daß er getrennt aufgefangen werden kann.

Eigenschaften. Der Stickstoff ist ein farbloses, geruchloses und geschmackloses Gas. Er ist etwas leichter als Luft. Sein spez. Gewicht
beträgt 0,97 (Luft = 1); 1 cbm Stickstoff wiegt 1,254 kg. Stickstoff
brennt nicht, vermag auch die Verbrennung anderer Körper nicht zu
unterhalten; eine Flamme erlischt daher sofort in ihm. Stickstoff ist
zwar kein Gift, läßt aber Menschen und Tiere bei Mangel an Sauerstoff
ersticken. Stickstoff geht nur schwer chemische Verbindungen ein und
ist daher in der Luft nur als Sauerstoffverdünner aufzufassen.

Anwendung. Der Stickstoff dient zum Überfüllen brennbarer Flüssigkeiten, wodurch der Zutritt von Luft und die Bildung explosibler Luft-
gemische ausgeschlossen ist. Stickstoff kommt in stählernen Flaschen
auf 100 Atm. zusammengedrückt in den Handel.

65. Die atmosphärische Luft.

Lassen wir eine Kerze unter Glasglocken verschiedener Größen
brennen, so leuchtet sie um so länger, je größer der Luftraum ist. In der
Luft ist demnach Sauerstoff enthalten; es gelingt aber niemals, die
ganze Menge Luft vollständig zu verbrauchen. Der Rest ist nicht mehr
imstande, die Verbrennung zu unterhalten. Es ist daher noch ein anderer Stoff in der Luft enthalten; man nennt ihn Stickstoff. Die Luft ist
ein mechanisches Gemenge von Sauerstoff und Stickstoff, welches man
auf physikalischem Wege, z. B. nach vorhergegangener Verflüssigung,
voneinander trennen kann (S. 43). Um die Zusammensetzung der Luft
zu ermitteln (Analyse), verwendet man Phosphor, welcher der Luft
schon bei gewöhnlicher Temperatur den Sauerstoff entzieht. In dem
Lindemannschen Apparat (Abb. 116) werden 100 ccm Luft im Meßrohr N abgemessen und mit Hilfe der Druckflasche in die Absorptions-
pipette P gedrückt. In diesem Glasgefäß befinden sich dünne Phosphor-
stangen vollständig unter Wasser. Nachdem der Sauerstoff vom Phos-

phor aufgenommen ist, saugt man den Gasrest wieder in das Meßrohr zurück. Nach Gleichstellen der beiden Wassersäulen in Meßrohr und Druckflasche sieht man, daß 79 Raumteile — Stickstoff — übriggeblieben sind.

Die unsere Erde umgebende Lufthülle ist ungefähr 300 km hoch und enthält überall in Raumteilen

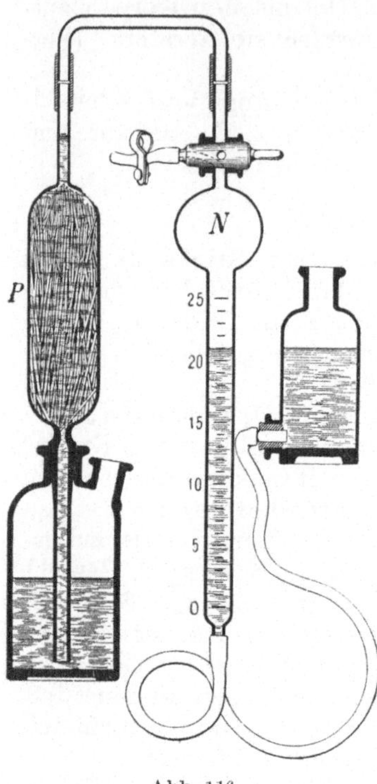

Abb. 116.

79   % Stickstoff
21   % Sauerstoff
0,03% Kohlensäure
───────
100%

In der Luft ist immer Wasserdampf in außerordentlich wechselnden Mengen enthalten, so daß er gewöhnlich nicht angegeben wird. In der Nachbarschaft von großen Städten, Fabriken und Vulkanen finden sich auch andere Gase in geringen Mengen in der Luft. Man hat bei den Gasen das spez. Gewicht der Luft als Einheit angenommen. 1 cbm trockne Luft wiegt 1,293 kg (0°, 760 mm).

Fast 1% des Luftstickstoffs besteht in Wirklichkeit aus den Edelgasen Argon, Helium, Neon, Krypton und Xenon; ihre Atome sind so träge, daß sie zu keinen chemischen Umsetzungen befähigt sind. Das Helium dient zur Füllung von Luftschiffen und Ballonen und im Verein mit Sauerstoff als Atmungsgas in Tiefseetauchgeräten. Edelgase werden ferner als Füllgase für elektrische Birnen und Leuchtröhren benutzt.

66. Ammoniak (NH₃).

Vorkommen. In geringen Mengen in der Luft in Verbindung mit Säuren, in natürlichen Wässern und im Erdboden. Ammoniak bildet sich durch Fäulnisvorgänge organischer stickstoffhaltiger Stoffe.

Darstellung. 1. Ammoniak entsteht bei der Entgasung (Verkokung) und Vergasung (Generatoren) von Torf und Steinkohle.

2. Unter hohem Druck, hoher Temperatur und bei Gegenwart eines Katalysators gelingt die technische Darstellung des Ammoniaks aus den Elementen: Es handelt sich dabei um einen **umkehrbaren Prozeß**, den man durch zwei Pfeile in entgegengesetzter Richtung zum Ausdruck bringt.

$$N_2 + 3\,H_2 \rightleftarrows 2\,NH_3.$$

Bei solchen umkehrbaren Vorgängen bildet sich ein Zustand, welcher **chemisches Gleichgewicht** genannt wird. Ammoniak ist eine **exothermische** Verbindung, d. h. seine Bildung erfolgt wie die der meisten Verbindungen unter Freiwerden von Wärme.

Eigenschaften. Ammoniak ist ein farbloses Gas von stechendem, eigentümlichem Geruch. Es wird von Wasser begierig unter Bildung von Ammoniakwasser oder Salmiakgeist aufgenommen. Wird eine mit trocknem Ammoniakgas gefüllte Flasche mit der Mündung nach unten in Wasser gestellt und geöffnet, so spritzt das Wasser lebhaft ein und füllt die Flasche vollständig an. Abb. 117 gibt die Versuchsanordnung wieder. Ammoniakwasser greift schmiedeeiserne Platten und Röhren scharf an und zerstört sie in kurzer Zeit. Durch Druck und Abkühlung läßt sich Ammoniak leicht verflüssigen. Flüssiges Ammoniak dient zur Erzeugung von künstlichem Eis und zum Abkühlen der Kälteträger (Gefrierverfahren, Kälteräume).

Mit Säuren geht Ammoniak Verbindungen (Salze) wie schwefelsaures Ammoniak $(NH_4)_2SO_4$, Salmiak (NH_4Cl), Ammonsalpeter (NH_4NO_3) ein.

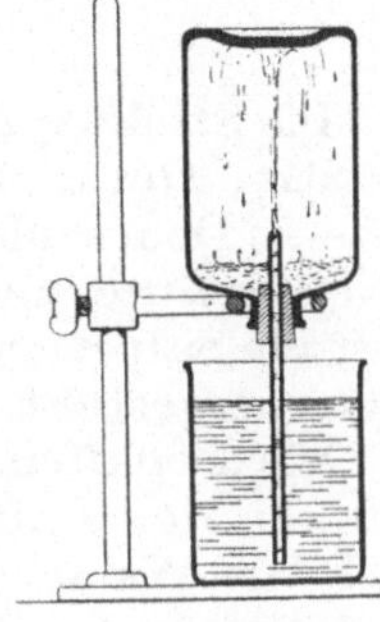

Abb. 117.

67. Stickoxyde (NO; NO$_2$).

Stickstoff bildet mit Sauerstoff fünf Oxyde, von welchen Stickoxyd (NO) und Stickstoffdioxyd (NO$_2$) besonders erwähnt seien.

Stickoxyd (NO) kommt in der Natur kaum im freien Zustande vor, da die Vereinigung von Stickstoff und Sauerstoff zu Stickoxyd nur durch Wärmebindung vor sich geht. Solche Verbindungen, die unter Aufnahme von Wärme entstehen, nennt man endothermische Verbindungen. Beim Auskochen von Schüssen in der Grube entsteht neben Stickoxyd auch Stickstoffdioxyd.

Darstellung. 1. Stickoxyd entsteht bei der Einwirkung von Kupfer auf Salpetersäure, welche dabei nach folgender Formel zerfällt:

$$2\,HNO_3 = 2\,NO + H_2O + 3\,O.$$

Der Sauerstoff oxydiert das Kupfer zu Kupferoxyd, welches sich in Salpetersäure zu Kupfernitrat auflöst.

2. Im elektrischen Lichtbogen verbrennt der Stickstoff mit dem Sauerstoff der Luft zu Stickoxyd; dieses muß nach der Bildung sofort stark abgekühlt werden, da es sonst wieder in Sauerstoff und Stickstoff zerfällt.

$$N_2 + O_2 \rightleftarrows 2\,NO.$$

Eigenschaften. Das Stickoxyd ist ein farbloses, giftiges Gas. Sein spez. Gewicht beträgt 1,037 (Luft = 1). Stickoxyd vermag die Verbrennung einiger Körper zu unterhalten, da es 53,3 % Sauerstoff enthält. Ein brennender Holzspan und Phosphor fahren fort, im Stickoxydgas zu brennen.

Stickstoffdioxyd (NO$_2$). Mit Sauerstoff vereinigt sich Stickoxyd sofort zu Stickstoffdioxyd (NO$_2$), einem dunkelbraunen Gas von eigentümlichem, unangenehmem Geruch.

Salpetersäure (HNO$_3$).

Darstellung. Die Stickoxyde bilden mit Sauerstoff und Wasser Salpetersäure (HNO$_3$).

$$2\,NO + 3\,O + H_2O = 2\,HNO_3,$$
$$2\,NO_2 + O + H_2O = 2\,HNO_3.$$

Auch **Ammoniak** verbrennt mit Sauerstoff der Luft in Berührung mit erhitztem Platin (**Kontaktwirkung**) zu Stickoxyden.

$$2\,NH_3 + 7\,O = 2\,NO_2 + 3\,H_2O.$$

Die Stickoxyde werden mit Hilfe von Wasser in Salpetersäure übergeführt. Durch diese Verbrennung des Stickstoffes und des Ammoniaks war es Deutschland während des Krieges möglich, seinen Bedarf an Salpetersäure und somit Salpeter zu decken. Vor dem Kriege wurde fast alle Salpetersäure aus Chilesalpeter durch Destillieren mit Schwefelsäure hergestellt.

Eigenschaften. Die reine konzentrierte Salpetersäure ist eine farblose, an der Luft rauchende Flüssigkeit vom spez. Gewicht 1,56, die sich mit Wasser in jedem Verhältnis mischt. Salpetersäure oxydiert und löst fast alle Metalle unter Bildung von salpetersauren Salzen (Nitraten), mit Ausnahme von Gold und Platin. Viele organische Stoffe werden von der Salpetersäure bis zur vollständigen Oxydation zerstört. Ein glühendes Stück Kohle verbrennt in konzentrierter Salpetersäure. Tropfen von Terpentinöl brennen auf Salpetersäure, und Roßhaare geraten in den Dämpfen von Salpetersäure in Brand.

Anwendung. Salpetersäure dient zur Herstellung von Schwefelsäure, Königswasser und von Nitraten (z. B. Silbernitrat = Höllenstein).

Bei der Einwirkung eines Gemisches von Salpetersäure und Schwefelsäure auf viele organische Stoffe entstehen wichtige Sprengstoffe, wie Nitroglyzerin, Nitrozellulose, Nitrobenzol, Nitrotoluol, Pikrinsäure. Diese Körper sind auch Ausgangsmaterialien zur Erzeugung wichtiger Medikamente, Farbstoffe und Riechmittel.

Aufgabe: Eine Legierung enthält 92% Silber und 8% Kupfer. Wieviel Gramm Höllenstein ($AgNO_3$) kann man aus 50 g der Legierung gewinnen?

$$Ag : AgNO_3 = 46,0 : x$$
$$x = \frac{170 \times 46}{108} = 72,4\,g.$$

68. Phosphor (P = 31).

Vorkommen. Phosphor kommt in der Natur wegen seiner Verwandtschaft zum Sauerstoff nicht frei vor. Er ist hauptsächlich als phosphorsaurer Kalk ($Ca_3(PO_4)_2$), z. B. als Apatit, verbreitet. Die Knochen der Tiere bestehen im wesentlichen aus phosphorsaurem Kalk. Auch für den Aufbau des Pflanzenkörpers ist Phosphor von großer Bedeutung. Der Phosphor kommt in mehreren physikalisch voneinander verschiedenen Formen vor.

Eigenschaften. Der gelbe Phosphor ist eine gelblich-weiße, wachsweiche Masse, welche sich an der Luft selbst entzündet, indem sie zu Phosphoroxyden verbrennt. Der gelbe Phosphor ist sehr giftig und geht beim Erhitzen unter Luftabschluß (260°) in roten Phosphor über. Dieser ist nicht selbst entzündlich und nicht giftig.

Anwendung. Phosphor dient in der Gasanalyse zur Absorption des Sauerstoffes und in der chemischen Industrie zur Herstellung von Phosphorverbindungen, Zündbändern und Zündhölzern. Die maschinell hergestellten Hölzer werden zuerst in geschmolzenen Schwefel oder geschmolzenes Paraffin, dann in einen Brei von Phosphorlösung, Salpeter und Bleisuperoxyd getaucht, wodurch der Zündkopf gebildet wird. Dieser entzündet sich durch die Wärme beim Streichen zuerst, da Phosphor leicht brennt und von leicht Sauerstoff abgebenden Körpern umgeben ist. Die Flamme des Zündkopfes bringt dann den Schwefel bzw. das Paraffin, welche leicht verbrennen, zur Entzündung, wodurch das Hölzchen Feuer fängt.

Zündbänder und Zündblättchen bestehen aus Papierstreifen bzw. Papierblättchen, auf welche ein Gemenge von Phosphor, chlorsaurem Kali und Leimwasser getropft ist. Ihre Zündung erfolgt durch Reibung (Stahlstift der Grubenlampe) bzw. durch Schlag (Kinderpistolen).

Gelber Phosphor dient auch als Zünder in Brandbomben, die Phosphorsäure als wichtiges Pflanzendüngemittel. Die Rohphosphate (Lahn, Bayern) werden mit Kalkstein und Kieselsäure, Kali- oder Natronsalzen entweder feucht in einem Drehofen oder in Form von Briketts im Schachtofen erhitzt. Das feingemahlene Erzeugnis enthält die Phosphorsäure in löslichen Verbindungen, die dieselbe an die Pflanzen ähnlich wie die Thomasschlacke abgibt.

69. Kohlenstoff (C = 12).

Vorkommen. Der Kohlenstoff findet sich im freien Zustande in der Natur in zwei voneinander verschiedenen Formen, nämlich als Diamant und als Graphit und amorpher Kohlenstoff.

Der **Diamant** kommt meist kristallisiert vor, und zwar lose in angeschwemmtem Boden von Indien, Brasilien und Südafrika, seltener eingewachsen in quarzreichem Glimmerschiefer.

Der Diamant besitzt ein sehr starkes Lichtbrechungsvermögen, ist meist ganz farblos und durchsichtig, bisweilen auch rot, gelb, grün, blau und schwarz gefärbt. Sein spez. Gewicht beträgt 3,5; er ist der härteste aller Körper. Auf 700—800° erhitzt, verbrennt der Diamant in Sauerstoff zu Kohlendioxyd.

Sein ausgezeichneter Glanz wird durch Schleifen noch erhöht, er ist deshalb und wegen seiner Seltenheit ein begehrter Schmuck. Der Diamant dient ferner zum Besetzen der Bohrkronen beim Bohren im harten Gestein, als Schneid- und Schreibstift für Glas. Seine Abfälle werden als feines Pulver zum Schleifen der Edelsteine benutzt.

Der **Graphit** findet sich in den ältesten Gebirgsschichten meist amorph, selten kristallisiert in Sibirien, Ceylon, Mähren, Böhmen, Schweiz und Bayern. Der Graphit ist glänzend, schwarz, sehr weich und wird deshalb zur Herstellung von Schwärze, Bleistiften und Schmiermitteln benutzt. Sein spez. Gewicht beträgt 2,1. Graphit verändert sich selbst bei hohen Temperaturen nicht, ist unschmelzbar und dient daher zur Fabrikation von Graphittiegeln (Passauer Tiegeln). In der Galvanoplastik benutzt man ihn als Leiter des elektrischen Stromes, in Form von Elektroden zur Abnahme desselben sowie zur Füllung von Trockenelementen. Der Kolben der Dampfmaschine wird durch graphitierte Jute-, Asbest- und Baumwollgewebe abgedichtet.

Der amorphe Kohlenstoff wird durch Verkohlung kohlenstoffhaltiger Verbindungen gewonnen und kommt fossil in der Kohle vor. Die reinste amorphe Kohle ist Kienruß; auch Holz- und Tierkohle, sowie Koks sind amorpher Kohlenstoff.

Der Kohlenstoff bildet mit Wasserstoff, Sauerstoff, Stickstoff und Schwefel eine unbegrenzte Menge von Verbindungen. Da diese Kohlenstoffverbindungen früher nur aus der Tier- und Pflanzenwelt gewonnen wurden, nannte man sie organische Verbindungen. Jetzt stellt man die meisten künstlich aus den Elementen (synthetisch) dar. Da aber die Zahl dieser Verbindungen überaus groß ist, sie sich durch eine Reihe von Eigentümlichkeiten auszeichnen, so werden sie in einem besonderen Teil der Chemie besprochen. Man nennt daher die Chemie des Kohlenstoffes noch heute organische Chemie, während alle anderen Elemente und ihre Verbindungen zum Gebiete der anorganischen Chemie gehören.

70. Kohlendioxyd, Kohlensäure (CO_2).

Vorkommen. Kohlensäure findet sich im reinen Zustande in der Luft (0,03 %) und in vielen Mineralwässern. Sie strömt zuweilen aus Vulkanen und aus Erdspalten vulkanischer Gegenden (Hundsgrotte bei Neapel, Dunsthöhle bei Pyrmont, Eifel) in großen Mengen. Im gebundenen Zustande kommt die Kohlensäure mit Kalk (Kalkstein, Marmor, Kreide) und mit Kalk und Magnesia (Dolomit) in Form kohlensaurer Salze sehr verbreitet vor und bildet ganze Gebirge. Als Produkt der Verwesung organischer Stoffe findet sich die Kohlensäure in manchen Brunnen und als Zersetzungserzeugnis gärenden Weines in Weinkellern.

Darstellung. 1. Durch Verbrennen von Kohlenstoff (Graphit, Koks, Ruß) und kohlenstoffhaltigen Körpern (Kohle, Torf, Holz, Benzol, Benzin, Spiritus, Grubengas, Leuchtgas u. a.) an der Luft.

$$C + O_2 = CO_2.$$

2. Durch Glühen des Kalziumkarbonats (Kalksteins).

$$CaCO_3 = CaO + CO_2.$$

3. Durch Zersetzung des Kalziumkarbonats (Marmors) mit verdünnter Salzsäure.

$$\underset{\text{Salzsäure}}{CaCO_3 + 2\,HCl} = CO_2 + H_2O + \underset{\text{Chlorkalzium}}{CaCl_2}.$$

4. Durch den Gärungsprozeß zuckerhaltiger Stoffe (Weintrauben, Gerste, Kartoffeln) entsteht Kohlensäure.

Eigenschaften. Kohlensäure ist ein farbloses Gas von scharfem, säuerlichem und prickelndem Geruch und Geschmack. Kohlensäure ist viel schwerer als Luft (schwere Wetter), ihr spez. Gewicht beträgt 1,529 (Luft = 1). 1 cbm Kohlensäure wiegt 1,977 kg (0°, 760 mm).

Ein mit Luft gefülltes, auf der Waage in Gleichgewicht gebrachtes Becherglas wird beim Füllen mit Kohlensäure schwerer (Abb. 118a). Wegen seiner Schwere verdrängt die Kohlensäure durch Einströmenlassen die Luft aus Gefäßen; sie kann aus einem Gefäß in ein anderes nach unten gegossen (Abb. 118 b) und mit Hilfe des Hebers abgehoben werden (Abb. 118 c). Mit Kohlensäure gefüllte Seifenblasen sinken schnell zu Boden.

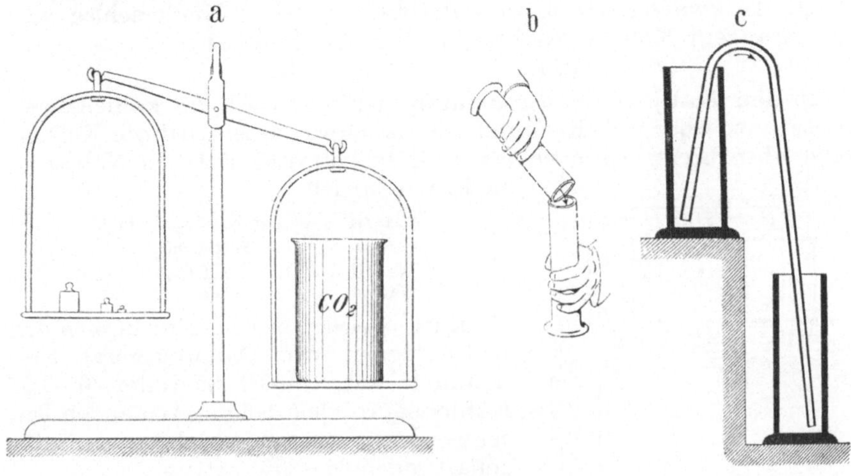

Abb. 118.

Kohlensäure ist nicht brennbar und vermag auch die Verbrennung nicht zu unterhalten. Brennende Kerzen erlöschen in Kohlensäure; der durch Abb. 119 dargestellte Versuch zeigt besonders anschaulich, wie eine Kerze nach der anderen beim Eindringen der Kohlensäure von unten erlischt.

Kohlensäure kann die Atmung nicht unterhalten, obgleich sie nicht giftig ist. Alle Tiere ersticken in ihr aus Mangel an Sauerstoff. Prüfung von Brunnen und anderen kohlensäureverdächtigen Stellen mit dem Licht, das schon bei einem Gehalt von 4—5% Kohlensäure in der Luft erlischt.

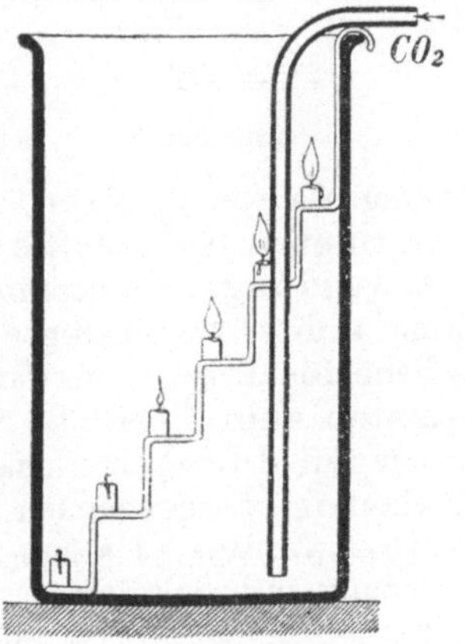

Unter 31° (kritische Temperatur) kann die Kohlensäure durch Druck (38 Atm., 0°) leicht verflüssigt werden. Aus den Kohlensäurequellen der Eifel wird die Kohlensäure unter Kühlung und Druck in Stahlflaschen verflüssigt und so in den Handel gebracht. Läßt man aus Stahlflaschen flüssige Kohlensäure durch Öffnen des tief gehaltenen Ventils in die Luft entweichen, so entsteht feste, weiße,

Abb. 119.

schneeartige Kohlensäure, welche eine Temperatur von etwa —75° besitzt. Die schnellere Verdampfung eines Teiles der flüssigen Kohlensäure entzieht die dazu nötige Wärme dem nachströmenden Gas, so daß es erstarrt.

Von Wasser wird Kohlensäure merklich gelöst, und zwar desto mehr, je kälter es ist und unter je größerem Druck es steht. Dieses Gesetz hat allgemeine Gültigkeit für alle Gase.

Läßt man die ausgeatmete Kohlensäure oder Verbrennungsgase durch **Kalkwasser** perlen, so entsteht ein weißer Niederschlag von kohlensaurem Kalk — **Nachweis der Kohlensäure.**

$$Ca(OH)_2 + CO_2 = CaCO_3 + H_2O.$$

In den **Kalipatronen** der Atmungsgeräte streicht die kohlensäurereiche Luft über viele Kali- und Natronkörner; dabei wird die Kohlensäure absorbiert, indem sie das Kali in Pottasche und das Natron in Soda verwandelt.

$$2\,KOH + CO_2 = K_2CO_3 + H_2O,$$
Kali   Pottasche

$$2\,NaOH + CO_2 = Na_2CO_3 + H_2O.$$
Natron   Soda

Luft, welche vor dem Erschöpfen der Kalipatronen dem Atmungsgerät entnommen war, enthielt bisweilen 6—8% Kohlensäure, ohne daß die Atmenden Beschwerden verspürten, da der Sauerstoffgehalt noch 60—80% betrug.

Abb. 120 gibt das Schema des Dräger-Sauerstoffschutzgerätes Nr. 3 wieder. $M =$ Atmungsmundstück, $N =$ Nasenklemmer, $L =$ Atmungsschlauch, $V =$ Ventilkasten mit Einatmungsventil O_1 und Ausatmungsventils O_2, $C =$ Sauerstoffzylinder mit Verschlußventil S und Anschlußmutter U, $R =$ Reduktionsventil, $F =$ Finimeter zum Ablesen des Sauerstoffgehaltes des Zylinders, $D =$ Druckventil zum Auffüllen des

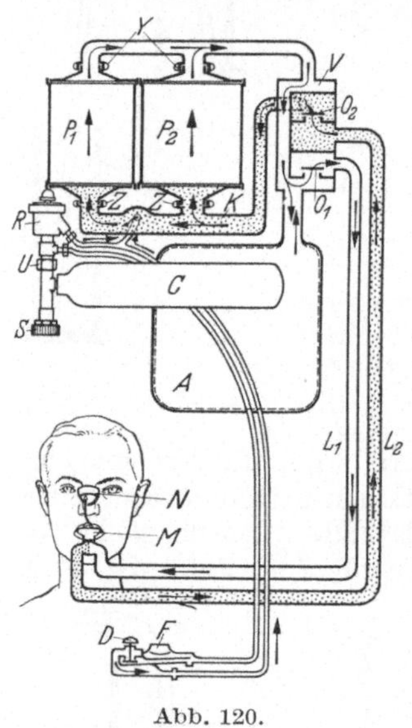

Abb. 120.

Atmungssackes A, P_1 und $P_2 =$ Kalipatronen. Der Gang des ein- und ausgeatmeten Sauerstoffes ist durch Pfeile gekennzeichnet.

Anwendung. Kohlensäure wird in gasförmigem Zustande zur Bereitung kohlensäurehaltiger Getränke (Mineralwässer, Schaumwein) und als Feuerlöschmittel verwandt. Flüssige Kohlensäure dient in Druckapparaten zum Überfüllen von Bier und zur Kälteerzeugung, die auch seit einigen Jahren in kleinerem Umfange mit Hilfe fester Kohlensäure (Trockeneis) vorgenommen wird.

Aufgabe: Wieviel Kohlensäure erhält man aus 70 g Marmor durch Zersetzung mit Salzsäure?

$$CaCO_3 : CO_2 = 70 : x$$
$$x = \frac{44 \times 70}{100} = 30,8\,g.$$

71. Ernährung und Atmung der Menschen, Tiere und Pflanzen.

Zum Aufbau ihres Körpers gebrauchen Mensch und Tier Kohlenhydrate, Fette, Eiweißstoffe, Wasser und Salze. Der in den Nahrungsmitteln enthaltene Kohlenstoff und Wasserstoff wird im Körper durch den eingeatmeten Sauerstoff verbrannt; dadurch wird Wärme zur Erhaltung der für das Leben nötigen Temperatur erzeugt.

Der erwachsene Mensch bedarf täglich etwa 2 kg Nahrung, $2\frac{1}{2}$ kg Wasser und etwa 25 g Salze. Die Nahrung soll nach Möglichkeit mindestens 110 g Eiweiß, 70 g Fett und 400 g Kohlenhydrate enthalten. Diese Verbindungen sind im Pflanzen- und Tierkörper vorhanden und erfahren beim Genuß eine Umwandlung durch die Verdauungsapparate (Magen, Darm, Galle, Bauchspeicheldrüse), bevor sie vom Blute aufgenommen werden. Die nicht zum Aufbau des Körpers nötigen Stoffe werden auf natürlichem Wege wieder abgegeben, während die brauchbaren Säfte durch Diffusionsvorgänge in das Blut gelangen. Für die Ernährung der Menschen und der höheren Tiere sind aber auch Ergänzungsstoffe erforderlich (Vitamine), da sich bei ihrem Fehlen Mangelkrankheiten (Skorbut, Beri-Beri) einstellen.

Der Lunge wird durch die Atmungstätigkeit Sauerstoff zugeführt, der durch die Lungenbläschen in das Blut gelangt. Der erwachsene, arbeitende Mensch atmet in der Minute etwa 50 Liter Luft ein; die entsprechen rd. 10,5 Liter Sauerstoff. Der Sauerstoff verbrennt die Nahrungssäfte im Blute zu Kohlensäure und Wasser. Diese kommen mit dem Blute in die Lunge zurück und werden ausgeatmet.

Die Zusammensetzung der ausgeatmeten Luft ist im Durchschnitt:

Eingeatmete Luft		Ausgeatmete Luft
0,03 %	CO_2	4 %
21 %	O_2	17 %
79 %	N_2	79 %
100 %		100 %

Durch den Atmungsvorgang des Menschen werden täglich 500 Liter Kohlensäure erzeugt. Bei den gewaltigen Mengen von Kohlensäure, die dauernd durch Atmen der Menschen und Tiere und durch die Verbrennungsprozesse gebildet werden, sollte man denken, daß der Kohlensäuregehalt der Luft zunehmen, ihr Sauerstoffgehalt abnehmen werde. Das ist aber durchaus nicht der Fall; vielmehr bleibt die Zusammensetzung der Luft dieselbe, da die Pflanzen Kohlensäure zum Aufbau ihres Körpers nötig haben und dafür Sauerstoff abgeben.

Die Pflanze nimmt aus der Luft mit den Blättern Kohlensäure auf, spaltet die Kohlensäure unter Einwirkung der Sonnenstrahlen und des Blattgrüns, behält den Kohlenstoff und atmet Sauerstoff aus. Diese Zerlegung der Kohlensäure in den Pflanzenzellen nennt man Assimilation; sie wird durch künstliche Zufuhr von Kohlensäure bedeutend erhöht (Kohlensäuredüngung). Aus dem Erdboden nimmt die Pflanze durch die Wurzel Wasser und Nährsalze auf; das Wasser wird zum größten Teil wieder durch die Blätter verdampft. Ein kleiner Teil bleibt jedoch in der Pflanze zurück und bildet mit dem aus der Kohlensäure stammenden Kohlenstoff die Kohlenhydrate, Fette und Eiweißstoffe der Pflanze (Holz, Stärke, Mehl, Zucker, Fett, Öl, Samen usw.). Die für diese Umsetzungen nötige Wärme liefert die Sonne, welche alle auf der Erde erzeugbare Wärme spendet.

Die durch die Wurzel aufgenommenen Salze sind hauptsächlich Verbindungen des Stickstoffs, Phosphors, Kalis und des Kalkes (Kunstdünger).

Während also die Pflanzen aus unorganischen Stoffen organische Stoffe aufbauen und dabei Sauerstoff ausatmen, bilden die Tiere bei ihren Lebensvorgängen aus organischen Stoffen unorganische Stoffe; Tier- und Pflanzenwelt ergänzen sich daher gegenseitig.

72. Kohlenoxyd (CO).

Vorkommen. Kohlenoxyd kommt stets da vor, wo Kohlen und kohlenstoffhaltige Körper unter gehemmtem Luftzutritt verbrennen.

Bildung. Kohlenoxyd ist eine ungesättigte Verbindung; seine direkte Bildung gemäß der Formel $C + O = CO$ mit Sauerstoff der Luft ist noch nicht einwandfrei bewiesen. Der in den Brennstoffen enthaltene, gebundene Sauerstoff verbindet sich dagegen direkt mit Kohlenstoff zu Kohlenoxyd (Leuchtgas, Kokereigas usw.). Bei der unvollkommenen Verbrennung kohlenstoffhaltiger Stoffe an der Luft entsteht zunächst Kohlensäure, welche durch glühenden Kohlenstoff zu Kohlenoxyd reduziert wird.

$$CO_2 + C = 2\,CO.$$

Darstellung. Man leitet: 1. Kohlensäure über Holzkohle, welche in einem Rohr aus schwer schmelzbarem Glase zu heller Rotglut erhitzt ist; das Gas wird über Kalilauge aufgefangen, um das Kohlenoxyd von unveränderter Kohlensäure zu befreien.

2. Wasserdampf über glühenden Kohlenstoff.

$$C + H_2O = CO + H_2.$$

Man erhält ein Gemenge von Kohlenoxyd und Wasserstoff, welches Wassergas genannt wird.

Eigenschaften. Kohlenoxyd ist ein farbloses und geruchloses Gas. Sein spez. Gewicht ist 0,967 (Luft $= 1$); 1 cbm wiegt 1,25 kg (0°, 760 mm), also nur etwas weniger als Luft.

Kohlenoxyd vermag die Verbrennung nicht zu unterhalten, ist aber selbst brennbar.

$$2\,CO + O_2 = 2\,CO_2.$$

Kohlenoxyd verbrennt an der Luft mit schön blauer Flamme und unterscheidet sich dadurch von anderen brennbaren Gasen. Kohlenoxyd gibt mit Luft explosible Gemenge, und zwar sind auf zwei Raumteile CO ein Raumteil Sauerstoff oder $\dfrac{100 \times 1}{21} = 4{,}76$ Raumteile Luft erforderlich.

Da schon die untere Explosionsgrenze 12,5% Kohlenoxyd voraussetzt, darf man annehmen, daß reine Kohlenoxydexplosionen in Kohlengruben nicht möglich sind.

Kohlenoxyd ist sehr giftig und für den Bergmann so gefährlich, weil seine Gegenwart nicht leicht erkannt werden kann. Erst bei bereits tödlich wirkenden Mengen in der Luft zeigt die kleingeschraubte Flamme der Benzinlampe eine Aureole, die lebhafter blau als die Grubengasaureole gefärbt ist.

Die Giftigkeit des Kohlenoxyds beruht darauf, daß es zu den Farbstoffen der roten Blutkörperchen eine größere chemische Verwandtschaft als der Sauerstoff besitzt. Es vereinigt sich mit dem Blut zu einer festen Verbindung, die dasselbe unfähig macht, Sauerstoff aufzunehmen. Die Aufnahme von Kohlenoxyd findet daher statt, auch wenn es in ganz geringen Mengen zugegen ist, so daß Gehalte von 0,02—0,05 % Kohlenoxyd bei längerem Aufenthalt Vergiftungserscheinungen auslösen. Bei 0,1—0,2 % Kohlenoxyd tritt nach 1—2 Stunden, bei 0,4—0,5 % schon nach $\frac{1}{2}$stündigem Verweilen des Menschen Ohnmacht ein.

Die Vergiftung durch Kohlenoxyd äußert sich zuerst durch Kopfschmerz und brennendes Gefühl im Gesicht, namentlich in der Schläfengegend, Herzklopfen und Ohrensausen, Angst und Schwäche. Es tritt Übelkeit und Erbrechen, Ohnmacht und bei starker Vergiftung schmerzloser Tod ein.

Bei vorliegendem Verdacht der Kohlenoxydvergiftung muß der Kranke sofort in die freie Luft gebracht und der künstlichen Atmung mit reinem Sauerstoff, dem man zweckmäßig noch 5 % CO_2 beimischt, unterworfen werden. Auf solche Weise Gerettete zeigen oft noch monatelang Gesundheitsstörungen. Seit einigen Jahren wendet man auch Einspritzen von Methylenblau an, das die Fähigkeit hat, durch Sauerstoffübertragung auf das lebende Gewebe gleichsam eine Hilfsatmung zu bewerkstelligen.

Nachweis. Mäuse und Vögel, welche Kohlenoxyd gegenüber weit empfindlicher als der Mensch sind, zeigen, in Käfigen mitgenommen, durch ihr unruhiges Verhalten oder Umfallen seine Gegenwart an.

Mit Palladiumchlorür getränktes Filtrierpapier (Kohlenoxydpapier) wird bei Gegenwart von Kohlenoxyd unter Bildung von metallischem Palladium geschwärzt.

Quellen der Kohlenoxydvergiftungen.

a) **Kohlendunst.** Öffnet man die Ofentür, nachdem die flüchtigen Bestandteile der Kohle bereits verbrannt sind, so sieht man über dem glühenden Koks die kennzeichnende blaue Kohlenoxydflamme. Schließt man die Ofenklappe, so kann das Kohlenoxyd nicht in den Schornstein entweichen, sondern tritt ins Zimmer. Auf diese Art erfolgen in jedem Jahre eine Reihe von tödlichen Vergiftungen.

b) **Brandgase der Kohlengruben** enthalten Kohlenoxyd besonders dann, wenn der Brand an einzelnen Stellen zur Glut entfacht ist. Brandgase sind reich an Kohlensäure und Stickstoff, arm an Sauerstoff und enthalten oft außer Grubengas auch Kohlenoxyd. Die Anwesenheit auch geringer Mengen von Kohlenoxyd liefert den Beweis, daß der Brand noch nicht erloschen ist; bei Zutritt von Sauerstoff durch Öffnen des Feldes kann er von neuem ausbrechen.

c) **Leuchtgas** enthält Kohlenoxyd in beträchtlichen Mengen. Leuchtgasvergiftungen sind daher Kohlenoxydvergiftungen.

d) Alle **Sprenggase**, vornehmlich diejenigen der **Wettersprengstoffe**, enthalten Kohlenoxyd.

e) In den **Nachschwaden aller Kohlenstaubexplosionen** ist Kohlenoxyd enthalten. Da fast alle Schlagwetter unter Mitwirkung von Kohlenstaub explodieren, so muß auch mit der Gegenwart von Kohlenoxyd in ihren Nachschwaden gerechnet werden. Selbst bei reinen Schlagwetterexplosionen mit mehr als 9,2% Grubengas bildet sich Kohlenoxyd, da jenes bei höheren Temperaturen und Mangel an Sauerstoff mit Kohlensäure Kohlenoxyd bildet.

f) Im **eingezogenen Tabakrauch,** namentlich bei schlechtem Zuge, ist Kohlenoxyd vorhanden.

Anwendung. In unaufhörlichem Prozeß wird Kohlenoxyd im Hochofen zur Erschmelzung des Eisens erzeugt.

Aufgabe: Wieviel Kohlenoxyd erhält man durch Überleiten von 30 g Kohlensäure über glühende Holzkohle, wenn 10% der Kohlensäure unverändert bleiben?

$$CO_2 : 2\,CO = 27 : x$$

$$x = \frac{2 \times 28 \times 27}{44} = 34{,}4 \text{ g.}$$

Heizwert des Kohlenstoffes. Beim Verbrennen von 1 kg reinem Kohlenstoff zu

CO_2 entstehen 8100 WE,
CO entstehen 2400 WE.

Für die Wärmeausnutzung des Kohlenstoffes, welcher den Hauptbestandteil aller Brennstoffe darstellt, ist es deshalb sehr wichtig, daß ihm genügend Luft zugeführt wird, damit kein Kohlenoxyd entsteht, bzw. das entstandene Kohlenoxyd noch zu Kohlensäure verbrannt wird. In diesem Falle erhält man dieselbe Wärmemenge, die man beim direkten Verbrennen von 1 kg Kohlenstoff zu Kohlensäure erhält, nämlich 8100 WE.

Kohlenstoff bildet mit Wasserstoff eine außerordentlich große Anzahl von Verbindungen, die zum Teil natürlich vorkommen (z. B. Methan, Petroleum), zum Teil bei der trocknen Destillation der Steinkohle entstehen (z. B. Azetylen, Benzol). Die einfachste und leichteste aller dieser Verbindungen ist das Methan.

73. Grubengas, Sumpfgas, leichter Kohlenwasserstoff, Methan (CH_4).

Vorkommen. Methan oder Grubengas kommt in den Steinkohlen und den Wettern der Steinkohlengruben vor. Rührt man sumpfigen Boden mit einem Stock auf, so entweicht ein Gas, welches sich entzünden läßt (Sumpfgas). In Erdöl führenden Ländern entströmen dem Boden gewaltige Mengen brennbarer Gase (Erdgas, Naturgas), welche zum großen Teile aus Methan bestehen.

Bildung. Diese Vorkommen des Methans hängen mit seiner Entstehung aus Pflanzen und Tierresten zusammen, welche unter Bedeckung von Wasser und Erde gerieten und bei Luftabschluß einem Inkohlungs- bzw. Fäulnisprozeß unterworfen waren, der zur Bildung von Torf, Braunkohle, Steinkohle und Erdöl führte.

Darstellung. 1. Grubengas bildet sich bei der Trockendestillation (Verkokung) organischer Stoffe und ist daher im Kokereigas, Leuchtgas usw. enthalten.

2. Durch Zersetzung von Aluminiumkarbid mit warmem Wasser

$$Al_4C_3 + 12\,H_2O = 3\,CH_4 + 4\,Al(OH)_3\,.$$

Eigenschaften. Grubengas ist ein farbloses, geruchloses und geschmackloses Gas. Es ist nicht giftig, wirkt aber hochprozentig durch Mangel an Sauerstoff erstickend wie Kohlensäure. Sein spez. Gewicht beträgt 0,555 (Luft $= 1$); 1 cbm wiegt 0,717 kg. Grubengas ist demnach viel leichter als Luft, entweicht nach dem Austritt aus der Kohle nach oben unter die Firste und vermischt sich dann langsam mit den übrigen Grubenwettern durch Diffusion. Grubengas vermag die Verbrennung nicht zu unterhalten, verbrennt aber selbst mit mattblauer Flamme zu Kohlensäure und Wasser; die niedrigste Zündtemperatur des reinen Methan in Mischung mit Luft beträgt 645°. Aus der Verbrennungsgleichung

$$CH_4 + 2\,O_2 = CO_2 + 2\,H_2O$$
$$\text{1 Raumt.} + \text{2 Raumt.} = \text{1 Raumt.} + \text{2 Raumt.}$$

folgt, daß 1 Raumteil Grubengas zu seiner Verbrennung 2 Raumteile Sauerstoff oder $\dfrac{100 \times 2}{21} = 9{,}5$ Raumteile Luft braucht.

Schlagwetter. Gemenge von Grubengas und Luft heißen Schlagwetter; nach ihrem Verhalten dem Grubenlicht gegenüber teilt man sie in drei Gruppen ein:

1. Schlagwetter mit 0—5% CH_4,
2.   ,,   ., 5—14% CH_4,
3.   ,,   ,, 14—100% CH_4.

Schlagwetter mit 0—5% CH_4 explodieren nicht. Das in ihnen enthaltene Grubengas verbrennt in der Grubenlampe an der Flamme, die dadurch verlängert wird. Die mattblauen Lichtmäntel, welche man über dem klein geschraubten Flämmchen der Grubenlampen in Schlagwettern sieht, zeigen die Gegenwart von Grubengas an; sie werden Aureole genannt. Auch Leuchtgas und andere brennbare Gase und Dämpfe zeigen diese Erscheinung.

Schlagwetter mit 5—14% CH_4 sind explosibel, und zwar nimmt die Stärke der Explosion von 5—9,2% CH_4 zu, erreicht hier ihr Maximum, und nimmt von 9,2—14% CH_4 wieder ab. In der umstehenden Zahlentafel sind diese Verhältnisse durch Beispiele erläutert.

In der Grubenlampe brennen diese explosiblen Wetter im Korbe; ihre Flamme erfüllt ihn ganz, und die Benzinflamme erlischt. Von der Wettergeschwindigkeit hängt es ab, ob die Flamme im Korbe aus Mangel an Sauerstoff erstickt und bei welchem CH_4-Gehalt dies erfolgt.

Schlagwetter mit 14—100% CH_4 explodieren nicht, brennen aber beim Entzünden an der Luft. Die Bergmannslampe erlischt in diesen hochprozentigen Wettern.

Die zur Zündung der Schlagwetter nötige Temperatur beträgt 645°.

Unter Berücksichtigung des Stickstoffes der Luft vollzieht sich die Explosion von Schlagwettern nach folgender Formel:

$$CH_4 + 2\,O_2 + 7{,}5\,N_2 = CO_2 + 7{,}5\,N_2 + 2\,H_2O$$
$$\underbrace{\text{10,5 Raumteile}} = \underbrace{\text{10,5 Raumteile,}}$$

	7,0 CH_4 93,0 Luft ————— 100,0	9,2 CH_4 90,8 Luft ————— 100,0	10,0 CH_4 90,0 Luft ————— 100,0
Gemische mit . . . . %			
An der Explosion nehmen teil. . . %	7,0 CH_4 14,0 O_2 ————— 21,0	9,2 CH_4 18,4 O_2 ————— 27,6	9,53 CH_4 18,90 O_2 ————— 28,43
An der Explosion nehmen nicht teil %	5,53 O_2 73,47 N_2 ————— 79,00	72,4 N_2	0,47 CH_4 71,10 N_2 ————— 71,57
Die Nachschwaden bestehen aus Raumteilen	7,0 CO_2 5,53 O_2 73,47 N_2 ————— 86,00	9,2 CO_2 0,6 O_2 71,7 N_2 ————— 81,5	0,47 CH_4 8,80 CO_2 0,56 CO 71,10 N_2 ————— 80,93
Zusammensetzung der Schwaden . %.	8,14 CO_2 6,43 O_2 85,43 N_2 ————— 100,00	11,27 CO_2 0,74 O_2 87,99 N_2 ————— 100,00	0,58 CH_4 10,87 CO_2 0,69 CO 87,86 N_2 ————— 100,00
Raumverminderung . . . . %	14	18,4	18,9

wenn wir das durch die Verbrennung des Grubengases erzeugte Wasser als Wasserdampf annehmen und die mit der Explosion verbundene Wärmeentwicklung vernachlässigen. Gemäß den Flammentemperaturen, die je nach der Zusammensetzung der Schlagwetter etwa 1500—2000° betragen, dehnen sich die Gase während der Explosion auf das 6—8fache ihres Volumens aus. Unmittelbar nach der Explosion kühlen sich die Nachschwaden auf die Grubentemperatur ab, der Wasserdampf schlägt sich als flüssiges Wasser nieder, so daß sich die ursprünglichen 10,5 Raumteile auf 8,5 Raumteile zusammenziehen. Wie beim Wasserstoff entsteht also auch bei der Explosion von Schlagwettern eine Raumverminderung (vgl. Zahlentafel), die den Rückschlag zur Folge hat.

Die **Nachschwaden** sind in allen Fällen reich an Stickstoff und Kohlensäure; solche von Schlagwettern von 5—9,2% CH_4 enthalten auch Sauerstoff, der aber im günstigsten Falle (5% CH_4) zur Atmung nicht ausreicht (11,1% O_2). Nachschwaden von Schlagwettern mit über 9,2% CH_4 enthalten außer Stickstoff, Kohlensäure und Grubengas auch Kohlenoxyd, dessen Menge mit wachsendem CH_4-Gehalt zunimmt. Grubengas ist ein kräftiges Reduktionsmittel, welches sich bei höherer Temperatur mit Kohlensäure zu Kohlenoxyd umsetzt:

$$CH_4 + 3\,CO_2 = 4\,CO + 2\,H_2O\,.$$

Da bei Schlagwetterexplosionen stets Kohlenstaub aufgewirbelt und glühend gemacht wird, so muß auch bei geringprozentigen Schlagwetterexplosionen mit der Anwesenheit von Kohlenoxyd gerechnet werden. Daher sind die Nachschwaden jeder Schlagwetterexplosion nicht nur unatembar, sondern auch mehr oder weniger giftig.

Kohlenstaubexplosionen sind Gasexplosionen; das Gas wird kurz vorher durch einen Lochpfeifer oder eine Schlagwetterexplosion aus dem aufgewirbelten und stark erhitzten Kohlenstaube gebildet. Ein Gemisch von Lykopodiumpulver und reinem Sauerstoff verbrennt angezündet unter Explosion. Beim Nachfüllen von Feinkohle in den Ofen schlägt oft eine große Stichflamme aus der Ofentür.

Mühlenexplosionen in Glasgow, Leith, Hameln. Luft, welche 20—30 g Mehlstaub im Liter enthält, kann durch glühende Körper entzündet werden. Nach neueren Untersuchungen werden staubförmige feste Stoffe (Zucker, Mehl, Kohle) durch Reibung beim Zerkleinern elektrisch, wodurch z. B. Spannungen von 1700 Volt in einem Walzenstuhl der Mühle entstehen. Wird eine gewisse Grenze von Staubdichte und elektrischer Spannung überschritten, so erfolgt die erste Teilexplosion in der Zerkleinerungsmaschine selbst. Durch diesen Vorgang wird der ruhende Staub aufgewirbelt, so daß jedes Staubteilchen von einer Lufthaut umgeben ist. Bei einer bestimmten Menge von Staubteilchen in der Luft (z. B. 20 g und mehr im Kubikmeter) sind aber die Bedingungen für eine außerordentlich heftige Staubexplosion gegeben, deren Zündung durch die Stichflamme der ersten Teilexplosion gegeben ist.

Nachweis. Schlagwetter werden auch in geringen Mengen mit der bis auf 2—3 mm Höhe verkleinerten Flamme der Benzinlampe nachgewiesen. Das geübte Auge nimmt die Aureole schon bei einem Gehalt von 1 % wahr; wegen der geringen Wärme des kleinen Flämmchens ist die Aureole aber nur sehr klein, und wird erst bei Prozentgehalten über 1 leichter erkennbar.

Abb. 121.

Bei der größeren, nicht leuchtenden Flamme der Pielerlampe, welche mit Alkohol (Spiritus) gespeist wird, ist die Hitze größer als bei der Benzinlampe; infolgedessen ist auch die Aureole größer und leichter zu erkennen.

Es gibt eine große Anzahl von Schlagwetteranzeigern, die auf Diffusion, Änderung der Lichtstärke usw. beruhen. Sie haben sich auf der Grube nicht einführen können, da sie für den praktischen Bergbau mehr oder weniger wertlos sind. Die Bergmannslampe gewährt bei sachgemäßer Behandlung den bequemsten und zuverlässigsten Nachweis der Schlagwetter.

Bestimmung des Grubengases. Der Gehalt der Wetter an Kohlensäure und Grubengas wird in einem abgemessenen Volumen durch Absorption der Kohlensäure in Kalilauge und durch Verbrennen des Grubengases an einem durch elektrische Stromwirkung glühend gemachten Platindraht bestimmt; die Genauigkeit dieser Analyse beträgt 0,02 %.

Das tragbare Gasinterferometer erlaubt dem in seiner Handhabung Geübten, den Grubengasgehalt mit einer Genauigkeit von 0,05 % in kurzer Zeit zu ermitteln.

Zur Probenahme der Wetter dienen Gläser von etwa 100 ccm Inhalt (Abb. 121). Ihre Hähne müssen gut gereinigt und eingefettet sein, damit sie sich bewegen lassen und einen gasdichten Abschluß ermöglichen. Sie werden mit Wasser gefüllt und an Ort und Stelle der Probenahme in der durch Abb. 122 veranschaulichten Weise bei geöffneten Hähnen behandelt; diese werden geschlossen, sobald das Wasser ausgeflossen ist. Eine solche Gasprobe reicht zur Bestimmung von Kohlensäure, Grubengas und Sauerstoff aus.

Handelt es sich um hochprozentige Wetter (Bläser) oder um Brandgase (Kohlenoxyd), so sind mehrere oder größere Gläser zur Probeentnahme des Gases zu benutzen. In diesem Falle empfiehlt es sich, das die Untersuchung vornehmende Laboratorium auf die Natur des Gases durch eine kleine Notiz aufmerksam zu machen.

a   b

Abb. 122.

Anwendung. Das aus dem Erdgas, Kokereigas und Schlammfaulräumen gewonnene Methan wird im verdichteten Zustande in Stahlflaschen in den Handel gebracht und dient zu Leucht-, Heiz-, Schweiß- und Lötzwecken. Bei schwer anspringenden Treibstoffen des Autos kann es vorteilhaft als Anlaßgas und bei Lastautos, Autobussen sowie Postautos als normaler Treibstoff benutzt werden.

74. Äthylen (C_2H_4), schwerer Kohlenwasserstoff.

Vorkommen. Die Anwesenheit von Äthylen in den Wettern der Steinkohlengruben ist noch nicht einwandfrei festgestellt. Äthylen ist ein Bestandteil der durch Verkokung organischer Körper erhaltenen gasförmigen Stoffe.

Eigenschaften. Äthylen ist ein farbloses, nicht unangenehm riechendes Gas. Sein spez. Gewicht ist 0,975 (0°, 760 mm), es ist also nur etwas leichter als Luft. Äthylen läßt sich leicht verflüssigen und durch Kühlen mit flüssiger Luft in seine feste Formart überführen. Äthylen ist nicht giftig, sondern in dieser Beziehung dem Methan ähnlich; bei größeren Konzentrationen hat es berauschende Eigenschaften.

An der Luft verbrennt es mit helleuchtender Flamme und gehört daher zu den Lichtgebern des Leuchtgases.

Ein Gemisch von 1 Raumteil Äthylen und 3 Raumteilen Sauerstoff oder 14,3 Raumteilen Luft explodiert mit großer Heftigkeit.

$$C_2H_4 + 3\,O_2 = 2\,CO_2 + 2\,H_2O\,.$$

75. Azetylen (C_2H_2).

Vorkommen. Azetylen findet sich in kleinen Mengen im Steinkohlenleuchtgase; seine Menge erhöht sich um das Zehnfache bei der unvollständigen Verbrennung desselben im zurückgeschlagenen Bunsenbrenner.

Darstellung. Azetylen wird durch Zerlegung des Kalziumkarbids mit Wasser dargestellt.

$$CaC_2 + 2\,H_2O = C_2H_2 + Ca(OH)_2\,.$$

Kalziumkarbid, ein fester grauer Stoff, wird im elektrischen Flammenofen durch Zusammenschmelzen von gebranntem Kalk und Koks gewonnen.

$$CaO + 3\,C = CaC_2 + CO\,.$$

1 kg Karbid erzeugt praktisch 300 Liter Azetylen.

Eigenschaften. Azetylen ist ein farbloses, im reinen Zustande geruchloses Gas. Das technisch aus Karbid gewonnene Gas riecht infolge seines Gehaltes an Phosphorwasserstoff widerlich. Sein spez. Gewicht beträgt 0,91 (Luft = 1); 1 cbm wiegt 1,17 kg. Reines Azetylen ist nicht giftig, wirkt aber betäubend und berauschend.

Azetylen ist eine endothermische Verbindung; die Zerlegung in seine Bestandteile erfolgt unter Abgabe von Wärme, dadurch erklärt sich seine explosible Natur. Bei gewöhnlichem Druck zerfällt das Gas nur da, wo der Anlaß zur Zersetzung gegeben wurde; der Zerfall pflanzt sich aber nicht durch die ganze Masse fort. Steht jedoch das Azetylen unter einem Druck von 2 Atm., so verbreitet sich die durch den elektrischen Funken oder glühenden Draht eingeleitete Zersetzung als Explosion durch das ganze Gas, wobei das Azetylen in Kohlenstoff und Wasserstoff zerfällt.

Nach der Bergpolizeiverordnung dürfen nur Azetylenerzeuger und -lampen gebraucht werden, welche einen Überdruck von mehr als ½ Atm. ausschließen. Durch Druck und Abkühlung läßt sich Azetylen leicht verflüssigen und stellt in diesem Zustande einen sehr gefährlichen Körper dar.

1 Raumteil Azetylen gebraucht zur vollständigen Verbrennung 2,5 Raumteile Sauerstoff bzw. 12 Raumteile Luft.

$$C_2H_2 + 2,5\,O_2 = 2\,CO_2 + H_2O\,.$$

Aus den gewöhnlichen Gasbrennern kann Azetylen nicht verbrannt werden, da es dann stark rußt. Dagegen verbrennt es aus sehr engen Öffnungen (Speckstein) ohne Rußabscheidung unter glänzendweißem Licht, das dem Sonnenlicht nahekommt.

Azetylenluftgemische mit 2,3—82% Azetylen explodieren mit größerer Heftigkeit als die von Schlagwettern, da die Explosionstemperatur (2300°) sehr hoch ist. Die Explosionsgrenzen liegen weit auseinander, die Zündung tritt schon bei etwa 335° ein, deshalb darf man mit Azetylenluftmischungen nur mit großer Vorsicht umgehen.

Mit Kupfer bildet das Gas rotes Azetylenkupfer C_2Cu und mit Silber weißes Azetylensilber C_2Ag_2. Beide Karbide explodieren im trocknen Zustande beim Schlagen, Reiben und Erhitzen äußerst heftig, indem sie in ihre Elemente zerfallen. Kupfer und Silber dürfen daher für Azetylenapparate und -leitungen keine Anwendung finden.

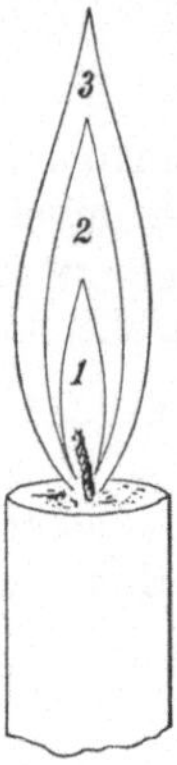

Anwendung. In der Sprengstoffindustrie dient Azetylenkupfer zur Herstellung von elektrischen Zündern. Beim autogenen Schweißen und Schneiden ersetzt man im Sauerstoffgebläse den Wasserstoff durch Azetylen mit ebenso gutem Erfolge. Wegen seines hohen Kohlenstoffgehaltes wird Azetylen zur Herstellung von Ruß verwandt. Das Azetylenlicht wird zur Beleuchtung kleiner Ortschaften und Häusergruppen benutzt; es fand während des Krieges eine weitgehende Verbreitung.

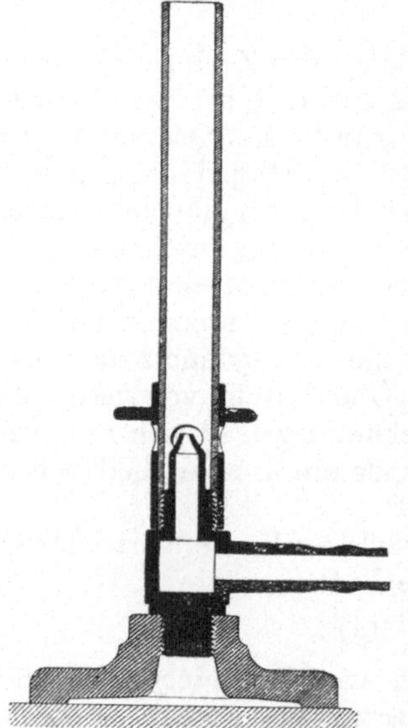

Abb. 123.

76. Die Flamme.

Brennende Gase bilden eine Flamme, während brennbare Körper, die bei der Verbrennungstemperatur keine brennbaren Gase bilden (Koks), unter Glühen, aber ohne Flamme brennen. Bei einer Kerze unterscheidet man drei verschiedene Flammenkegel (Abb. 123):

1. **Den inneren dunklen Kegel.** Dieser enthält das Gas (Kohlenwasserstoffe), welches durch die Hitze der Flamme aus dem geschmolzenen Stearin gebildet ist. Mit Hilfe einer dünnen Glasröhre, die in diesen Raum gebracht wird, läßt sich das Gas auffangen und am anderen Ende der Röhre entzünden. In diesem Raume findet keine Verbrennung statt, weil die Luft nicht in ihn gelangen kann.

2. **Den mittleren leuchtenden Kegel.** Hier geht eine teilweise Verbrennung und Zersetzung der Gase vor sich. Durch die Hitze der Flamme scheidet sich aus den Kohlenwasserstoffen Kohlenstoff ab und gerät in Weißglut; dadurch wird die Flamme leuchtend. Die Gegenwart von Kohlenstoff (Ruß) in diesem Raume kann man leicht nachweisen, indem man eine kalte Porzellanschale in die Flamme bringt. Die Schale berußt sofort.

Abb. 124.

Das Leuchten einer Flamme wird also durch glühende, feste Körper hervorgerufen. Die Wasserstoff-Flamme ist farblos, wird aber sofort leuchtend, wenn man den Wasserstoff vorher durch mit Benzol (C_6H_6) getränkte Watte streichen läßt. Auch durch einen glühenden Platindraht kann die Wasserstoff-Flamme leuchtend gemacht werden.

3. Den schwach bläulich leuchtenden, fast unsichtbaren Saum. Hier findet die vollständige Verbrennung des Gases (CH_4, CO) und des Kohlenstoffes zu Kohlensäure und Wasser statt.

Eine gleiche Beschaffenheit zeigt die Leuchtgasflamme; Leuchtgas besteht hauptsächlich aus Wasserstoff und Kohlenwasserstoffen. In dem Bunsenbrenner (Abb. 124) tritt das Leuchtgas durch die enge Düsenöffnung in den Schornstein, mischt sich hier mit der durch die Seitenöffnung zutretenden Luft und verbrennt oben angezündet mit nichtleuchtender, blauer Flamme. In dieser Form findet der Bunsenbrenner Anwendung zur Erhitzung des Gasglühstrumpfes und zur Beheizung der Koksöfen. Schließt man die seitlichen Öffnungen durch Drehen der Kapsel, so daß keine Luft in den Schornstein des Brenners eindringen kann, dann verbrennt das Gas mit heller, rußender Flamme. Die Heizwirkung der leuchtenden Flamme (Martinofen) beruht auf Leitung und Strahlung, die der nichtleuchtenden Flamme (Koksofen) hauptsächlich auf Leitung.

77. Silizium (Si = 28,1).

Silizium kommt in der Natur im freien Zustande nicht vor, sondern nur in Verbindung mit Sauerstoff, z. B. als Quarz, Bergkristall, Amethyst, Achat, Rauchtopas, Feuerstein. Kieselsaure Salze (Silikate) sind Ton, Feldspat, Granit und Kaolin.

Quarz läßt sich vor dem Knallgasgebläse wie gewöhnliches Glas bearbeiten. Quarzgläser sind gegen Temperaturwechsel unempfindlich. Man kann sie glühend in kaltes Wasser tauchen, ohne daß sie zerspringen.

Das gewöhnliche Glas ist ein Doppelsalz von Kalzium- und Natriumsilikat, das schwer schmelzbare Glas ist Kalziumkaliumsilikat. Natrium- und Kaliumsilikate sind in Wasser löslich; man nennt sie daher auch Wasserglas. Ihre Lösungen in Wasser dienen zum Imprägnieren von Stoffen, um sie vor Feuer zu schützen, und zum Konservieren von Eiern. Im Verein mit Salzlösungen dienen solche Lösungen auch zur Verfestigung des Gebirges. Durch Beigabe von Kieselsäure in gallert- oder leimartiger Form kann die Wirkung einer geringen Menge Phosphorsäure im Dünger erheblich gesteigert werden.

78. Säuren, Basen, Salze.

Säuren. Die Säuren sind Wasserstoffverbindungen, in welchen sich der Wasserstoff durch Metalle ersetzen läßt. Sie haben einen sauren Geschmack, färben blauen Lackmusfarbstoff rot und entwickeln bei der Einwirkung auf Metalle meist Wasserstoff unter Bildung von Salzen. Die Säuren sind auch Lösungsmittel für Metalloxyde und Salze. Die wichtigsten Säuren sind: Salzsäure (HCl), Salpetersäure (HNO_3), Schwefelsäure (H_2SO_4), Kohlensäure (H_2CO_3), Kieselsäure (H_2SiO_3), Phosphorsäure (H_3PO_4).

Basen. Die Basen färben roten Lackmusfarbstoff blau, neutralisieren Säuren und verbinden sich mit ihnen zu Salzen. Sie schmecken oft ätzend und laugenhaft; sie sind Lösungsmittel für Fette.

Die wichtigsten Basen sind: Ätznatron (NaOH), Ätzkali (KOH), Ammoniak (NH_4OH) und gelöschter Kalk $Ca(OH)_2$; sie lösen sich im Wasser unter Bildung von Laugen, welche in der Medizin und Chemie Anwendung finden. Die Fettsäuren des Palmöls, des Talgs, der Öle und Fette verbinden sich beim Kochen mit Kali oder Natron zu Seifen.

Salze. Salze sind Verbindungen einer Säure mit einer Base. Sie entstehen durch Einwirkung einer Säure auf

1. ein Metall:

$$Zn + 2\,HCl = H_2 + ZnCl_2\,;$$

2. eine Base oder ein Metalloxyd unter Wasseraustritt:

$$NaOH + HNO_3 = H_2O + \underset{\text{Salpeter}}{NaNO_3},$$

$$CaO + H_2SO_4 = H_2O + \underset{\text{Gips}}{CaSO_4},$$

Die meisten Salze werden vom Wasser in größeren oder kleineren Mengen gelöst; die Löslichkeit nimmt im allgemeinen mit der Temperatur zu. Hat das Wasser die seiner Temperatur entsprechende Menge Salz aufgenommen, so ist die Lösung gesättigt. Beim vorsichtigen Abkühlen einer gesättigten Lösung gelingt es, in manchen Fällen mehr Salz in Lösung zu halten, als dem Sättigungsgrade bei der betreffenden Temperatur entspricht — übersättigte Lösungen.

Die Salze sind oft schon an ihrer regelmäßigen Form, der Kristallbildung, kenntlich; sie ändern meist die Lackmusfarbe nicht, sie reagieren neutral. Beim teilweisen Verdunsten und beim Abkühlen einer gesättigten Lösung scheidet sich ein Teil des gelösten Stoffes in Kristallen aus.

Kristalle sind von ebenen Flächen begrenzte Körper, deren Eigenschaften Verschiedenheiten aufweisen, die von der Richtung abhängen. Soll in einer Lösung ein Kristall entstehen, so muß sich zuerst ein Keim bilden oder der Lösung zugefügt werden.

H. Metalle.

Allgemeine Eigenschaften der Nichtmetalle und Metalle.

Eine scharfe Grenze läßt sich zwischen den beiden Gruppen der Elemente nicht ziehen.

Die **Nichtmetalle** leiten im allgemeinen Wärme und Elektrizität schlecht und besitzen keinen Metallglanz. Mit Wasserstoff bzw. mit Wasserstoff und Sauerstoff bilden die Nichtmetalle Säuren.

Die **Metalle** sind durch ihren Metallglanz, sowie durch ihre Leitungsfähigkeit für Wärme und Elektrizität gekennzeichnet. Die meisten Metalle sind dehnbar, fest und zähe, so daß sie zu Platten oder Draht verarbeitet werden können, ohne zu reißen. Mit Wasserstoff und Sauerstoff bilden die Metalle Basen. Man unterscheidet Schwermetalle und Leichtmetalle (spez. Gewicht unter 5); zu letzteren gehören außer den Alkali- und Erdalkalimetallen vor allem Aluminium und Magnesium. Diese Leichtmetalle und ihre Legierungen haben eine große Zukunft, da die Eigenschaften dieser vielfach denen des Stahls gleichkommen. Fahrzeuge aus Leichtmetallen können mehr Personen und Lasten als solche aus Holz und Stahl aufnehmen.

79. Natrium (Na = 23).

Vorkommen. Natrium kommt in freiem Zustande in der Natur wegen seiner großen Verwandtschaft zum Sauerstoff nicht vor, ist aber mit Sauerstoff verbunden sehr verbreitet. In mächtigen Lagern findet es sich als Kochsalz ($NaCl$) und als Chilesalpeter ($NaNO_3$). In Verbindung mit Kieselsäure und Aluminium kommt es in Natronfeldspat vor; durch die Verwitterung desselben gelangt es in die Ackerkrume. Im Verein mit Flußsäure und Aluminium bildet es den Kryolith.

Darstellung. Metallisches Natrium wird durch Elektrolyse von geschmolzenem Ätznatron dargestellt.

Eigenschaften. Natrium ist sehr weich und leicht, sein spez. Gewicht ist 0,97. Wegen seiner großen Verwandtschaft zum Sauerstoff ist es an der Luft nicht beständig und muß daher unter Petroleum aufbewahrt werden. Natrium zersetzt das Wasser und färbt die nichtleuchtende Flamme gelb. Das metallische Natrium dient als kräftiges Reduktionsmittel.

Natriumhydroxyd, Ätznatron ($NaOH$) wurde früher durch Zersetzung von Natriumkarbonat mit Kalk bei Siedehitze hergestellt:

$$Na_2CO_3 + Ca(OH)_2 = CaCO_3 + 2\,NaOH\,.$$

Kohlensaurer Kalk scheidet sich als unlöslicher Stoff aus, während Natron als Lauge in Lösung bleibt. Heute wird Natronlauge im großen durch Elektrolyse von Kochsalz gewonnen. Festes Ätznatron erhält man durch Eindampfen von Natronlauge; es wird geschmolzen und in weißen Stangen in den Handel gebracht. Natronpatronen der Rettungsapparate (S. 110). Natronlauge wird in der chemischen Industrie häufig verwandt (Seifensiederei, Reinigung von Benzol).

Kochsalz ($NaCl$) ist ein wichtiger Nährstoff. Es dient ferner zur Herstellung von Soda, Chlor, Salzsäure. In vielen Steinkohlenflözen ist Kochsalz enthalten; bei der Kohlenwäsche geht dieses niemals vollständig aus der Kohle heraus, da sich das umlaufende Wasser nach und nach mit Kochsalz anreichert. Kochsalzhaltige Kohle führt im Koksofen leicht Schmelzungen der Ofenwände, zumal der Sohle, herbei, daher soll der Gehalt der Kohle an $NaCl$ nicht über 0,1 % gehen. Das bergmännisch durch Sprengarbeit gewonnene Steinsalz kommt mit einem Gehalt von 94—99,9 % $NaCl$ in den Handel; durch chemische Aufbereitung wird es von seinen Verunreinigungen (Gips, Eisensalze) befreit.

Soda, Natriumkarbonat ($Na_2CO_3 \cdot 10\,H_2O$) wird durch Elektrolyse von Kochsalz und Einleiten von Kohlensäure in die daraus bereitete Natronlauge gewonnen.

$$2\,NaOH + CO_2 = Na_2CO_3 + H_2O\,.$$

Leitet man Kohlensäure in eine konzentrierte Sodalösung, so entsteht das doppeltkohlensaure Natron, Natriumbikarbonat ($NaHCO_3$);

es dient zum Abstumpfen der Magensäure und im Verein mit Wein-
säure als Brausepulver.

Chilesalpeter, Natriumnitrat ($NaNO_3$) wird in Chile und Peru gefunden. Als Stickstoffquelle bei der Entstehung des Chilesalpeters nahm
man früher Vogeldünger (Guano) an, heute dagegen Tangmassen oder
auch Stickstoff der Luft. Durch elektrische Entladung bildet sich
Ozon (O_3), das das Ammoniak der Luft in Ammoniumnitrat und dieses
durch Umsetzung mit Kochsalz des Bodens zu Natronsalpeter umwandelt:

$$NH_4 \cdot NO_3 + NaCl = NaNO_3 + NH_4 \cdot Cl.$$

Chilesalpeter ist ein wichtiges Düngemittel.

Der Chilesalpeter zieht leicht Wasser aus der Luft an, ist „hygro-
skopisch" und wird deshalb nur in beschränktem Maße zur Herstellung
von Sprengstoffen benutzt. Erhitzt man Chilesalpeter mit Schwefelsäure, so destilliert Salpetersäure über, während saures Natriumsulfat,
Natriumbisulfat, zurückbleibt.

$$NaNO_3 + H_2SO_4 = HNO_3 + NaHSO_4.$$

Natriumbisulfat dient zum teilweisen Ersatz (bis zu 25%) der Schwefelsäure im Sättiger der Kokerei, wodurch man statt des Ammonium-
sulfates ein Natrium-Ammoniumsulfat mit 19% NH_3 erhält.

80. Kalium (K = 39,1).

Vorkommen. Kalium kommt in der Natur nur in Form von Salzen
vor. Es ist besonders in den Abraumsalzen als Kaliumchlorid (KCl) in
Form von Doppelsalzen, z. B. Karnallit ($MgCl_2KCl$), enthalten. Mit
Kieselsäure und Aluminium bildet es den Kalifeldspat. Alle Pflanzen
enthalten Kaliumverbindungen.

Darstellung. Das metallische Kalium wird aus geschmolzenem Chlorkalium durch Elektrolyse gewonnen.

Eigenschaften. Kalium ist ein glänzendes, silberweißes, weiches
Metall. Kalium ist sehr leicht, sein spez. Gewicht ist 0,865. Kalium
wird vom Sauerstoff noch begieriger als Natrium angegriffen und muß
daher unter Petroleum aufbewahrt werden. Es zersetzt das Wasser
energisch und färbt die nichtleuchtende Flamme violett.

Das Kali ist ein wichtiger Pflanzennährstoff, deshalb sind die Abraumsalze als Kalidünger sehr geschätzt.

Chlorsaures Kali, Kaliumchlorat ($KClO_3$) entsteht bei der Einwirkung von Chlor auf heiße Kalilauge. Beim Erhitzen gibt es den
Sauerstoff leicht ab und dient daher zur Herstellung von Sprengstoffen.

Kalisalpeter, Kaliumnitrat (KNO_3) wird aus Chilesalpeter durch
Umsetzen mit Chlorkalium gewonnen.

$$NaNO_3 + KCl = KNO_3 + NaCl.$$

Beim Erhitzen schmilzt der Salpeter unter Abgabe von Sauerstoff;
er wirkt daher stark oxydierend. Ein glimmender Holzspan wird über
geschmolzenem Salpeter zu heller Flamme entfacht. Holzkohle, Schwefel
und Phosphor verbrennen in ihm mit lebhaftem Feuer; darauf beruht
seine Anwendung zu Sprengstoffen. Das Schwarzpulver ist ein inniges
Gemisch von 75 Teilen Salpeter, 12 Teilen Schwefel und 13 Teilen

pulverisierter Holzkohle. Beim Verbrennen des Pulvers entstehen Gase (Kohlensäure, Kohlenoxyd, Stickstoff), die einen 700 mal größeren Raum als das Pulver einnehmen, und es hinterbleibt ein fester Rückstand (Kaliumkarbonat, -sulfat und -sulfid).

Aufgabe: Wieviel Gramm Sauerstoff geben 10 g Kalisalpeter beim Erhitzen ab, wenn sein Gesamtgehalt an Sauerstoff für die Verbrennung zur Verfügung steht?

$$KNO_3 : 3\,O = 10 : x$$

$$x = \frac{48 \times 10}{101,1} = 4,75\ \text{g O}.$$

Die Kaliindustrie. Die Aufschließung der Kalilagerstätten erfolgt durch Schacht- und Grubenbau nach bergmännischem Verfahren. Die geförderten Kalirohsalze werden gemahlen entweder direkt als Düngersalze der Landwirtschaft zugeführt oder fabrikmäßig auf hochgradige Salze mittels auswählender Lösung und Kristallisation verarbeitet. So scheidet sich z. B. aus einer konzentrierten, heißen, wässerigen Lösung des Doppelsalzes $KClMgCl_2 \cdot 6\,H_2O$ (Karnallit) das Chlorkalium ab, während das Chlormagnesium in Lösung bleibt. Da aber der natürliche Karnallit mit wechselnden Mengen von Steinsalz (NaCl) und Kieserit ($MgSO_4 \cdot H_2O$) durchsetzt ist, so würden beim Behandeln des gemahlenen Minerals mit heißem Wasser auch Steinsalz und Kieserit gelöst werden und mit dem kristallisierenden Chlorkalium teilweise ausfallen. Um das zu verhindern, nimmt man als Lösungsmittel nicht heißes Wasser, sondern im Betrieb gewonnene, kochende Chlormagnesiumlauge mit 18—20% $MgCl_2$, in welche man das zu verarbeitende Rohsalz einfallen läßt. Nach kurzem Kochen unter geringem Überdruck läßt man die fertige Lösung zunächst in Durchlauf- und Klärkästen ab, damit sich mitgerissene und in der Lösung verteilte Schlammstoffe und Salze wie Kieserit absetzen können. Die klare Lösung wird nach einiger Zeit in die Kristallisierkästen abgehebert, wo sie mehrere Tage der Abkühlung überlassen bleibt. Es kristallisiert ein Gemisch von Chlorkalium und erheblichen Mengen Kochsalz aus. Zur weiteren Konzentration füllt man das gewonnene Produkt in Siebbottiche und überschüttet (deckt) es mit kaltem Wasser, welches das Kochsalz löst, während das darin schwerer lösliche Chlorkalium zurückbleibt.

81. Ammoniumverbindungen.

Die Gruppe NH_4 wird als Ammonium bezeichnet; sie verhält sich wie ein einwertiges Metall.

Die Salze des Ammoniums entstehen durch Addition von Ammoniak und Säuren.

$$NH_3 + HCl = NH_4Cl,\ \text{Salmiak.}$$

Salmiak, Chlorammonium, NH_4Cl, kommt in der Natur in geringen Mengen in der Nähe tätiger Vulkane vor. Bei der Verkokung der Steinkohle bilden sich außer dem gasförmigen Ammoniak stets auch Ammoniumsalze. Das Waschwasser der Ammoniakwäscher nimmt das freie und das gebundene Ammoniak auf. In den Kolonnenapparaten wird das flüchtige Ammoniak durch Destillation, das gebundene unter gleichzeitigem Zusatz von gelöschtem Kalk ausgetrieben.

$$2\,NH_4Cl + Ca(OH)_2 = 2\,NH_3 + 2\,H_2O + CaCl_2\,.$$

Das abgetriebene Ammoniakgas wird in Schwefelsäure zur Darstellung des schwefelsauren Ammoniaks geleitet.

$$2\,NH_3 + H_2SO_4 = (NH_4)_2SO_4\,.$$

Das **schwefelsaure Ammoniak** ist ein wichtiges Stickstoffdüngemittel.

Ammonsalpeter, Ammoniumnitrat (NH_4NO_3) entsteht beim Neutralisieren von Salpetersäure mit Ammoniak.

$$HNO_3 + NH_3 = NH_4NO_3\,.$$

Ammonsalpeter ist ein farbloser, kristallinischer, explosibler Körper, der aus der Luft Wasser anzieht. Die mit Ammonsalpeter hergestellten Sprengpatronen müssen daher mit einem Paraffinüberzug versehen werden, damit sie gegen Feuchtigkeit geschützt sind.

Bei der Explosion zerfällt Ammoniumnitrat in Wasser, Stickstoff und Sauerstoff.

$$NH_4NO_3 = 2\,H_2O + N_2 + \tfrac{1}{2}\,O_2\,.$$

Der größere Teil des in Ammonsalpeter vorhandenen Sauerstoffes wird zur Oxydation des in ihm enthaltenen Wasserstoffes verbraucht; der dadurch entstandene Wasserdampf hat auf die Bildung der Nachschwaden günstigen Einfluß. Auch ermöglicht der Rest von 20 % Sauerstoff den Zusatz von Kohlenstoffträgern. Auf diese Weise entstehen Sprengstoffe, die dem Schwarzpulver und Dynamit gegenüber Schlagwetter und Kohlenstaub weniger leicht zünden (Wettersprengstoffe).

Die Ammonsalpetersprengstoffe werden aus Ammonsalpeter und anderen Sprengstoffen (mindestens 4 % Nitroglyzerin) zusammengesetzt. Sie bedürfen sehr kräftiger Sprengkapseln zu ihrer Zündung.

82. Sprengstoffe.

Unter **Explosion** versteht man eine schnell verlaufende chemische Umsetzung, die dadurch gekennzeichnet ist, daß während dieses Vorganges Gase und Dämpfe in kurzer Zeit und bei hoher Temperatur entstehen. Körper, welche durch Wärme, Stoß, Schlag, Reibung oder durch Wärme und Druck eines anderen sich zersetzenden Stoffes explodieren, heißen **Sprengstoffe**. In der Regel wird die Explosion eines Sprengstoffes durch die Explosion einer mit Sprengladung gefüllten Sprengkapsel eingeleitet.

Explosible Natur haben die **endothermischen** Verbindungen, wie Bleiazid und Jodstickstoff, flüssiges Ozon, Azetylen, Azetylenkupfer u. a.; sie zerfallen leicht in ihre Elemente. Das Freiwerden der zu ihrer Bildung nötigen, gebundenen Energie äußert sich in einer starken Temperaturerhöhung.

Die meisten Explosionen sind sehr schnell verlaufende Verbrennungen des Kohlenstoffes oder eines Kohlenstoffträgers durch Sauerstoff oder einen Sauerstoffträger. Man kann die Sprengstoffe einteilen in:

1. Gemische; sie werden erst durch inniges Vermengen ihrer Bestandteile explosiv;

2. chemische Verbindungen; sie explodieren vermöge ihres chemischen Aufbaues, und zwar für sich.

Die Gemische brennbarer Gase und Sauerstoff bzw. Luft sind eingehend behandelt worden (S. 94, 116, 119, 120).

Feste Kohlenstoff- und Sauerstoffträger hinterlassen mit Ausnahme des Ammonsalpeters feste Rückstände (Schwarzpulver, S. 125), ihre Explosion ist daher weniger heftig als die mit flüssiger Luft hergestellten Sprengstoffe, welche ohne Rückstand verbrennen. Diese Flüssige-Luft-Sprengstoffe haben aber den Nachteil, daß ihre Schärfe durch ständige Abgabe von Sauerstoff nachläßt, so daß sie unbrauchbar werden.

In den Sprengstoffen, die chemische Verbindungen darstellen, ist ihr Aufbau derart, daß Kohlenstoffträger (Kohlenwasserstoffe) und Sauerstoffträger (Nitrogruppen) vereint das Molekül bilden. (Nitroglyzerin, Nitrozellulose, Nitrotoluol u. a.) So zersetzt sich das Nitroglyzerin bei der Explosion nach folgender Gleichung:

$$2\,C_3H_5(NO_3)_3 = 6\,CO_2 + 5\,H_2O + 3\,N_2 + \tfrac{1}{2}\,O_2\,.$$

Die Explosionstemperatur der meisten Sprengstoffe ist so hoch, daß eine Zündung von Schlagwettern und Kohlenstaubluftmischungen eintritt. Die Entzündungstemperatur der Schlagwetter (5—14% Methan) liegt z. B. bei etwa 650°, während bei der Explosion der Sprengstoffe durchweg Temperaturen von mehr als 1000° entstehen, so daß jede Schußflamme eines explodierenden Sprengstoffs in der Nähe befindliche Schlagwetter zünden müßte. Nun verlangt dieser Vorgang aber eine gewisse Dauer der Einwirkung, mit anderen Worten, es tritt eine gewisse Verzögerung von z. B. 10 Sekunden bei 650° und von 1 Sekunde bei 1000° ein. Anderseits explodiert ein brisanter Sprengstoff so schnell, daß er nur den Bruchteil einer Sekunde währt. Deshalb bleibt die hohe Temperatur der Explosionsflamme nur ganz kurze Zeit bestehen, dann kühlen sich die Explosionsgase infolge der Ausdehnung und der Arbeitsleistung erheblich ab. Diese Verhältnisse erklären die Tatsache, daß das Schwarzpulver bei einer verhältnismäßig langsamen chemischen Umsetzung und langen Flammendauer Grubengasgemische immer zündet.

Trotz seiner kurzen Explosionsdauer zündet aber auch Dynamit Schlagwetter, da seine Explosionstemperatur über 3000° liegt und bei diesen hohen Temperaturen eine Verzögerung der Zündung nicht mehr stattfindet. Wettersprengstoffe müssen also chemisch so aufgebaut sein, daß sie bei der Explosion eine möglichst niedrige Explosionstemperatur liefern, bei der eine gewisse Verzögerung der Zündung noch wirksam sein kann. Auch muß der chemische Vorgang so schnell verlaufen, daß die Explosion einen möglichst kurzen Bestand hat. Man bedient sich nun zweier Mittel, um die Flammentemperatur niedrig zu halten:

1. Man geht von Sprengstoffvertretern mit an sich verhältnismäßig niedriger Explosionstemperatur, wie z. B. Ammonsalpetersprengstoffen, aus;

2. man setzt den Sprengstoffen solche Stoffe zu, die wie z. B. Koch-

salz durch Schmelzen, Verdampfen oder Zersetzen **Wärme** binden, so daß die Explosionstemperatur herabgesetzt wird. Aber auch andere Umstände, wie z. B. Begrenzung der Lademenge, guter Besatz, sachgemäße Anlage des Schusses usw. haben auf die Flammentemperatur Einfluß. Für die Kohlenstaubsicherheit der Sprengstoffe sind ebenfalls die Explosionstemperatur und die Flammendauer von besonderer Wichtigkeit. Ammonsalpetersprengstoffe besitzen meist recht gute Kohlenstaubsicherheit sogar noch in Fällen (Brisanz), wo sie Schlagwettern gegenüber bereits weniger sicher sind. Man unterscheidet nach dem Gehalt an Nitroglyzerin plastische, halbplastische und pulverförmige Ammonsalpeter-Sprengstoffe.

Während man früher zur Zündung der Sprengschüsse Kapseln mit einheitlicher Ladung (85% Knallquecksilber, 15% chlorsaures Kali) verwandte, benutzt man heute vielfach Kapseln mit zwei verschiedenen Ladungen. Dabei besteht die Hauptladung aus Trinitrotoluol (Trotyl), Tetramethylanilin (Tetryl), während die Aufladung aus einem Gemisch von Knallquecksilber und Chlorat oder aus Bleiazid und Bleinitroresorzinat besteht.

83. Kalzium (Ca = 40). Mörtel. Kesselstein.

Vorkommen. Kalzium kommt in der Natur im freien Zustande nicht vor; es ist ein weißes Metall vom spez. Gewicht 1,83. An trockener Luft ist es ziemlich beständig, mit Wasser zersetzt es sich langsam unter Entwicklung von Wasserstoff.

$$Ca + 2\,H_2O = H_2 + Ca(OH)_2\,.$$

Im gebundenen Zustande kommt das Kalzium in Form von kohlensaurem Kalk, Kalziumkarbonat ($CaCO_3$), vor und bildet ganze aus Kalkstein, Marmor, Kreide bestehende Gebirge. (Juragebirge, Kreidefelsen von Rügen, Muschelkalk.)

Mörtel. Der Kalkstein ist das Hauptmaterial zur Herstellung des Mörtels; er wird mit Kohle gemischt in Kalköfen zum Glühen gebracht, wobei er sich infolge der hohen Temperatur zu Kalziumoxyd und Kohlensäure zersetzt.

$$CaCO_3 = CaO + CO_2\,.$$

Aus 100 kg reinem Kalkstein entstehen 56 kg „gebrannter" Kalk und 44 kg Kohlensäure. Der gebrannte Kalk ist ein weißgrauer, poröser Stoff, welcher beim Übergießen mit Wasser (Löschen des Kalkes) unter großer Wärmeentwicklung zu einer weißen Masse, dem gelöschten Kalk, zerfällt.

$$CaO + H_2O = Ca(OH)_2\,.$$

Schüttelt man gelöschten Kalk in einer geschlossenen Flasche mit Wasser, so entsteht eine weiße, milchige Masse, welche im großen als Kalkmilch zum Weißen der Wände dient. Kalkmilch scheidet beim Stehenlassen den Überschuß des gelöschten Kalkes als Bodensatz ab und gibt eine klare Lösung, das Kalkwasser. Dieses dient zum Nachweis der Kohlensäure.

Verrührt man den gelöschten Kalk mit Wasser (Kalkbrei) und Sand, so entsteht Mörtel; dieser nimmt Kohlensäure aus der Luft auf (Luftmörtel) und erhärtet unter Rückbildung von kohlensaurem Kalk und Abscheidung von Wasser.

$$Ca(OH)_2 + CO_2 = CaCO_3 + H_2O \, .$$

Der Zusatz von Sand bezweckt, das Zerreißen und Schwinden des Mörtels zu verhindern. Die langsam entstehenden Kristalle von Kalkspat verbinden sich miteinander und dringen teilweise in die Poren der Steine ein und verkitten sie. Die Erhärtung des Mörtels kann durch Aufstellen offener Koksöfen beschleunigt werden, die viel mehr Kohlensäure erzeugen als das „Trockenwohnen" durch den Atmungsprozeß.

Aufgabe: In einer bestimmten Menge Mörtel sind 3 kg gelöschter Kalk enthalten; wieviel Kohlensäure ist zu seinem Erhärten erforderlich?

$$Ca(OH)_2 : CO_2 = 3 : x$$
$$x = \frac{44 \times 3}{74} = 1{,}78 \text{ kg.}$$

Gips, Kalziumsulfat, $CaSO_4 \cdot 2\,H_2O$, ist sehr verbreitet. Gips zerfällt auf 120° erhitzt unter Abgabe seines Kristallwassers zu einer weißen Masse, dem gebrannten Gips. Dieser gibt, mit Wasser angerührt, einen leicht erhärtbaren Brei, welcher zu Stuckarbeiten, Abgüssen, Gipsverbänden und Befestigen von Gegenständen benutzt wird.

Nach einem neuen Verfahren wird fein gemahlener und in Wasser aufgeschlämmter Gips durch Einleiten von Ammoniak und Kohlensäure in schwefelsaures Ammoniak übergeführt:

$$CaSO_4 + 2\,NH_3 + CO_2 + H_2O = CaCO_3 + (NH_4)_2SO_4 \, .$$

In Filtern besonderer Bauart wird der unlösliche kohlensaure Kalk und der unzersetzte Gips von der Lösung getrennt, welche beim Eindampfen reines schwefelsaures Ammoniak ergibt.

In der chemischen Industrie wird Kalk zur Darstellung von Kali, Natron, Ammoniak, Glas, zum Gerben, Reinigen des Leuchtgases usw. verwandt.

Kesselstein nennt man die steinige Masse, die sich beim Verdampfen des Wassers im Kessel bildet; als schlechter Wärmeleiter hemmt er den Übergang der Wärme an das Wasser und kann zu Dampfkesselexplosionen Anlaß geben.

Der im Wasser gelöste Sauerstoff führt leicht zu Anfressungen des Kessels und der Rohrleitungen, wenn er an den Wänden, Nietköpfen haften bleibt. Eine solche Zerstörung des Eisens durch Luft und Wasser nennt man Korrosion. Durch Erwärmen des Wassers vor Eintritt in den Kessel kann der schädliche Sauerstoff beseitigt werden.

Enthält das Wasser nur leicht lösliche Salze, so bilden diese durch Verdampfung des Wassers nach und nach eine starke Sole, aus welcher sich schließlich sogar Kochsalz als feste Kruste abscheiden kann. Deshalb muß das alte Kesselwasser von Zeit zu Zeit abgelassen werden.

Der durch Einleiten von Kohlensäure in Kalkwasser entstandene Niederschlag löst sich wieder unter Bildung von doppeltkohlensaurem Kalk, wenn man noch länger Kohlensäure einwirken läßt. Beim Stehenlassen oder Erwärmen der Lösung entweicht die Kohlensäure wieder und der kohlensaure Kalk scheidet sich aus, da er wohl in kohlensäurehaltigem, aber nicht in kohlensäurefreiem Wasser löslich ist.

$$CaCO_3 + H_2O + CO_2 \rightleftharpoons Ca(HCO_3)_2 \,.$$

Auch kohlensaure Magnesia ($MgCO_3$) und kohlensaures Eisen ($FeCO_3$) sind in kohlensäurehaltigem Wasser etwas löslich und scheiden sich wie der kohlensaure Kalk im Kessel aus, wenn die Kohlensäure beim Erwärmen ausgetrieben wird.

Unter den gelösten Stoffen ist der Gips wegen seiner geringen Löslichkeit in Wasser wohl als ein Hauptfeind des Kessels zu bezeichnen; er scheidet sich beim Verdampfen zuerst aus und bildet im Verein mit kohlensaurem Kalk, kohlensaurer Magnesia, den Schwebekörpern und den organischen Stoffen den Kesselstein.

Da das Kondenswasser der Dampfmaschinen destilliertes Wasser ist, also keine festen Stoffe gelöst enthält, ist es für Kesselspeisezwecke besonders geeignet. Es hat aber auf dem Wege durch die Maschinen Öl mitgenommen, welches ein noch viel schlechteres Wärmeleitungsvermögen als der Kesselstein hat und diesen für Wasser undurchlässig macht. Das Kondenswasser muß also gut von Öl gereinigt werden; durch Zusatz von Aluminiumsulfat wird das Öl mechanisch gebunden, so daß es leicht abfiltriert werden kann. Auch durch Filter mit aktiver Kohle kann das Kondenswasser wirtschaftlich entölt werden. Bei einer Kesselsteinschicht von 5 mm Dicke muß schon mit einem Mehrverbrauch von 15—20% Kohle gerechnet werden. Denselben Verlust bringt ein Ölbelag von $\frac{1}{4}$ mm Dicke.

Wird die Kesselsteinschicht noch stärker, so tritt nicht nur eine große Erhöhung des Kohlenverbrauchs, sondern die Gefahr der Durchbeulung und des Aufreißens der Kesselwände ein.

Ein allgemeines Mittel zur Verhinderung des Kesselsteins gibt es nicht; es muß vielmehr in jedem Einzelfalle auf Grund einer Analyse z. B. diejenige Menge von **Kalk** und **kohlensaurem Natron** ermittelt werden, die man dem Wasser in einem Vorreinigungsprozeß zusetzen muß — **Kalk-Sodaverfahren.**

$$Ca(HCO_3)_2 + CaO = 2\,CaCO_3 + H_2O$$
$$CaSO_4 + Na_2CO_3 = CaCO_3 + Na_2SO_4 \,.$$

Bei dem **Natronlauge-Sodaverfahren** wird Kalk durch Natronlauge ersetzt, auch wird das zu reinigende Wasser vorgewärmt:

$$Ca(HCO_3)_2 + 2\,NaOH = 2\,H_2O + Na_2CO_3 + CaCO_3 \,.$$

Permutit ist ein künstliches Natriumaluminiumsilikat, das durch Zusammenschmelzen von Ton, Feldspat, Kaolin, Sand und Soda gewonnen wird. Das Natrium dieser Masse ist sehr schwach gebunden und kann leicht durch Kalzium und Magnesium ersetzt werden:

$$Permutit\text{-}Na_2 + Ca(HCO_3)_2 = Permutit\text{-}Ca + 2\,NaHCO_3$$
$$Permutit\text{-}Na_2 + CaSO_4 = Permutit\text{-}Ca + Na_2SO_4 \,.$$

In den Permutitfiltern benutzt man diese Eigenschaft der Reinigungsmasse zur Enthärtung des Wassers. Ist das Natrium vollständig durch Kalzium und Magnesium ersetzt worden, so ist die Masse erschöpft; sie wird durch Behandlung mit 10%iger Kochsalzlösung wieder belebt.

Durch Zusatz von Natriummetaphosphat entstehen die Bildung von Kesselstein verhindernde lösliche Kalziumsalze, die sich in den Zuleitungen des Speisewassers nicht absetzen, so daß diese schlammfrei bleiben. Erst im Kessel erfolgt bei hoher Temperatur die Umwandlung der Metaphosphate in unlösliche Orthophosphate, die nicht an den Kesselwänden haften.

Mit der Eigenschaft der Kohlensäure, kohlensauren Kalk zu lösen und selbst leicht aus der Lösung zu entweichen, erklärt sich die Bildung von Höhlen im Kalksteingebirge, Tropfsteinen, Wassersteinen, Kalksinter und Sprudelsteinen.

Aufgabe: 1 Liter Wasser enthält 0,130 g Gips; wieviel wasserfreie Soda muß dem Wasser zu seiner Beseitigung zugesetzt werden?

$$CaSO_4 : Na_2CO_3 = 0,13 : x$$

$$x = \frac{106 \times 0,13}{136} = 0,1013 \text{ g } Na_2CO_3 \, .$$

84. Magnesium (Mg = 24,3).

Vorkommen. Magnesium kommt im freien Zustande nicht vor. In Form seiner kohlensauren Salze ist es häufig, z. B. Magnesit ($MgCO_3$), Dolomit ($MgCO_3CaCO_3$). Es findet sich ferner in Abraumsalzen, im Meerwasser, in Mineralwässern, im Tier- und Pflanzenkörper. Talk, Meerschaum, Speckstein sind Magnesiumsilikate.

Darstellung. Magnesium wird durch Elektrolyse von geschmolzenem, wasserfreiem Magnesiumchlorid dargestellt.

Eigenschaften. Magnesium ist ein silberweißes, glänzendes, sehr dehnbares Metall. Sein spez. Gewicht beträgt 1,75. An der Luft entzündet, verbrennt es mit blendend weißem Licht; daher wird es zur Erzeugung des Blitzlichtes verwandt. Heißes Wasser zersetzt das Magnesium. Seine Legierung mit Aluminium dagegen ist beständig und wird wegen ihres geringen spez. Gewichts zum Flugzeugbau u. dgl. benutzt.

Magnesiumoxyd (MgO) dient als Medikament zur Abstumpfung der Magensäure, ferner in Verbindung mit Magnesiumchlorid zur Herstellung von Magnesiatiegeln und eines feuerfesten Zementes.

Magnesiumsulfat, Bittersalz ($MgSO_4 \cdot 7H_2O$) kommt in Mineralwässern (Karlsbad) vor und dient als Abführmittel.

Der **Dolomit** wird als Zuschlag im Hochofenprozeß sowie mit Teer gemischt und gebrannt, zur Herstellung des basischen Futters bei der Darstellung des Flußeisens benutzt.

85. Kupfer (Cu = 63,6).

Vorkommen. Das Kupfer kommt gediegen z. B. in Nordamerika vor; die wichtigsten Kupfererze sind: Rotkupfererz (Cu_2O), Kupferglanz (Cu_2S), Kupferkies ($CuFeS_2$), Malachit ($Cu(OH)_2CuCO_3$) und Lasur ($Cu(OH)_2 \, 2CuCO_3$).

Aufbereitung der Erze. Die Lagerstätten von Kupfererzen und anderen Mineralien bestehen oft nicht aus einem mineralogisch einheit-
lichem Produkt, z. B. Kupferglanz, Kupferkies, Zinkblende oder Galmei
sondern aus mehreren nutzbaren Erzen. Das Gestein kann auch so arm
an Erz sein, daß sich seine Verhüttung nicht ohne weiteres lohnt; so
verlangt man in Deutschland, daß die Eisenerze einen Mindestgehalt
von 30% Eisen besitzen. Es ist die Aufgabe der mechanischen Aufbereitung, die Trennung der verschiedenen Erze voneinander sowie von
dem tauben Gestein so weit zu treiben, daß das gewonnene Gut sich
leicht verhütten läßt. Schon in der Grube setzt die grobe Aufbereitung
durch Scheiden von Erz und taubem Gestein ein; das Rohhaufwerk wird
dann nach „Wänden“ und Grubenklein voneinander getrennt.

Das Grubenklein wird stufenweise durch Steinbrecher, Pochwerke,
Kollergänge, Kugelmühlen usw. zu folgenden Kornklassen (Separation)
zerkleinert:

Stückerze	40	—100 mm Korngröße
Grobkorn I	20	—40 „ „
„ II	4	—20 „ „
Feinkorn I und II . .	1	— 4 „ „
Mehle oder Schlieche .	0,25—	1 „ „
Schlämme unter . . .	0,25	„ „

Man unterscheidet u. a. die trockene, nasse, elektromagnetische
(S. 65) und chemische Aufbereitung. Zu dieser gehört z. B. das chlo-
rierende Rösten kupferhaltiger Kiesabbrände, die dann zur Kupfer-
gewinnung gemahlen und mit Wasser ausgelaugt werden. Das Schwimm-
(Flotations-)verfahren dient zur Trennung von Erzen mit angenähert
gleichen spezifischen Gewichten, z. B. Zinkblende von Spateisenstein.

Gewinnung. Durch wiederholtes Rösten, nachfolgende Reduktion
der entstandenen Oxyde mit Kohle und wiederholtes Umschmelzen erhält man das Rohkupfer („Schwarzkupfer“) mit 90—95% Kupfer; dieses
wird durch Einhängen als Anode in ein elektrolytisches Bad von Kupfervitriollösung veredelt (Elektrolytkupfer).

Eigenschaften. Das Kupfer ist ein weiches Metall von roter Farbe
und starkem Metallglanz; sein spez. Gewicht beträgt 8,9, und es schmilzt
bei 1084°. Das Kupfer läßt sich leicht schmieden, walzen, zu Draht
ausziehen und schweißen, aber schlecht gießen. An der Luft überzieht
es sich mit einer Schicht von basisch kohlensaurem Kupfer (Patina).
Die Kupferverbindungen sind giftig.

Anwendung. Das Kupfer wird seit langer Zeit in Form von Legierungen benutzt; Bronze besteht aus Kupfer und Zinn, Messing aus Kupfer
und Zink. Es dient ferner als Münzmetall, zu Dachbedeckungen und
Schiffsbeschlägen, Destillierblasen, elektrischen Leitungsdrähten, zur
Herstellung von Bildstöcken (Klischees) usw.

86. Aluminium (Al = 27).

Vorkommen. Aluminium kommt in freiem Zustande in der Natur
nicht vor, sondern meist in Form von Aluminiumoxyd (Korund, Saphir,
Rubin). Ton und Kaolin bestehen aus Aluminiumsilikat. Kryolith ist

eine Doppelverbindung von Fluoraluminium und Fluornatrium. Das Aluminium hat für den Bau- und Betriebstoffwechsel, zumal von Pflanzen, die heute den Torf bilden und früher die Steinkohlenmoore entstehen ließen, eine hohe Bedeutung; daher kommt es in wesentlichen Mengen in der Asche von jungen und alten festen Brennstoffen vor.

Darstellung. Aluminium wird durch Elektrolyse einer geschmolzenen Mischung von Kryolith und Tonerde gewonnen.

Eigenschaften. Aluminium ist ein weißes Metall vom spez. Gewicht 2,7; es dient zum Bau von Luftschiffen und zur Anfertigung von Kochgeschirren und anderen Geräten.

Mit Eisenoxyd gemischt, verbrennt Aluminium leicht unter Erzeugung hoher Wärmegrade (2000—3000°). In dem Goldschmidtschen Thermitverfahren benutzt man diese Eigenschaft zur Darstellung größerer Mengen von geschmolzenem Eisen. Ein inniges Gemisch von

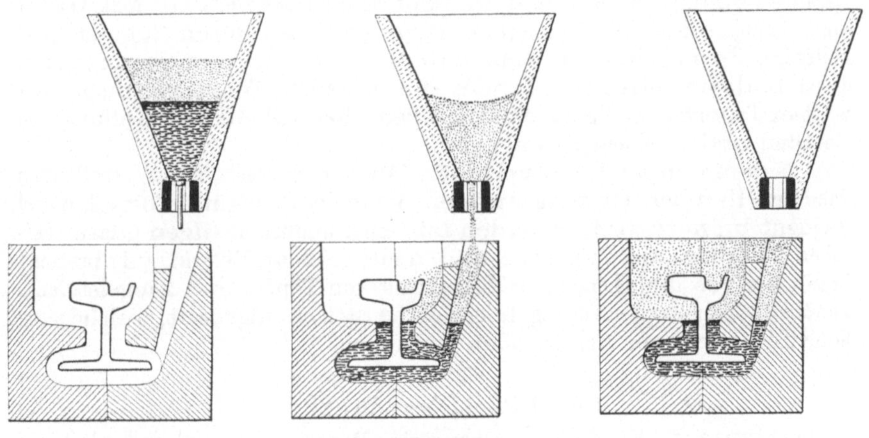

Abb. 125.

trockenem Aluminiumpulver und Eisenoxyd brennt, einmal entzündet, ohne Luftzufuhr, indem sich das Aluminium mit dem Sauerstoff des Eisenoxyds zu Eisen und Aluminiumoxyd umsetzt.

$$2\,Al + Fe_2O_3 = Al_2O_3 + 2\,Fe.$$

Dabei wird soviel Wärme frei, daß das Eisen schmilzt und so zur Ausbesserung von zerbrochenen Eisenkonstruktionen (Kurbel- und Schraubenwellen, Schiffssteven, Radspeichen, Lokomotivrahmen usw.) verwandt werden kann. Infolge der hohen Temperatur schmilzt das gleichzeitig entstehende Aluminiumoxyd und erstarrt kristallinisch zu Korund, welcher als Schleifmittel Verwendung findet.

Bei solchen Schweißungen genügt in manchen Fällen schon die Wärme der Schlacke bzw. des geschmolzenen Eisens zum Erhitzen der miteinander zu verbindenden Stücke, meist wird das erschmolzene Eisen selbst dazu benutzt. Straßenbahnschienen werden mit Hilfe einer Kombination beider Verfahren zusammengeschweißt (Abb. 125). Steg und Fuß der beiden Stoßenden verbindet und verstärkt man durch geschmolzenes Eisen miteinander, während die Köpfe der Schienen durch die heiße Schlacke auf Schweißtemperatur gebracht und durch Anziehen der Schrauben des Klemmapparats stumpf verschweißt werden.

Zement oder **Wassermörtel** ist ein Gemenge von Ton (Aluminiumsilikat) und Kalk. In vulkanischen Gegenden kommen natürliche Zemente vor, z. B. der Traß am Rhein, in der Eifel und in Bayern. Der Traß wird mit Kalk und Sand gemischt und mit Wasser zu einem Brei angerührt. Dieser erhärtet, bindet in wenigen Stunden ab, und zwar infolge chemischer Aufnahme des Wassers, wobei sich die Kieselsäure mit Kalk zu Kalziumhydrosilikat verbindet.

Andere Tonarten erhalten erst nach dem Brennen ihrer Mischung mit Kalk die Fähigkeit, Wassermörtel zu bilden.

Ton und Tonwaren. Der Ton besteht im wesentlichen aus Tonerdesilikaten, welche bei der Verwitterung (S. 97) der Urgesteine, z. B. des Granits (Feldspats) mehr oder weniger rein zurückbleiben. Mit Wasser angerührt, bildet der Ton einen Teig, dem man durch Kneten jede beliebige Form geben kann, ohne daß diese beim Trocknen verlorengeht; er ist bildsam, plastisch. Da nun die gebrannte Tonmasse mehr oder weniger feuerbeständig ist, dient sie seit alter Zeit zur Herstellung von Gefäßen und Auskleidung von Öfen.

Aus dem reinsten Ton, dem Kaolin (Meißen, Sèvres, China), stellt man das Porzellan her, aus weniger reinen Arten das Steingut. Porzellan und Steingut brennen weiß; sie werden mit einer undurchlässigen Glasur versehen. Töpfer- und Ziegeltone sind meist reich an Eisenoxyd, brennen braun bis rot und dienen zur Bereitung von Töpfen und Ziegelsteinen. Die Koksöfen werden aus sog. feuerfesten Steinen aufgebaut, welche auch hohe Temperaturen einigermaßen vertragen.

87. Blei (Pb = 207,2).

Vorkommen. Für die Gewinnung des Bleis kommt hauptsächlich der Bleiglanz (PbS) mit 86,5% Blei in Frage.

Darstellung. Beim Rösten des Bleiglanzes entweicht ein Teil des Schwefels als schweflige Säure, ein anderer verbleibt in dem Umwandlungsprodukt, indem das Bleisulfid zu Bleisulfat oxydiert wird. Das Gemisch von Bleioxyd, Bleisulfat und unverändertem Bleisulfid wird von neuem bei Luftabschluß erhitzt, wobei Blei nach folgenden Reaktionen frei wird:

$$PbS + 2\,PbO = 3\,Pb + SO_2$$
$$PbS + PbSO_4 = 2\,Pb + 2\,SO_2.$$

Das so entstandene Rohblei wird durch Oxydation im Gebläsefeuer des Treibherdes in Bleiglätte (PbO) übergeführt, während Silber, seltener auch Gold, zurückbleiben. Die Bleiglätte wird dann im Schachtofen mit Koks zu Reinblei reduziert:

$$PbO + CO = Pb + CO_2.$$

Eigenschaften. Blaugraues, glänzendes, sehr giftiges Metall, welches bei 327° schmilzt und schon bei Rotglut merklich verdampft. Von reinem Wasser wird Blei angegriffen, vom kalkhaltigem Leitungswasser jedoch nicht. Schwefelsäure greift Blei nur wenig an, daher erhalten die „Bleikammern" und die Sättiger in der Ammoniakfabrik einen Belag von Bleiplatten, die kalt gewalzt werden. Die einzelnen Bleiplatten werden mit Hilfe des Lötkolbens oder der Gebläseflamme autogen geschweißt. Bleidrähte dienen als elektrische Sicherungen, Bleiplatten für Akkumulatoren und Bleimäntel zum Schutz von elektrischen Kabeln. Durch einen Gehalt an Antimon (Hartblei) und Arsen (Flintenschrot) wird das Blei hart. Unter Lagermetall versteht man eine Legierung von Blei, Antimon und Zinn, welche bei einem gewissen Gehalt an Kupfer auch als Letternmetall Anwendung findet.

88. Eisen (Fe = 55,8).

Vorkommen. Gediegenes Eisen kommt nur in den Meteorsteinen neben Nickel und Kobalt vor. Die wichtigsten Eisenerze sind:

1. Magneteisenstein (Fe_3O_4 = Eisenoxyduloxyd) . . . . 64—72% Fe
2. Roteisenstein (Fe_2O_3 = Eisenoxyd) . . . . 30—70% ,,
3. Brauneisenstein ($2Fe_2O_3 \cdot 3H_2O$ = Eisenoxydhydrat) . . 40—60% ,,
4. Spateisenstein ($FeCO_3$ = Eisenkarbonat) . . . . 48—50% ,,

Magneteisenstein kommt in mächtigen Lagern in Schweden, im Uralgebirge und in Nordamerika, in Deutschland in geringen Mengen am Harz, in Thüringen und in Schlesien vor. Der Roteisenstein wird in Nordamerika (am Oberen See), Nordafrika, Rußland, Spanien, England und Deutschland gewonnen und führt je nach Abart den Namen Roter Glaskopf, Blutstein, Hämatit, Eisenglanz und Eisenglimmer. Brauneisenstein, Raseneisenerz ist sehr verbreitet; nierenförmig bildet er den braunen Glaskopf (Sieg, Lahn, Oberschlesien), als Minette gewaltige Lager in Lothringen und Luxemburg. Der Spateisenstein ist hellfarbig bis braun und kommt im Siegerland, in Kärnten, Ungarn und Steiermark vor; tonhaltig heißt er Toneisenstein oder Sphärosiderit, ton- und kohlenhaltig Kohleneisenstein (Blackband).

Eigenschaften. Eisen ist ein graues zähes Metall, das bei etwa 1600° schmilzt. Es verbindet sich bei allen Temperaturen mit Sauerstoff, bei höheren Wärmegraden direkt, in der Kälte durch Vermittlung von Wasser; in trockener Luft dagegen rostet es nicht. Das Eisen vermag Wasser bei allen Temperaturen zu zersetzen; in der Glühhitze geht dieser Vorgang schnell vonstatten. Reines Eisen ist so weich, daß es keine technische Bedeutung hat; erst durch Legieren mit Kohlenstoff oder mit anderen Elementen erhält es seine edlen Eigenschaften. Bei den technischen Eisen unterscheidet man Gußeisen, Schmiedeeisen und Stahl; man gewinnt alle Eisenarten aus dem Roheisen, welches im Hochofenprozeß erzeugt wird.

Der Hochofen ist ein stehender Schachtofen von 25—30 m Höhe; sein innerer Raum besteht aus zwei übereinanderstehenden, abgestumpften Kegeln, die sich mit ihren breiten Grundflächen berühren, und einem sich unten anschließenden kurzen Zylinder. Die einzelnen Teile des Hochofens heißen: Gicht, Schacht, Kohlensack, Rast, Formebene, Gestell (Abb. 126). Durch die Gicht erfolgt die Beschickung mit abwechselnden Schichten von Koks, Erzen und Zuschlägen.

Die Erze bedürfen in der Regel einer Aufbereitung durch Zerkleinern,
Brikettieren (pulverförmige Erze) und Rösten; auch Puddel- und
Schweißschlacken, Hammerschlag sowie Kiesabbrände werden im Hochofen mit verschmolzen. Die Zuschläge wie Kalk, Dolomit und Flußspat
sollen mit der Gangart (SiO_2) der Erze eine Schlacke leichter Schmelzbarkeit bilden, welche Verunreinigungen aufnimmt und das reduzierte
Eisen vor Oxydation schützt. Man
verwendet nie ein einziges Eisenerz,
sondern vermischt verschiedene Eisensteine mit den Zuschlägen zu dem
sog. Möller.

Von der Gicht (Abb. 127) gelangt
die Beschickung zunächst in die Vorwärmzone (400°), dann in die Reduktionszone (800°) des Schachtes; das
reduzierte Eisen geht dann in die
Kohlungszone, von da in die Schmelzzone (1400°) der Rast und sammelt sich
unter einer Decke geschmolzener Schlacke
auf dem Boden des
Gestells, von wo es
von Zeit zu Zeit durch
ein Abstichloch entfernt wird, nachdem
zunächst die Schlacke
durch ein höher gelegenes Abstichloch
abgelassen worden
ist. Aus der Schlacke
macht man Schlakkensteine, -zement
und -wolle.

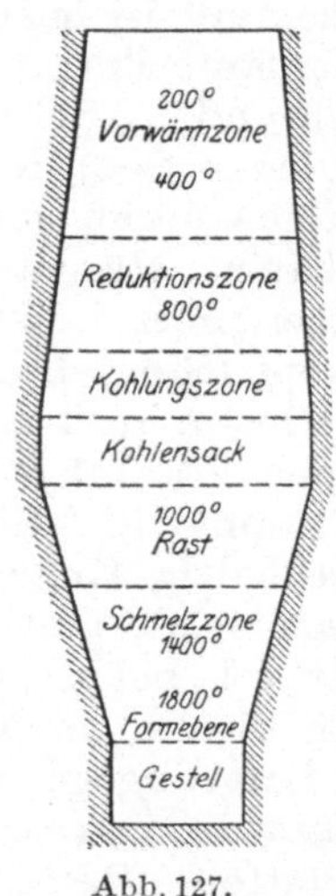

Abb. 126.   Abb. 127.

Zu jedem Hochofen gehören 3—4
Winderhitzer (Cowper-Apparate), das sind Wärmespeicher aus einem
Gitterwerk feuerfester Steine; sie sollen die Gebläseluft auf 500—900°
vorwärmen, nachdem ihr Gitterwerk selbst durch die Verbrennung von
gereinigtem Gichtgas weißglühend gemacht worden ist (Abb. 128).

In der heißen Gebläsewindzone verbrennt der Koks zu Kohlensäure,
welche in den höher gelegenen, glühenden Koksschichten zu Kohlenoxyd reduziert wird; dieses wirkt von 400° an auf die Eisenerze ein, indem es ihnen den Sauerstoff unter Bildung von Kohlensäure entzieht.

$$Fe_2O_3 + 3CO = 2Fe + 3CO_2.$$

Die Kohlensäure wird wieder zu Kohlenoxyd reduziert, dieses wieder zu Kohlensäure oxydiert usw., bis weitere Umsetzungen wegen der nach der Gicht zu immer niedriger werdenden Temperatur nicht mehr stattfinden können.

Aus der Gicht wird das Gichtgas (S. 156) mit einem Gehalt von 25% Kohlenoxyd abgeleitet; es dient zum Heißblasen der Winderhitzer, zur Beheizung von Kesselanlagen und als Betriebsstoff für Gaskraftmaschinen nach sorgfältiger Reinigung.

Das Kohlenoxyd erfüllt im Hochofen noch eine andere Aufgabe. In Berührung mit glühendem Eisenoxyd zerfällt ein Teil des Kohlenoxyds unter Bildung von Kohlensäure und Kohlenstoff. $2CO = CO_2 + C$.

Der Kohlenstoff setzt sich auf dem reduzierten Eisenschwamm als feiner Überzug ab, dringt in das Eisen ein (Zementation) und erniedrigt seinen Schmelzpunkt, so daß es leichter erschmolzen werden kann. Auf gewisse Verbindungen der Eisenerze wirkt der Koks unmittelbar reduzierend ein, auch führt er das Eisenoxyd der Hochofenschlacke in metallisches Eisen zurück.

Der Schmelzvorgang im Hochofen erfordert dauernde, sorgfältige Überwachung, da er durch eine Reihe von Störungen gefährdet wird. Hängen die Gichten z. B., d. h. gehen sie ungleichmäßig nieder, so stürzen sie plötzlich ein und können Explosionen veranlassen.

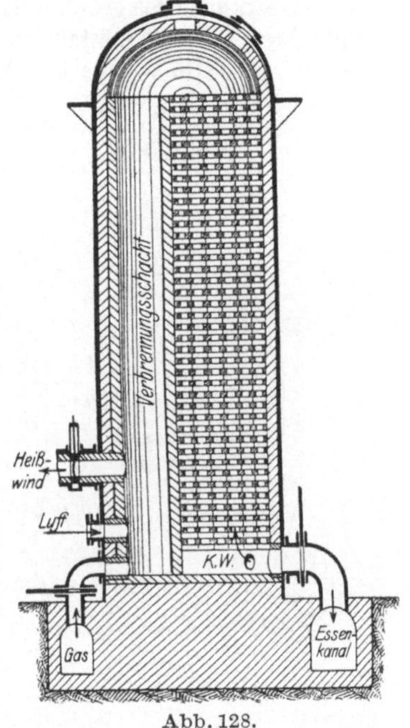

Abb. 128.

Das geschmolzene Roheisen fließt nach Beseitigung des Tonpropfens, welcher das Stichloch verschließt, durch Rinnen in die Sandformen der Gießhalle, wo es zu Masseln erstarrt.

Nach dem Bruchaussehen unterscheidet man graues und weißes Roheisen. Das graue Roheisen (Gußeisen) enthält den größten Teil seines Kohlenstoffes als Graphitblättchen und -fäden eingelagert. Es ist durch einen Gehalt an Silizium (1—3% Si) gekennzeichnet, das die Ausscheidung des Graphits bewirkt. Das weiße Roheisen ist feinkörnig, hat wenig Silizium, dagegen 0,5—3% Mangan, welches den Kohlenstoff leichter in Lösung hält; es schmilzt leichter als Graueisen. Bei beiden Roheisen geht der Kohlenstoffgehalt bis 3,5%. Läßt man geschmolzenes Roheisen in metallenen Formen rasch erkalten, so bleibt der Kohlenstoff im Eisen als Härtungskohle, und es entsteht der Hartguß, der vom weißen Roheisen, entsprechend der Kühlung durch die Metallform, allmählich in graues Roheisen übergeht.

Wird dem Roheisen durch Oxydation Kohlenstoff entzogen, so entstehen **Schmiedeeisen** und **Stahl.** Man erhält **Schweißeisen** durch das Herdfrischen, einfacher durch das Puddeln des Roheisens, wobei Schmelzen und **Oxydieren** mit Hilfe der sauerstoffhaltigen Feuergase langflammiger Steinkohlen ausgeführt werden. Schweißeisen hat 0,05 bis 0,5% C, ist nicht härtbar, aber schmiedbar und schweißbar. Schweißstahl enthält 0,5—1,5% C, ist härtbar, nicht so leicht schmiedbar wie Schweißeisen und schwer oder gar nicht schweißbar. Da diese beiden Eisenarten in teigartigem Zustande hergestellt sind, ist ihr Aufbau durch Schlackeneinschlüsse gekennzeichnet, welche die Festigkeit herabsetzen.

Flußeisen und **Flußstahl** werden durch Windfrischen in birnenförmigen, um die wagerechte Achse drehbaren Gefäßen, den sog. Konvertern erzeugt (Abb. 129). Während ein Puddelofen für 15 t Schweißeisen 4 Tage braucht, liefert die Bessemer- oder die Thomasbirne in 20 Minuten 15 t Flußeisen frei von Schlacken und daher von großer Festigkeit. Durch Verbrennen von Silizium, Mangan, Kohlenstoff und etwas Eisen erreichte Bessemer 1855, daß das strengflüssige, kohlenstoffarme Eisen während des Durchblasens der Luft geschmolzen blieb. Der Phosphor dagegen verbrennt nicht, da das Phosphorpentoxyd von dem kieselsäurereichen Futter der Bessemer Birne nicht gebunden wird; daher eignet sich nur phosphorarmes Roheisen für dieses Verfahren.

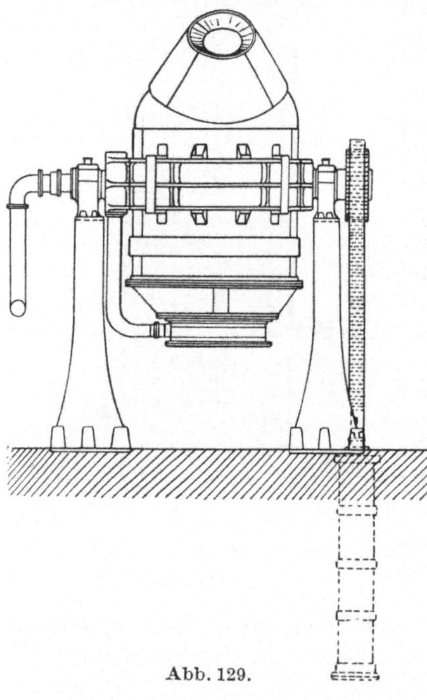

Abb. 129.

Thomas und Gilchrist verwendeten 1878 basisches Futter in Form von Dolomit zur Auskleidung des Konverters und setzten dem Roheisen in demselben noch Kalk zu. Da das Phosphorpentoxyd, das durch das Verbrennen des Phosphors entsteht, jetzt Gelegenheit hat, sich mit Kalk zu Kalziumphosphat (Thomasschlacke) zu verbinden, so können nach diesem Verfahren auch die phosphorreichen deutschen Roheisen in Flußeisen umgewandelt werden. Nach der Verbrennung des Kohlenstoffes setzt man wieder eine bestimmte Menge kohlenstoffreichen Ferromangans zu, um ein ganz bestimmtes Eisen (0,05—0,15% C oder Stahl (0,5—1,5%) zu erhalten (Rückkohlung).

Im Jahre 1865 gelang es Martin mit Hilfe der Siemensschen Regenerativgasfeuerung, Alteisen (Schrot) mit Roheisen zu Flußstahl zu erschmelzen. Nach dem basischen Siemens-Martinverfahren gibt man auch hier dem Einsatz 8—10% Kalk. Das geschmolzene Schmiedeeisen wird auch hier in gußeiserne Formen, Kokillen, gegossen. Flußeisen neigt zu blasigem Guß (Lunkerbildung) und zur Entmischung von Phosphor, Schwefel und Kohlenstoff, die sich gern im inneren Kern ansammeln (Seigerung).

Flußeisen ist dickflüssig und schwindet beim Erstarren erheblich, so daß dünnwandige und stark beanspruchte Maschinenteile daraus nicht hergestellt werden können; man verwendet weißes Roheisen, dessen Sprödigkeit und Härte durch Glühfrischen (Tempern) beseitigt wird. Das geschieht durch Glühen der Stücke mit Oxydationsmitteln (Roteisenstein), wodurch der Kohlenstoffgehalt auf 0,1% heruntergebracht werden kann, ,,schmiedbarer Guß''.

Unter **Zementation** versteht man die Kohlung von Eisen. Reine, dünne Schweißeisenstäbe werden in gemauerten Kästen von Holzkohle umgeben unter Luftabschluß erhitzt, wobei ein Teil des Kohlenstoffes der Kohle in das Eisen eindringt. Der Kern bleibt jedoch kohlenstoffärmer als die Außenzone.

Durch Umschmelzen in Tiegeln verfeinert man den Stahl (Tiegelgußstahl), was zweckmäßig im Generatorgasofen oder im elektrischen Ofen geschieht. Durch Zusatz gewisser Metalle, wie Nickel, Chrom, Wolfram, Molybdän usw. gewinnt man **Spezialstähle,** welche naturhart sind und für außerordentlich beanspruchte Maschinenteile Anwendung finden. Der gewöhnliche Stahl wird durch Glühen auf 750° und plötzliches Abkühlen (Abschrecken) in Wasser, Öl u. dgl. gehärtet. Das Härten beruht darauf, daß die beim Glühen gewonnene Härtungskohle durch das schnelle Abkühlen erhalten bleibt; dadurch treten innere Spannungen ein, die unter Umständen zu Härterissen führen. Durch Wiedererhitzen auf bestimmte Temperaturen (Anlassen) wird die innere Spannung zum Teil aufgehoben.

J. Brennstoffe.

89. Feste Brennstoffe.

Der Torf, die Braunkohle und die Steinkohle sind im wesentlichen aus Landpflanzen an Ort und Stelle durch allmähliche Zersetzung unter Luftabschluß entstanden. Bei Luftzutritt findet Verwesung, eine langsame Verbrennung statt. Aus dem Wasserstoff der organischen Stoffe bildet sich Wasser, aus dem Kohlenstoff Kohlensäure, und es bleibt wie bei der Verbrennung nichts übrig als das Unverbrennliche, die Asche. Durch Verwesung von Pflanzen und Tieren kann daher kein Flöz entstehen. Die dazu erforderlichen Umsetzungsvorgänge nennt man Vermoderung, Vertorfung und Fäulnis.

In den meisten Fällen sind wohl alle drei Prozesse an der Entstehung des Torfs, der Braunkohle und der Steinkohle beteiligt. Eine Umwandlung der organischen Stoffe, wie sie sich heute noch in den Torfmooren vollzieht, nennt man Torf (Humus). Ganz ähnlich denken wir uns die Entstehung der am häufigsten vorkommenden Glanzkohle. Abgefallene Äste, Stengel, Rinde, Zweige, Blätter, Fruchtorgane sowie ganze Bäume gerieten so zeitig unter Bedeckung von Wasser oder Land, daß sie der zerstörenden Einwirkung des Sauerstoffes der Luft entzogen wurden. Statt dessen setzte der Inkohlungsprozeß ein, sobald Wasser oder Land die Pflanzen von der Luft absperrten. Durch innere Umwandlung der die Pflanze aufbauenden Elemente entstand zunächst Wasser, dann Kohlensäure und schließlich Methan. Aus den Gleichungen

$$2H_2 + O_2 = 2H_2O \quad (1\ kg\ H\ entspricht\ 8\ kg\ O),$$
$$C + O_2 = CO_2 \quad (1\ kg\ C\ entspricht\ 2{,}67\ kg\ O),$$
$$C + 2H_2 = CH_4 \quad (1\ kg\ C\ entspricht\ 0{,}33\ kg\ H)$$

folgt, daß bei diesen Vorgängen vor allem Sauerstoff, in geringerem Maße Wasserstoff und Kohlenstoff verbraucht werden. Je länger daher der Inkohlungsprozeß gedauert hat, um so stärker ist die chemische Natur der Pflanzenstoffe umgewandelt, wie die Zusammenstellung auf S. 146 zeigt:

Mit dem geologischen Alter der Brennstoffe nimmt der Gehalt an Kohlenstoff und die Koksausbeute zu, der Gehalt an Sauerstoff und Wasserstoff ab.

Mit dieser Annahme von der Bildung der Kohle steht auch im Einklang, daß der Gehalt an hygroskopischem Wasser bei dem jüngeren Torf viel größer als bei der Braunkohle und vor allem der Steinkohle ist, und daß die in der Braunkohle eingeschlossenen Gase, vornehmlich Kohlensäure, bei den Steinkohlen Methan enthalten.

Bestand das unter Bedeckung von Wasser oder Land geratene Material vorwiegend aus abgestorbenen Wasserpflanzen und Tieren, so verlief der Umwandlungsvorgang anders, da diese Stoffe sehr fett- und eiweißhaltig sind. Der Fäulnisprozeß überwog, und es bildete sich ebenfalls aus dem Kohlenstoff, Wasserstoff und Sauerstoff der organischen Substanz Wasser, Kohlensäure und Grubengas, aber mehr Kohlensäure und weniger Wasser und Grubengas als bei der Humusbildung, so daß der Wasserstoffgehalt erhalten geblieben ist. Diesem Prozeß entspricht der sich auf dem Boden stehender Gewässer bildende Faulschlamm, und die betreffenden Brennstoffe nennt man Faulschlammtorf, -braunkohle und -steinkohle. In der Streifenkohle haben wir Torfbildung, d. i. die Glanzkohle, und Faulschlammbildung, d. i. die Mattkohle, unmittelbar nebeneinander.

Reste der organischen Gewebe lassen sich in jüngerem Torf schon mit dem bloßen Auge, beim älteren Torf unter dem Mikroskop wahrnehmen. Nach geeigneter Vorbereitung sind auch in Braunkohlen und Steinkohlen jeder Art unzweifelhafte Reste von Pflanzen und Tieren (Zellengewebe, Sporen usw.) unter dem Mikroskop deutlich erkennbar.

90. Holz, Holzkohle.

Während Torf, Braunkohle und Steinkohle aus der Zersetzung von Pflanzen unter völligem oder teilweisem Luftabschluß hervorgegangen sind, stellt das Holz Teile lebender Pflanzenarten dar. Laub- und Nadelhölzer enthalten neben Wasser, Zellulose und Lignin auch Fette, Harze und Zucker; im lufttrockenen Zustande besitzen die Holzarten etwa 12,5—14% Wasser, 45,5—57% Zellulose, 28—39% Lignin, 0,4—1,6% Fette und Harze und 1,3—4% Zucker. Die elementare Zusammensetzung des wasser- und aschefrei gedachten Holzes bewegt sich in folgenden Grenzen:

$$\begin{array}{ll}
\text{Kohlenstoff} & 50\text{—}52 \ \%, \\
\text{Wasserstoff} & 6\text{—}6{,}5 \ \%, \\
\text{Sauerstoff} & 40\text{—}44 \ \%, \\
\text{Stickstoff} & 0{,}7\text{—}1{,}1 \ \%.
\end{array}$$

Der Aschegehalt des Holzes ist meist gering und schwankt zwischen 0,8—5%. Das trockene Holz enthält nur etwa 50% brennbare Bestandteile, da Wasserstoff und Sauerstoff in ihm annähernd in dem zur Wasserbildung erforderlichen Verhältnis 1:8 stehen. Das Fällen des Holzes erfolgt meist im Winter, da es in dieser Jahreszeit am wenigsten Wasser führt. Die gefällten Bäume werden zerlegt und an trockenen, luftigen und sonnigen Orten in Haufen gestapelt. Es bedarf jedoch der Lagerung von zwei Sommern, um den Wassergehalt auf 20% herunterzutrocknen.

Das spez. Gewicht der luftfreien Faser verschiedener Hölzer liegt zwischen 1,46 und 1,53. Holz ist leicht entzündlich; vollkommen trockenes Holz entwickelt bei der Verbrennung 3500—3800 WE. Durch das Schwelen wird das Wasser ausgetrieben, so daß der Rückstand, die Holzkohle, mit seinem erheblich größeren Kohlenstoffgehalt einen bedeutend höheren Wärmewert darstellt.

Beim Erhitzen unter Luftabschluß entstehen außer Wasser auch Gas, Teer, Holzessig und andere Produkte. Die Gase, die sich bei niedriger Temperatur entwickeln, enthalten vornehmlich Kohlensäure, die mit steigender Temperatur durch die glühende Kohle zu Kohlenoxyd reduziert wird. Durch Verdichtung gewisser flüchtiger Bestandteile der Schwelung werden Holzessig und Holzteer gewonnen. Der Holzessig ist ein verwickeltes Gemenge der verschiedensten organischen Stoffe wie Essigsäure, Methylalkohol, Azeton, Säuren, Alkohole, Kreosot u. a. Der Holzteer setzt sich aus Brandharzen, Paraffin, Naphthalin, Phenol, Kreosot, Pyrogallussäure, Benzol, Toluol, Xylol, Cumol, Farbstoffen u. a. zusammen. Die Schwelung des Holzes wird mit und ohne Gewinnung von Nebenprodukten in Meilern, Öfen mit und ohne Luftzutritt ins Innere und in Retorten vorgenommen. Ganz gleichmäßige Holzkohle zur Herstellung von Schießpulver erhält man durch Schwelen in Retorten mit überhitztem Wasserdampf.

Die Holzkohle besteht aus Kohlenstoff, Wasserstoff, Sauerstoff, Asche und hygroskopischem Wasser. Der Kohlenstoffgehalt ist bei der Meilerverkokung (bis zu 90%) wegen der höheren Schweltemperatur am höchsten. Wegen seines geringen Gehaltes an Asche ist Holzkohle ein vorzüglicher Brennstoff und ausgezeichnetes Reduktionsmittel (Hüttenindustrie, Metallurgie). Holzkohle dient zur Herstellung des Schwarzpulvers. In den mit feiner Holzkohle beschickten Respiratoren der Gasmasken wird die Absorptionswirkung der Kohle (aktive Kohle) benutzt, um die eingeatmete Luft von giftigen Bestandteilen (Ammoniak, Schwefelwasserstoff, Kampfgasen) zu reinigen. Auch die chemische Industrie verwendet Holzkohle wegen ihres Aufnahmevermögens für Gase und Dämpfe. Im Haushalt, im Laboratorium und in der Technik gebraucht man Holzkohle, um gefärbte oder übelriechende Lösungen zu reinigen. Weitere Anwendungen als Desinfektionsmittel, Zahnpulver, Streupulver und innerlich als Medikament.

91. Torf.

Vorkommen. Deutschland besitzt rund 500 Quadratmeilen Moor, von denen 90% allein auf Norddeutschland entfallen. Torf bildet sich in der Jetztzeit; nach seinem Alter, d. h. dem Grad der Umwandlung, unterscheidet man ihn. Die obersten Schichten von hellbrauner Farbe heißen Moos- oder Fasertorf; der Sumpf- oder Bruchtorf sieht dunkelbraun aus und bildet die mittleren Schichten, während der Specktorf von schwarzer, glänzender Farbe dem Liegenden des Lagers entspricht.

Der Faulschlamm ist im frischen Zustande gelb bis gelbbraun, leberartig (Lebertorf) und färbt sich beim Trocknen dunkelbraun bis schwarz.

Eigenschaften. Sein spez. Gewicht beträgt 0,2—1,0, selten bis 1,2. Je nach dem Alter setzt sich der asche- oder wasserfrei gedachte Torf verschieden zusammen:

$$
\begin{aligned}
&\text{Kohlenstoff} &&. \; . \; . \; . &&50\text{—}60\%, \\
&\text{Wasserstoff} &&. \; . \; . \; . &&5\text{—}6{,}5\%, \\
&\text{Sauerstoff} &&. \; . \; . \; . &&30\text{—}40\%, \\
&\text{Stickstoff} &&. \; . \; . \; . &&0{,}5\text{—}3\%, \\
&\text{Schwefel} &&. \; . \; . \; . &&0{,}1\text{—}0{,}2\%.
\end{aligned}
$$

Frisch gefördert enthält der Torf 70—95% Wasser, lufttrocken noch 20—35%.

Anwendung. Seiner allgemeinen Anwendung zu Verbrennungszwecken steht der hohe Wasser- und Aschegehalt im Wege. Durch Vergasung des Torfs in Generatoren unter gleichzeitiger Gewinnung der Nebenprodukte läßt sich die in ihm ruhende Energie am besten ausnutzen. Bei der trockenen Destillation entsteht kohlensäurereiches Torfgas, ein wässeriges Destillat mit Ammoniak, Essigsäure, Methylalkohol und Teer, und es bleibt Torfkoks zurück. Aus dem Teer gewinnt man durch fraktionierte Destillation leichte und schwere Öle, Paraffin und Teerkohle. Der Torfkoks gleicht in seinen Eigenschaften der Holzkohle, so daß er hier und da bei der Veredelung des Eisens gebraucht wird. Bei der Torfvergasung werden außer dem Gas auch große Mengen von Ammoniak (40—130 kg je Tonne Trockentorf) gewonnen.

Schwammigen und faserigen Torf von Flachmooren benutzt man zur Herstellung von Torfstreu; Torfmull ist zerkleinerte Torfstreu und dient zur Ausfüllung von Deckenfächern, Herstellung von plastischen Massen und Isolierwänden. Durch mechanische und chemische Aufbereitung des Torfes wird seine Faser isoliert und zu Torffasergarnen, Geweben, Torfwolle und -watte verarbeitet. Aus den Wollgrasfasern stellt man Säurekissen für Akkumulatoren, Aufsauge- und Trockenkissen für Kranke und Säuglinge und Verbandswatte her.

92. Braunkohle.

Vorkommen. Braunkohle kommt in jüngeren Gebirgsgliedern als die Kreideformation, hauptsächlich im Tertiär, vor. Hauptfundorte sind Sachsen, Braunschweig, Thüringen, Niederhessen, Niederrhein und Böhmen.

Eigenschaften. Die Braunkohle ist eine dichte, erdige, holzige oder faserige Kohlenmasse von meist brauner Farbe. Auf einer Tafel von unglasiertem Porzellan gibt sie einen braunen Strich, färbt Kalilauge beim Erwärmen braun und gibt, mit Salpetersäure erwärmt, einen roten Auszug. Bei der Verkokung liefert sie meist ein saures Destillat. Durch diese Reaktionen unterscheidet sich die Braunkohle von der Steinkohle. Das spez. Gewicht der Braunkohle beträgt im großen Durchschnitt 1,20—1,25. Frisch geförderte Braunkohlen haben meist 30—60% Wasser; bei 100° getrocknet ziehen sie 10—30% Wasser beim Liegen aus der Luft wieder an. Die Aschenbestandteile rühren zum großen Teil aus eingemengten Mineralien und Gesteinsteilen her. Der Aschengehalt beträgt im großen Durchschnitt 5 bis 10%. Man unterscheidet nach ihrem Gehalt an flüchtigen Bestandteilen Feuer- und Schwelkohlen.

Der **Pyropissit** ist mit einem Gehalt von 40—50% Bitumen die edelste Schwelkohle von heller Farbe; sein Vorkommen ist beschränkt. Unter Bitumen versteht man Kohlenwasserstoffe, die reich an Paraffinen und Naphthenen sind. Das Bitumen läßt sich bis etwa zur Hälfte durch

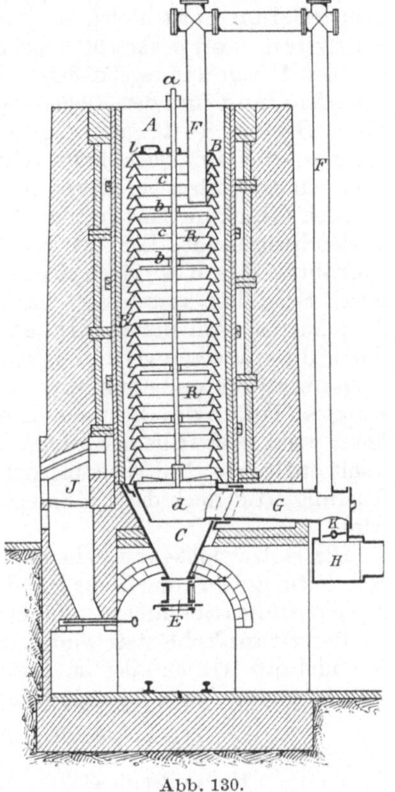

Abb. 130.

Extraktion mit Benzol, Benzin u. a. ausziehen, durch trockene Destillation wird es vollständig gewonnen. Die heute zur Verschwelung gelangenden Braunkohlen besitzen etwa 5—10% Bitumen.

Der **Lignit** ist eine holzige Braunkohle, die meist mit der erdigen Braunkohle zusammen vorkommt. **Erdige Braunkohlen** aus der Umgegend von Kassel und Köln haben eine schöne rotbraune Farbe, so daß sie als Malerfarbe in den Handel gelangen. Die nur in geringen Mengen vorkommende **Pechkohle** sieht schwarz, glänzend wie Pech, aus und zeigt muscheligen Bruch. Der Kohlenstoffgehalt der asche- und wasserfreien Braunkohle ist meist über 60% und erreicht mit etwa 89% bei der Glanzkohle vom Meißner in Hessen seine größte Höhe.

Anwendung. Die deutschen Braunkohlen (Feuerkohlen) lassen sich ohne Zusatz eines Bindemittels brikettieren (Unterschied von böhmischen Braunkohlen); durch diesen Vorgang wird der Wassergehalt bedeutend verringert, der Heizwert und die Transportfähigkeit erheblich erhöht.

Die Schwelkohle wird in eisernen Zylinderöfen der trocknen Destillation unterworfen, wobei man neben dem sauren, wässerigen Destillat Gas, Braunkohlenteer und einen mürben Koks erhält.

Abb. 130 stellt nach W. Scheithauer einen Schnitt durch einen zylindrischen Schachtofen aus Schamottesteinen dar, der im Innern A ein System von senkrecht übereinanderliegenden, abgeschrägten, gußeisernen Ringen in regelmäßigen Abständen enthält. Zwischen der inneren Ofenwand und den Ringen, welche Glocken heißen, ist der Schwelraum B von 8—10 cm frei geblieben. Die Anordnung des Glockensystems, das im Querschnitt jalousieartig aussieht, ist derart, daß im Ofen ein zylindrischer Raum R gebildet wird, der durch die zwischen je zwei Glocken entstehenden Öffnungen mit dem Schwelraum B in Verbindung steht. Der Ofen verläuft unten konisch und besitzt hier zur Aufnahme des Koks einen eisernen Kasten E, welcher oben und unten durch Schieber verschlossen ist. Die Füllung des Ofens erfolgt durch Aufschütten von Braunkohle auf den sogenannten Glockenhut, der den durch die Glocken gebildeten Raum oben abschließt. Die Kohle geht langsam nach unten und wird dabei zunächst vom Wasser und in den heißeren Teilen des Ofens von ihrem Bitumen befreit. Der Koks (Grudekoks) wird mit Hilfe der beiden Kastenschieber von Zeit zu Zeit abgekühlt entleert. Die Feuerung erfolgt von J aus durch eine Schwelgasfeuerung, die noch durch Kohlenfeuerung auf dem Planrost unterstützt wird.

Die Schwelgase sammeln sich in R und werden von dort durch die Rohrleitungen F und G mit Hilfe eines Luftsaugers zur Vorlage K bzw. zur Kondensationsanlage geführt.

Der Braunkohlenteer wird durch fraktionierte Destillation unter gewöhnlichem Druck oder im luftverdünnten Raum weiter verarbeitet. Dabei gewinnt man folgende Erzeugnisse:

Leichtes Braunkohlenteeröl (Benzin) . .	2— 3%,
Solaröl	2— 3%,
Helles Paraffinöl	10—12%,
Gasöl	30—35%,
Schweres Paraffinöl	10—15%,
Hartparaffin	8—12%,
Weichparaffin	3— 6%,
Nebenprodukte	4— 6%,
Wasser, Gas und Verlust	20—25%.

Abb. 131 zeigt einen Schnitt durch eine Braunkohlenteer-Destillationsblase für Vakuumdestillation. A ist die eigentliche gußeiserne Blase; an ihrem Flansche ist der gußeiserne Deckel B angeschraubt und gut gedichtet. Die Destillationsdämpfe entweichen durch den Rüssel C, welcher mit einer Kühlvorlage verbunden ist. Das am Grunde der Blase angebrachte Rohr L ermöglicht das Ablassen des Destillationsrückstandes. Von der Feuerung F streichen die heißen Verbrennungsgase durch

Schlitze nach der Blase, fallen durch den Kanal J nach dem Verbindungskanal V und entweichen von da in den Schornstein.

Das Verfahren der Braunkohlenteer - Verarbeitung ist dem der fraktionierten Destillation des Steinkohlenteers ähnlich.

Durch Destillation der Schwelkohle mit überhitztem Wasserdampf oder Extraktion mit Lösungsmitteln erhält man das Bitumen und aus diesem **Montanwachs**, welches als Isoliermaterial und zur Herstellung von Schmierfetten dient.

Das **Paraffin** ist in gereinigtem Zustande eine feste, harte, weiße, geruch- und geschmacklose Masse, die zur Herstellung von Zündhölzern, Zündbändern, Kerzen, zum Wasserdichtmachen von Geweben (Sprengpatronen) und Einfetten des Leders dient.

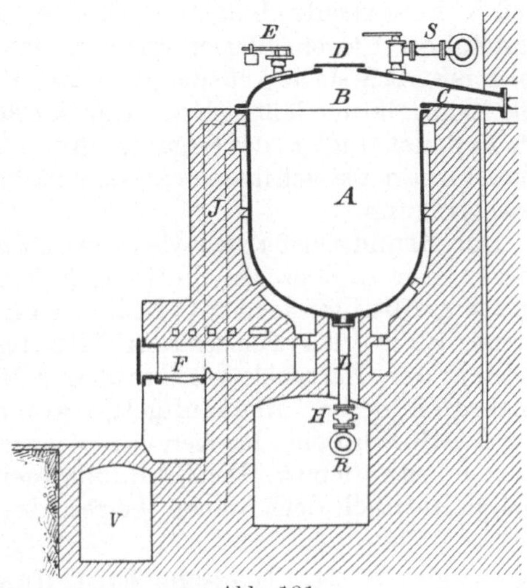
Abb. 131.

Der **Jet** oder **Gagat** ist eine Faulschlammbraunkohle; sie ist der Kennelkohle ähnlich, aber von größerer Politurfähigkeit und dient als Schmuck.

93. Steinkohle.

Vorkommen. Die Steinkohle kommt in älteren Gebirgsgliedern als die Tertiärformation vor, und zwar hauptsächlich in der gemäßigten Zone aller Erdteile. Steinkohle ist dicht und schwarz; ihr spez. Gewicht beträgt 1,25—1,60. Lufttrockene Steinkohle enthält 0,5—7% Wasser; selten geht der Gehalt an Wasser über 4% hinaus. Die Steinkohle gibt auf unglasiertem Porzellan einen schwarzen Strich.

Nach dem äußeren Aussehen unterscheidet man Glanz- und Mattkohle; oft kommen diese beiden Hauptkohlenarten nebeneinander als Streifenkohle vor.

Glanzkohle. Die Glanzkohle ist von tiefschwarzer Farbe, lebhaftem Glasglanz und durch ihre meist leichte Spaltbarkeit ausgezeichnet; sie färbt nicht ab und ist so spröde, daß sie sich leicht zerpulvern läßt. Die Glanzkohle ist aschenärmer, besitzt größere Verkokungsfähigkeit und gibt höhere Koksausbeute als die anderen Kohlenarten. Die auf den Schicht- und Ablösungsflächen der Glanzkohle vorkommende Faserkohle ist ein der Holzkohle ähnliches Gebilde. Die Faserkohle ist grauschwarz, weich, samtglänzend und färbt stark ab.

Mattkohle. Die Mattkohle ist wenig glänzend, von grauschwarzer bis bräunlichgrauer Farbe und ohne Spaltbarkeit. Die Mattkohle ist sehr fest, läßt sich nur schwer zerpulvern und gibt beim Anschlagen einen holzartigen Klang. Ihr Bruch ist uneben und muschelig; sie färbt nicht ab. Die Mattkohle ist aschenreicher, von geringerer Backfähigkeit und Koksausbeute als die Glanzkohle; sie findet sich vornehmlich in den gasreichen Flözen. Bemerkenswert ist die **Kennelkohle**, die so gasreich ist, daß sie angezündet wie eine Kerze (englisch = candle) brennt. Die Kennelkohle läßt sich auf der Drehbank bearbeiten; sie besitzt fast die Politurfähigkeit des Gagats, ohne seinen Glanz zu erreichen. Wegen ihres hohen Gasgehaltes dient die Kennelkohle als Zusatzkohle bei der Gasbereitung.

Der **Brandschiefer** steht der Mattkohle nahe, welche sich beim Überwiegen der organischen Stoffe des Faulschlamms gebildet hat. Beim immer größer werdenden Gehalt an anorganischen Bestandteilen (Ton, Eisen, Kalk) der Faulschlammbildung ist Brandschiefer entstanden, welcher der Mattkohle bei flüchtiger Betrachtung ähnelt (Kennel- und Bogheadschiefer). Am häufigsten kommt jedoch der „Kohlenschiefer" vor, der durch Beimengungen von anorganischen Stoffen aus der Streifenkohle entstanden ist. Der Brandschiefer entzündet sich leicht von selbst und sieht nach dem Brande wegen des Gehalts an Eisenoxyd rot aus.

94. Chemische Einteilung der Steinkohle.

Da das Alter der Kohlen, die Art ihrer Bedeckung und die Veränderung ihrer ursprünglichen Lagerung verschieden ist, findet ihre sehr wechselnde chemische Zusammensetzung dadurch eine befriedigende Erklärung. In der folgenden Zahlentafel ist die chemische Zusammensetzung der westfälischen Steinkohlenarten und zur Vervollständigung die von jüngeren festen Brennstoffen wiedergegeben; die Zahlen beziehen sich auf die reine, d. h. asche- und wasserfreie Kohle.

Brennstoff	%C	%H	%O + N	Heizwert Kalorien	Hygroskopisches Wasser
Holz	50	6	44	4850	15
Torf	60	6	34	5700	30
Braunkohle	73	6	21	6850	20
Gasflammkohle	82	5,7	12,3	7800	4
Gaskohle	84	5,3	10,7	8050	3
Kokskohle	87	5,0	8,0	8400	2
Eßkohle	89	4,7	6,3	8650	1,5
Magerkohle	92	4,0	4,0	8450	1,0
Anthrazit	96	2,0	2,0	8200	0,5
Graphit	100	—	—	7850	—

Verkokt man Steinkohle, d. h. unterwirft man sie der trockenen Destillation, so entweichen Gase, aus welchen sich beim Abkühlen Ammoniakwasser und Teer abscheiden, und es hinterbleibt Koks. An der Koksausbeute, der Koksform und den Flammerscheinungen beim Verkoken kann man die verschiedenen Kohlenarten erkennen.

Man erhitzt 1 g der feingepulverten, lufttrockenen Kohle in einem gewogenen, bedeckten Platintiegel im Trockenschrank ½ Stunde bei

105°. Nach dem Erkalten wird der Tiegel gewogen, und man erhält aus dem Unterschiede der Wägezahlen den Gehalt an „hygroskopischem" Wasser. Dann erhitzt man den Tiegel über einer nichtleuchtenden Bunsenflamme solange, bis aus dem Deckel keine flüchtigen Bestandteile mehr herausbrennen, läßt den Tiegel erkalten und wägt ihn. Der Unterschied der letzten beiden Wägezahlen ergibt den Gehalt an flüchtigen Stoffen. Schließlich glüht man den Tiegel so lange bei Luftzutritt, bis zwei Wägungen des erkalteten Tiegels keinen Unterschied mehr aufweisen, und erhält so den Gehalt der Kohle an Asche. Erst durch Umrechnung dieser für die Rohkohle erhaltenen Werte auf die asche- und wasserfreie Reinkohle erhält man Zahlen, welche den Vergleich der verschiedenen Kohlen ermöglichen. Das folgende Beispiel diene zur weiteren Erläuterung:

Die lufttrockene Rohkohle ergab bei der Analyse:

$$\begin{array}{rl} 1{,}0\% & \text{Wasser} \\ 25\ \ \% & \text{flüchtige Stoffe} \\ \underline{74{,}0\%} & \text{Koks (einschl. Asche)} \\ 100{,}0 & \\ 9{,}0\% & \text{Asche} \end{array}$$

Die lufttrockene Rohkohle enthielt demnach:

$$\begin{array}{rl} 90{,}0\% & \text{reine Kohle} \\ \underline{10{,}0\%} & \text{Wasser und Asche} \\ 100{,}0 & \end{array}$$

Die Reinkohle (90%) setzt sich zusammen aus:

$$\begin{array}{rl} 25{,}0\% & \text{flüchtigen Stoffen} \\ \underline{65{,}0\%} & \text{Koks (aschefrei)} \\ 90{,}0 & \end{array}$$

100% Reinkohle gibt demnach:

$$\begin{array}{rl} 27{,}8\% & \text{flüchtige Stoffe} \\ \underline{72{,}2\%} & \text{Koks} \\ 100{,}0 & \end{array}$$

Nach den auf Reinkohle umgerechneten Werten für flüchtige Bestandteile und Koks ist folgende Einteilung der Steinkohle vorgenommen; die Zahlen entsprechen der mittleren Zusammensetzung:

Kohlenart	Flüchtige Stoffe %	Koks %	Beschaffenheit	
			des Koks	der Flamme
Gasflammkohle	40	60	Pulver oder schlecht gebacken; rissig	sehr lang, stark rußend
Gaskohle . . .	35	65	gebacken, weich, rissig,	lang, stark rußend
Kokskohle . .	26	74	gebacken, fest, silberhell	mäßig lang, rußend
Eßkohle . . .	18	82	schlecht gebacken, dunkel	mäßig lang, wenig rußend
Magerkohle . .	12	88	Pulver oder gesintert	klein, nicht rußend
Anthrazit . . .	4	96	Pulver	sehr klein

Scharfe Grenzen zwischen diesen Kohlenarten gibt es nicht, sie gehen unmerklich ineinander über.

Außer der fühlbaren Nässe besitzt die Steinkohle noch hygroskopisches Wasser, das mit steigendem Alter der Kohle abnimmt (6—0,5%).

Das Unverbrennliche in der Kohle bildet die Asche; nach ihrem Ursprung setzt sie sich zusammen aus Asche

1. der Pflanzensubstanz, aus der die Kohle entstanden ist,

2. des durch Wind und Wasser angetriebenen und abgesetzten Staubes und Schlammes,

3. des Deckgebirges.

Die Asche westfälischer Kohle besteht hauptsächlich aus Kieselsäure, Tonerde, Kalk, Magnesia, Eisenoxyd und Schwefelsäure. Die Gegenwart von Kalk, Eisen und Schwefel in der Kohle begünstigt die Schlackenbildung. Der Gehalt westfälischer Kohle an Asche beträgt im großen Mittel 6%; er ist gering mit 1% und sehr hoch mit 15%. Der Aschegehalt des Koks ist natürlich größer als der der Kohle, aus welcher er hergestellt wurde. Enthält eine Kohle z. B. 4% Asche und gibt ein Koksausbringen von 75%, so enthält der ausgebrachte Koks $\frac{4 \times 100}{75} = 5\frac{1}{3}\%$ Asche.

Der **Schwefel** (1—2%) kann in dreierlei Form in der Kohle enthalten sein: als Schwefelkies, Gips und organischer Schwefel. Der Schwefelkies entstammt schwefelsauren Eisenwässern, die durch die reduzierende Wirkung der Kohle in Schwefelkies übergeführt wurden. Der Schwefelkies kommt in größeren und kleineren Kristallen und in äußerst feiner Verteilung auch als amorpher Körper in der Kohle vor. Der organische Schwefel, d. h. der an Kohlenstoff gebundene, entstammt wahrscheinlich den Pflanzen, aus welchen die Kohle entstanden ist. Beim Verbrennen der Kohle bleibt ein Teil des Schwefels in der Asche zurück, während der andere Teil zu schwefliger Säure verbrennt, welche zerstörend auf die davon bestrichenen Metallplatten einwirkt.

Der **Stickstoffgehalt** der westfälischen Steinkohle beträgt 1%, selten 2%.

Über die Natur der Steinkohle ist noch nichts Näheres bekannt; man nimmt an, daß die Steinkohle ein Gemenge verschiedener und vielleicht sehr mannigfaltiger Verbindungen des Kohlenstoffes mit Wasserstoff und Sauerstoff ist.

Lagert Kohle an der Luft, so erleidet sie Lagerverlust; sie verwittert, indem sie Sauerstoff aufnimmt. Mit der Sauerstoffabsorption ist eine Gewichtszunahme der Kohle verbunden. Findet gleichzeitig Bildung von Kohlensäure statt, so ist eine Gewichtsabnahme damit verknüpft. Durch diese Vorgänge zerfällt die Kohle allmählich, ihre Heizkraft vermindert sich und ihre Koksausbeute wird zwar größer, der Koks selbst aber erheblich schlechter.

Infolge der Sauerstoffaufnahme tritt eine Oxydationswirkung ein, welche von immer größer werdender Wärmeentwicklung begleitet ist, so daß sich die Kohle im Lager und Flöz, der Kohlenschiefer auf der Halde selbst entzündet. Man nimmt an, daß es die in der Kohle enthaltenen ungesättigten Verbindungen des Kohlenstoffes mit Wasserstoff und Sauerstoff sind, welche die Selbstentzündung durch Sauerstoffaufnahme hervorrufen. In viel geringerem Maße trägt auch der Schwefelkies in seiner feinsten Verteilung dazu bei.

Die Brandgase sind arm an Sauerstoff, reich an Stickstoff und Kohlensäure und enthalten immer Kohlenoxyd, oft auch Grubengas und bisweilen höhere und schwere Kohlenwasserstoffe.

95. Heizwert der Kohle.

Die Wärmemenge, welche 1 kg Kohle bei vollständiger Verbrennung entwickelt, heißt ihr Heizwert. Man bestimmt ihn durch:

1. direkt auszuführende Heizversuche im großen;

2. Verbrennen von 1 g Kohle in einem Kalorimeter (Stahlbombe) mit reinem Sauerstoff; die dadurch verursachte Erwärmung von 1 kg Wasser, welches das Kalorimeter umgibt, dient zur Berechnung des Heizwertes;

3. Berechnung aus der Elementaranalyse, indem man die Werte für Kohlenstoff, Wasserstoff, Sauerstoff, Schwefel und Wasser in die Verbandsformel einsetzt:

$$\text{theor. Heizwert} = 81\,\text{C} + 290\left(\text{H} - \frac{0}{8}\right) + 25\,\text{S} - 6\,\text{H}_2\text{O}.$$

Die in dieser Formel enthaltenen Zahlen für Kohlenstoff, Wasserstoff und Schwefel stellen die Heizwerte der reinen Elemente dar. Der in der Kohle enthaltene Sauerstoff verbrennt einen Teil des Wasserstoffes, der für den Heizwert verlorengeht.

$\left(\text{H} - \dfrac{0}{8}\right)$ gibt die Menge des für die Verbrennungswärme übrigbleibenden (disponiblen) Wasserstoffes an. Der Ausdruck $6 \times \text{H}_2\text{O}$ berücksichtigt den Wärmeverlust, der durch die Verdampfung des in der Kohle enthaltenen Wassers entsteht.

Aufgabe: Wie groß ist der theoretische Heizwert einer Kohle, welche aus 79,0% Kohlenstoff, 5,2% Wasserstoff, 7,6% Sauerstoff, 1,0% Schwefel, 1,5% Wasser und 5,7% Asche besteht?

$$= 81 \times 79 + 290\left(5,2 - \frac{7,6}{8}\right) + 25 - 6 \times 1,5 = 7647 \text{ kal. theor.}$$

Um zu ermitteln, wieviel Kilogramm Dampf von 100° aus Wasser von 0° beim Verbrennen von 1 kg Kohle entstehen, muß man die Zahl der ermittelten Kalorien durch 637 dividieren; man erhält so den theoretischen Verdampfungswert. In unserem Beispiel also $\frac{7647}{637} = 12\,\text{kg}$ Wasserdampf.

In der **Praxis** treten nun zahlreiche Verluste an Wärme auf, die im wesentlichen auf unvollkommener Verbrennung der Kohle, hoher Temperatur der Rauchgase, sowie auf Strahlung und Leitung beruhen. Die Rauchgase enthalten oft außer Kohlensäure, Sauerstoff und Stickstoff auch Kohlenoxyd, andere brennbare Gase und Flugruß, ein Zeichen unvollständiger Verbrennung. Stets gelangt etwas Kleinkohle durch die Rostfugen unverbrannt in den Aschenfall. Erhebliche Wärmemengen gehen ferner durch das Anwärmen des Brennmaterials und der zutretenden Luft auf die Ofentemperatur, durch zu hohe Wärme der Rauchgase (250° C) in den Schornstein sowie der Asche in den Aschenfall verloren. Berücksichtigt man ferner, daß der Kessel Wärme ausstrahlt und an das Mauerwerk ableitet, so ist ein Wärmeverlust von 25% und mehr für die Dampfbildung erklärlich. Danach würde der praktische Verdampfungswert in unserem Beispiel höchstens $\frac{3}{4} \times 12 = 9$ kg betragen.

96. Die Feuerung.

Die brennbaren Bestandteile der Kohle sind Kohlenstoff, Wasserstoff und Schwefel, während der in ihr enthaltene Sauerstoff, Stickstoff, das Wasser und die Asche unverbrennbar sind. In den meisten Fällen verbrennt man die Kohlen auf einem Rost, den Kohlenstaub ohne denselben durch Zerstäubung. Man unterscheidet Plan-, Schräg-, Treppen- und Wanderroste. Die Luftzufuhr erfolgt bei ihnen von unten durch die Rostfugen.

Der Kohlenstoff verbrennt nur bei einem Überschuß von Luft vollkommen, d. h. liefert Kohlensäure nach der Gleichung: $C + O_2 = CO_2$. Bei einem Mangel an Luft ist die Verbrennung dagegen unvollkommen, d. h. neben Kohlensäure bildet sich auch Kohlenoxyd:

$$C + O = CO; \qquad CO_2 + C = 2CO.$$

Entweicht nun ein Teil des Kohlenoxyds unverbrannt, so tritt dadurch ein größerer Wärmeverlust als durch einen geringen Luftüberschuß ein. Bei den Rostfeuerungen haben wir immer einen Überschuß von Luft nötig, da die Brennstoffschicht zu niedrig ist (Steinkohle 6—12 cm, Braunkohle 9—12 cm), so daß nicht sämtliche Sauerstoffteilchen mit der Kohle in Berührung kommen.

Die Verbrennungsgase geben einen großen Teil ihrer Wärme z. B. an den Kessel ab, durchstreichen den Rauchkanal (Fuchs) und gelangen in den Schornstein, wo sie wegen ihrer hohen Temperatur infolge von Auftrieb Saugwirkung hervorrufen. Der Kaminzug kann durch einen Rauchschieber im Fuchs vergrößert oder verringert werden.

Natürlich nimmt auch der Luftüberschuß an der Erwärmung auf die Verbrennungstemperatur teil, so daß durch zuviel zugeführte Luft ebenfalls ein Wärmeverlust eintritt. Daher muß der Heizer seine Feuerung so bedienen, daß weder zuviel noch zu wenig Luft zutritt; er soll die Kohle gleichmäßig und nicht in zu dicker Schicht aufgeben und dabei, sowie beim Schüren und Abschlacken, möglichst rasch arbeiten, damit die Feuertür nicht zu lange offensteht. Oft läßt ein Blick nach der Schornsteinmündung ihn schon erkennen, daß die Verbrennung mit starker Rauchentwicklung und so mit großem Wärmeverlust stattfindet.

Das beste Mittel, um über die Art und Güte der Verbrennung Aufschluß zu erhalten, gewährt die Untersuchung der Verbrennungsgase (Rauchgase). Ist ihre Temperatur z. B. höher, als zur Bildung des Kaminzuges nötig ist (250°), so erhöhen sich die Wärmeverluste mit steigender Temperatur der Rauchgase. Schon allein die Bestimmung des Kohlensäuregehalts derselben ist für die Beurteilung der Feuerung von größter Wichtigkeit.

97. Anwendung der Steinkohle.

Die einzelnen Kohlenarten werden nach ihren besonderen Eigenschaften verwandt. Zur Beheizung der Kessel von industriellen Anlagen und Lokomotiven dienen langflammige Kohlen, die wegen ihres hohen Gasgehaltes auch zur Gasfabrikation benutzt werden. Die Fettkohlen sind die eigentlichen Kokskohlen, die Eßkohlen eignen sich als Schmiede- und Küchenkohlen, während die Magerkohlen am vorteilhaftesten als Hausbrandkohlen, die Anthrazite als Füllofenkohle gebraucht werden. Es ist bereits ausgeführt, daß bei der Verbrennung der Kohle für Heizzwecke oder zur Krafterzeugung große Wärmeverluste eintreten; ferner gehen die chemischen Verbindungen verloren, die bei der Entgasung als Ammoniak, Benzol, Zyan usw. erhalten werden. Der Wert dieser Stoffe ist als Ausgangsmaterial wichtiger chemischer Verbindungen viel größer als ihr Verbrennungswert. Der Weg für eine bessere Ausnutzung, Veredelung der Kohle, führt über ihre Entgasung, Vergasung, Extraktion, Hydrierung und Synthese.

Auf den Kokereien des Ruhrbezirkes werden meist die Fettkohlen, die hier als Kokskohlen bezeichnet werden, zur Erzeugung von Hüttenkoks verwendet. Den Gaskohlen gegenüber ist die Kokskohle reicher an Kohlenstoff und ärmer an Wasserstoff und ergibt einen dichten, festen und wenig zerklüfteten Koks. Man nimmt an, daß das Backen der Steinkohle von pechartigen Produkten der Kohle sowie von den Abbauprodukten der Eiweißstoffe des ursprünglichen Materials herrühre, deren Mengen mit dem Stickstoffgehalt und dem Gehalt an organischem Schwefel zusammenhängen. Bei Kohlen mit 70—80 % Koksausbeute erscheint die Verkokungsfähigkeit am größten.

98. Veredelung der Steinkohle.

a) Entgasung, Verkokung der Steinkohle.

Die Verkokung der Kohle wurde zuerst in Gasanstalten zur Erzeugung von Leuchtgas vorgenommen, bei welcher nebenbei Koks gewonnen wurde. Die Gasindustrie war frühzeitig gezwungen, das Leuchtgas wegen des üblen Geruches und wegen der leicht eintretenden Verstopfungen gut zu reinigen und wurde bald auf den Wert der sogenannten Nebenprodukte aufmerksam.

Die Verkokung der Kohle auf den Zechen hat den Zweck, den Eisenhütten einen hochwertigen Koks zur Erschmelzung und Veredelung des Eisens zu liefern. Im Laufe der Zeit ging man auch hier dazu über, die Nebenprodukte aus den Destillationsgasen zu gewinnen.

In den Koksöfen werden 6—24 Tonnen Kokskohlen — auch durch Mischen von mageren und gasreichen Kohlen zusammengestellt — z. B. 18 Stunden durch Gasbrenner (Bunsenbrenner) erhitzt, mit deren Hilfe die Hälfte des durch die Verkokung gewonnenen Gases (Tabelle S. 156) für diesen Zweck nutzbar gemacht wird.

Die Koksausdrückmaschine drückt den garen Koks als glühende Mauer aus dem Ofen auf den Koksplatz, wo er auseinandergezogen und mit Wasser abgelöscht wird.

Guter westfälischer Hüttenkoks ist grau bis silberglänzend, hart und porös; sein Aschegehalt soll nicht über 10%, sein Wassergehalt nicht über 5% betragen. Der reine (asche- und wasserfreie) Koks enthält außer dem Kohlenstoff noch geringe Mengen von Wasserstoff, Stickstoff und Schwefel.

Die Verkokungsgase nehmen ihren Weg durch das Steigrohr jeder Ofenkammer in eine gemeinsame Vorlage, wo sich schon ein großer Teil des Teers verdichtet, durchstreichen die Gaskühler und Gaswäscher, geben hier ihren Gehalt an Teer, Ammoniak und Benzolkohlenwasserstoffen ab und werden dann zur Beheizung der Koksöfen, Beleuchtung der Städte (Fernleitung), Treiben von Gasmaschinen und Erzeugung von Elektrizität benutzt, nachdem sie von Naphthalin, Schwefelwasserstoff und Zyan befreit worden sind.

Der **Rohteer** wird zunächst bei mäßiger Temperatur entwässert und aus schmiedeeisernen Blasen destilliert, wobei Leicht-, Mittel-, Schwer- und Anthrazenöl gewonnen werden und Pech zurückbleibt. Leichtöl und gesättigtes Waschöl der Benzolwäscher werden weiteren Destillationen unterworfen, wodurch die Kohlenwasserstoffe in Benzol, Toluol, Xylol, Solventnaphtha getrennt werden. Diese flüssigen Kohlenwasserstoffe dienen als Ausgangsmaterial zur Herstellung von Farbstoffen, Sprengstoffen, Arzneimitteln, als Lösungsmittel und Treibmittel für Motore und zur Beleuchtung.

Das Mittelöl wird auf Naphthalin und Karbolsäure verarbeitet, aus welchen Farb- und Desinfektionsstoffe hergestellt werden. Schweröl und Anthrazenöl dienen nach Abscheidung des Anthrazens (Farbstoffe) zum Imprägnieren von Holz und als Schmiermittel. Abb. 132 stellt den Stammbaum der Verkokung der Steinkohle dar.

Ammoniak wird als Nebenprodukt der Verkokung teils im direkten, teils im indirekten Verfahren in Form von schwefelsaurem Ammoniak als Stickstoffdüngemittel gewonnen.

Ein großer Teil unserer hochentwickelten chemischen Industrie (Farbstoffe, Sprengstoffe, Medikamente) ist auf diesen Nebenprodukten der Verkokung aufgebaut. Aussichtsvolle Zukunft hat die Verkokung der Steinkohle bei niedriger Temperatur oder unter niedrigem Druck, wobei man die für unsere Industrie so wichtigen Schmieröle erhält.

Die Tieftemperaturentgasung (Urverkokung). Die Erforschung der bei der Tieftemperaturentgasung entstehenden Produkte war eine der Hauptaufgaben des Kaiser-Wilhelm-Institutes für Kohlenforschung in Mühlheim an der Ruhr.

Unter Entgasung versteht man die trockene Destillation der Kohle unter Luftabschluß, wie sie seit etwa $1\frac{1}{4}$ Jahrhundert in den Gaswerken der Städte zur Erzeugung von Leuchtgas, dann auch in den Kokereien der Steinkohlenzechen zur Koksgewinnung und in der Neuzeit auch in den Schwelereien der Kohlenverarbeitung durchgeführt wird. Während aber in Gaswerken und Kokereien mit Verkokungstemperaturen von 900—1100° gearbeitet wird, geht man auf den Schwelanlagen nicht über 550° hinaus, um eben die bei den niedrigen Temperaturen sich bildenden kennzeichnenden Verbindungen möglichst unvermischt mit den

Lösungsmittel für Fette, Öle, ätherische Öle, Kautschuk u. Gummi, Reinigen von Kleidern.
Flüssiger Brennstoff für Beleuchtung und Motorbetrieb.
Zahllose Farbstoffe
Lösungsmittel
Vergällen von Alkohol.
Phenol u. Kreosot
Farbstoff.
Desinfektion.
Salizylsäure.
Farbindustrie.
Riechstoffe.
Xylol
Benzol
Pyridin
Pech
Firnis und Lacke.
Brikettierung.
Isolierung.
Bindemittel.
Anthracenfarbstoff.
Harze.
Lacke.
Reinigen von Roh-Anthracen.
Wasserdichtung von Stoffen.
Wäschereizwecke.
Zur Kautschuklösung.
Solvent-Naphta
Roh-Benzole
Naphtalin
Betriebsstoffe.
Farbstoffe.
Konservieren von Fellen u. Stoffen.
Farbstoffe.
Sprengstoffe.
Riechstoffe.
Sacharin.
Toluol
Teeröl
Holzkonservierung.
Betriebsstoff, Feuerung, Motor.
Rohteer
Benzol.
Toluol.
Xylol.
Solventnaphta.
Sprengstoff.
Salpetersaures Ammoniak
Schwefelsaur. Ammoniak [Düngung]
Ammoniak-gas
Verzinkerei.
Zeugdruckerei.
Chlor-ammonium
Retortenkohle
Eisengießerei.
Koks
Hochofenbetrieb.
Heizung.
Beleuchtung.
Dampfkesselheizung.
Gaskraftmaschinen.
Betriebsgase
Kohle
Produkte u. Nebenprodukte der Verkokung
Zeichnerischer Entwurf u. Ausführung von G. Haibach, Bochum, Bergschule (1920)

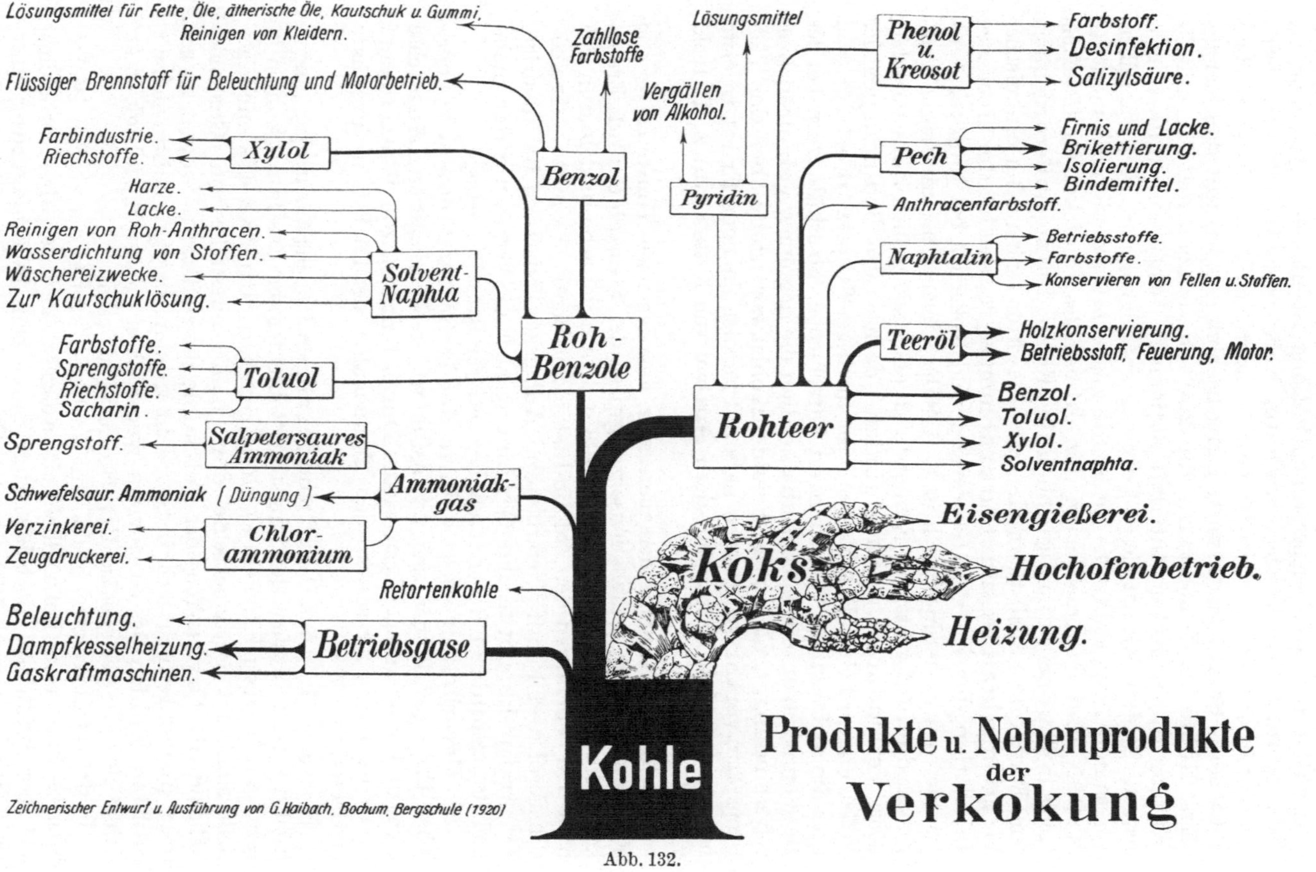

Abb. 132.

Produkten der Hochtemperaturverkokung zu erhalten. Zunächst sei daran erinnert, daß die schon erwähnten Nebenprodukte nicht etwa fertig gebildet in der Kohle vorhanden sind, sondern erst durch die Veredelung entstehen. Beim Erhitzen unter Luftabschluß z. B. beginnt das Konglomerat Kohle bei Temperaturen von 200° an, sich zu zersetzen, und die Wirkung dieses Abbaus tritt mit steigender Temperatur immer mehr hervor. Stellen wir uns diesen Vorgang vom Standpunkt des Chemikers vor, so heißt das etwa: Die die Kohle zusammensetzenden Elemente C, H, O, N und S werden durch den Abbau des verwickelten Moleküls Kohle frei, wobei sie im Augenblick des Freiwerdens die außerordentlich feine Form eines Spaltstücks oder gar eines Atoms mit großer chemischer Verbindungskraft besitzen. Und so kommt es, daß sich bei der trockenen Destillation der Kohle in Gaswerken und Kokereien bei höherer Temperatur und neuerdings auch in den Schwelanlagen bei niedriger Temperatur die fünf genannten Elemente zu einer sehr großen Zahl verschiedener Verbindungen zusammenfinden. Je nach den Bedingungen der Verkokung, ob sie z. B. bei hoher oder niedriger Temperatur erfolgt, sind auch die anfallenden Verbindungen verschieden. So erhält man bei der Hochtemperaturverkokung hauptsächlich die ringförmig gebauten Benzolverbindungen als kennzeichnende Kohlenwasserstoffe, bei der Tieftemperaturverkokung dagegen neben Phenolen die dem Erdöl in etwa nahekommenden Benzine mit dem Aufbau von Ketten von z. T. recht viel Gliedern.

Die bei Anwendung der eben nur ausreichenden Temperatur von 500° gewonnenen Destillationserzeugnisse der Steinkohle und Braunkohle, die sogenannten Urteere, stehen dem Erdöl nahe und lassen sich nach den Verfahren der Erdölindustrie zu Benzin, Leuchtöl, Treiböl, Schmieröl und Paraffin verarbeiten. Außer der Verkokung bei niedriger Temperatur kommt für ihre Gewinnung auch die Vergasung der Stein- und Braunkohle in Generatoren besonderer Bauart in Frage.

Die Urverkokung erfolgt z. B. in der Drehtrommel, einem zylindrischen Eisengefäß, das sich um seine wagerecht gelagerte Längsachse dreht und von unten geheizt wird. Durch Einblasen von Wasserdampf durch die hohle Achse wird das Fortschaffen der flüchtigen Produkte beschleunigt.

Nach Fischer und Gluud sind im allgemeinen die alten und jungen Kohlen Oberschlesiens den jüngsten Schichten der Gasflammkohlen in bezug auf Teerausbeute (10%) gleichzustellen. Um etwa 4% niedriger stellt sich die Urteerausbeute der rheinisch-westfälischen Gaskohle, während die Urverkokung der Fettkohle dieses Bezirkes wegen zu geringer Ausbeute nicht mehr in Betracht kommt. Dagegen haben sich die gesamten Kohlen des Saarreviers wegen ihrer großen Ergiebigkeit an Urteer als sehr geeignet zur Urverkokung erwiesen.

In der Drehtrommel bleibt ein Halbkoks zurück, der durch leichte Brennbarkeit und Entzündlichkeit ausgezeichnet ist, aber bröcklich und zerreiblich ist. Doch läßt sich durch einfache Einlagerung einer hinreichend schweren Walze in der Drehtrommel bei der Urverkokung von gemahlener oder zerkleinerter Kohle eine so erhebliche Verdichtung des Halbkoks herbeiführen, daß er als rauchlose Kohle brauchbar und versandfähig wird. Zur Gewinnung eines stückigen, versandfähigen Kokses benutzt man heute meist ruhende Öfen mit eisernen Schwelzellen, die den Halbkoks in großen Stücken erbringen. Eine weitere Anwendung des Halbkoks liegt in seiner Vergasung in Generatoren sowie als Betriebsstoff für Kohlenstaubfeuerungen nach vorhergegangener Zerkleinerung.

Für die technische Aufarbeitung des „Urteers" kommt entweder die Gewinnung von Schmieröl oder von Brennöl in Frage. Beim Arbeiten auf Schmieröl erhält man als Nebenprodukte das Steinkohlenparaffin, geringere Mengen von Brennölen und rote harzartige Erzeugnisse, die sich wohl als Lack oder Anstreichmittel verwenden lassen. Um diese verschiedenen Produkte zu gewinnen, muß man den Urteer entweder mit überhitztem Wasserdampf oder mit diesem im Vakuum destillieren.

Zur Gewinnung von Leuchtöl (Solaröl), Treibölen usw. aus Steinkohlen destilliert man den Urteer mit freiem Feuer, wobei man als Nebenprodukte ebenfalls Paraffin, dann Pech und Koks erhält. In beiden Fällen der Destillation besteht die Hälfte der Destillate aus alkalilöslichen, sauren Erzeugnissen, d. h. aus Phenolen, die sich leicht zu Benzol reduzieren lassen.

b) Vergasung der Steinkohle.

Unter Vergasung der Brennstoffe versteht man ihre unvollständige Verbrennung durch Zufuhr von Luft (Generatorgas), Wasserdampf (Wassergas) und von Luft und Wasserdampf (Mischgas), wobei neuerdings auch Nebenprodukte gewonnen werden.

Generatorgas. Koks und Anthrazit werden im Ofenschacht des Generators zum Glühen erhitzt. Luft wird dann von unten in zur vollständigen Verbrennung der Brennstoffe unzureichender Menge durchgeleitet, so daß der Vorgang möglichst nach der Formel $C + O = CO$ verläuft, indem die zunächst gebildete Kohlensäure durch den glühenden Kohlenstoff zu Kohlenoxyd reduziert wird.

Wassergas. Wassergas entsteht, wenn man im Ofenschacht statt der Luft Wasserdampf über die glühenden Kohlen leitet. Gemäß der Formel $C + H_2O = CO + H_2$ besteht das Wassergas aus Wasserstoff und Kohlenoxyd. Die Erzeugung des Gases vollzieht sich in zwei Abschnitten, da ja der Brennstoff zunächst zum Glühen gebracht werden muß (Heißblasen). Das hierbei entstehende Generatorgas wird abgeleitet und dient zur Dampferzeugung. Dann wird Wasserdampf über die glühenden Kohlen geblasen, wodurch Wassergas erzeugt wird (Kaltblasen). Die Glut geht allmählich so weit herunter, daß die Zersetzung des Wasserdampfes nachläßt. Durch Heißblasen wird die zu dieser Umsetzung nötige Temperatur rechtzeitig wiederhergestellt.

Leitet man Generatorgas und Wassergas gemeinsam ab, oder bläst man über den glühenden Brennstoff Luft und Wasserdampf, so entsteht Mischgas. Umstehende Zahlentafel gibt einen Überblick über Zusammensetzung von Kokerei-, Generator-, Wasser-, Misch- und Naturgas.

Diese Vergasungsverfahren sind deshalb so wichtig, weil sich dazu auch minderwertige Brennstoffe, wie aschenreiche Kohle, Torf und

	Kokereigas	Generator-gas	Wassergas	Mischgas	Gichtgas	Naturgas
Wasserstoff . .	58	6	50	15	2	—
Methan	30	2	—	1	1	85
Kohlenoxyd .	5,5	25	40	26	25	—
Schwere Kohlen-wasserstoffe .	2,5	—	—	—	—	2
Kohlensäure .	1	5	4	8	12	10
Stickstoff . . .	3	62	6	50	60	3
	100	100	100	100	100	100

Holz, eignen. Die ununterbrochen nachgefüllten Brennstoffe werden zunächst bei mäßiger Temperatur verkokt. Die dabei entweichenden Gase können für sich abgezogen und ihrer Nebenprodukte (Teer, Ammoniak) beraubt werden. In Generatoren besonderer Bauart (z. B. von Thyssen, Erhardt und Sehmer) wurden Vorrichtungen (Schwelglocke, Schwelschacht usw.) eingebaut, die ein getrenntes Absaugen der Destillationsgase und des Generatorgases erlauben. Die bei niedriger Temperatur entweichenden Destillationserzeugnisse werden also vor weiterer Veränderung geschützt und aufgefangen, ehe der Rückstand in die höhere Temperatur der Vergasungszone gerät. Die Destillationsgase werden nach ihrer Entteerung dem noch heißen Generatorgas wieder zugeführt, falls man sie nicht ihres hohen Heizwertes wegen für besondere Zwecke verwenden will. Abb. 133 gibt einen neuzeitlichen Generator nach Kerpely mit Gewinnung der Nebenprodukte wieder. Indes haben sich diese Schwelschachtöfen nicht allgemein durchsetzen können.

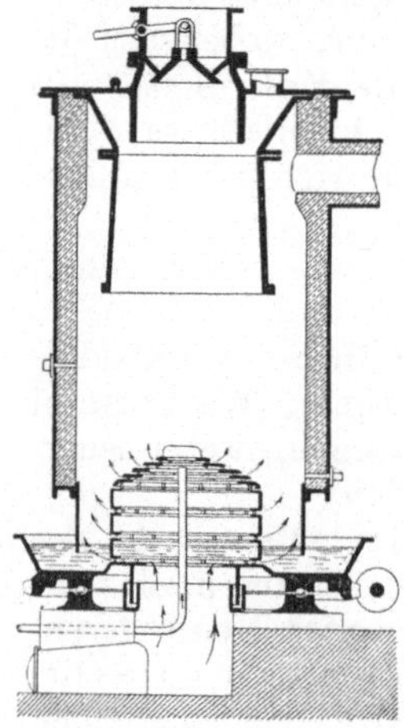

Abb. 133.

Generator-, Wasser- und Mischgas finden hauptsächlich für Gaskraftmaschinen und als Heizstoff in der Industrie Anwendung.

c) Extraktion.

Bei diesem Verfahren arbeitet der Chemiker im Grunde ähnlich wie die Hausfrau, die durch Aufgießen siedend heißen Wassers auf geröstete, fein zerkleinerte Kaffeebohnen den Kaffee bereitet. Sämtliche fossilen Kohlen enthalten nämlich sogenanntes Bitumen, das in verschiedenen organischen Flüssigkeiten löslich ist. Diese Bitumen sind stoffliche Träger einerseits der Blähfähigkeit (Festbitumen) und anderseits der Backfähigkeit der Kohle (Ölbitumen). Bei der Druckextraktion von Steinkohlen mit hochsiedenden Lösungsmitteln werden dann Höchstausbeuten erzielt, wenn dieselbe nahe bei der Zersetzungstemperatur der Kohle vorgenommen wird. Es handelt sich dabei um ein wirtschaftlich durchführbares und für die Zukunft aussichtsreiches Verfahren (Pott-Broche).

d) Kohlehydrierung nach Bergius.

Unter Hydrierung versteht man die Wasserstoffanlagerung, die z. B. beim Tran die für das Volkswohl so bedeutsame Umwandlung des flüssigen Oleins in feste Stearinfette erlaubt. Die Kohle dagegen wird dadurch zu 40—70% in Öl für verschiedene Verwendungszwecke umgewandelt. Bei diesem Verfahren von Bergius wird die Kohle durch Erhitzen unter Druck in einer Atmosphäre von Wasserstoff aufgespaltet, so daß der Wasserstoff in das Kohlenwasserstoffgerüst bei seiner Spaltung eintritt; dadurch gelangt man zu niedrig siedenden, mit Wasserstoff gesättigten Spaltstücken.

e) Synthese,

d. h. Zusammenfügung; man versteht darunter den Aufbau von Verbindungen aus den Elementen. Die Kohle oder der Koks werden zunächst vergast, und das so entstandene Wassergas unter verschiedenen Bedingungen zu flüssigen Brennstoffen umgesetzt. Je nach Wahl der Temperatur, des Druckes, Katalysators u. dgl. m. erhält man aus demselben Synthesegas bzw. aus den Elementen Kohlenstoff, Wasserstoff und Sauerstoff das Methanol (I. G. Farben A.-G.), das Synthol oder das Kogasin (Fischer-Tropsch). Diese Verfahren werden bereits in Großbetrieben durchgeführt und sollen uns von dem Benzin aus fremdem Erdöl frei machen.

99. Flüssige Brennstoffe.

Die Anwendung flüssiger Brennstoffe bietet mancherlei Vorteile. Sie sind leicht entzündbar, und ihre Flamme kann leicht an- und abgestellt werden. Bei bequemer Regelung der Feuerung lassen sich hohe Temperaturen schnell erreichen, so daß der Betrieb wirtschaftlich arbeitet. Sie können ferner leicht verladen und verschickt werden, auch lassen sie sich in Tanks verhältnismäßig billig lagern. Wegen ihres großen Wärmeinhalts erlauben sie den Fahrzeugen (Schiffen, Flugzeugen, Kraftfahrzeugen) ein großes Fahrgebiet, ihre Verbrennung erfolgt ohne Bildung von Rauch, Ruß, Asche und Schlacke. Die flüssigen Brennstoffe sind aber teuer und können zu Explosionen, zumal bei Ölfeuerungen, führen. Damit ihre Verbrennung vollständig ist, muß ein Hauptaugenmerk auf die richtige Mischung von Luft und Öl bzw. Gas gerichtet sein. Die Anwendung geschieht folgendermaßen:

1. Der Brennstoff wird mit Druckluft oder Wasserdampf zerstäubt und dann mit Luft verbrannt (Ölfeuerung).

2. Der Brennstoff wird vergast (vernebelt), mit Luft gemischt, komprimiert, mit der Zündkerze gezündet und dann verbrannt (Explosionsmotor).

3. Der Brennstoff wird in die vorher so stark komprimierte Luft gepreßt, daß dadurch auch seine Zündung erfolgt (Dieselmotor).

Durch die Umwandlung der Kohle in Öle erhält man auf lange Zeit einen Ersatz für den natürlichen flüssigen Brennstoff „Erdöl", dessen Vorräte in 50—100 Jahren wahrscheinlich dahingeschwunden sein werden.

Erdöl. Vorkommen. Erdöl kommt in größeren Mengen in den Vereinigten Staaten von Nordamerika, Rußland, Mexiko, Holländisch-Indien und Rumänien vor; ferner in Britisch-Indien, Galizien, Japan und Deutschland (z. B. Wietze in der Provinz Hannover). Von den Petroleum erzeugenden Ländern nimmt Deutschland die letzte Stelle ein.

Bildung. Viele Gelehrte nehmen an, daß das Erdöl aus Leichen von Tieren und fettreichen Pflanzen früherer geologischer Formationen entstanden sei. Ungeheuere Mengen Leichen von Meertieren und Algen lagerten sich an der Meeresküste ab, gerieten unter Bedeckung von Wasser und Land und wurden so dem zerstörenden Einfluß des Sauerstoffes der Luft entzogen. Unter dem hohen Druck der Bedeckung machten sie einen Fäulnisprozeß durch und wurden zu Erdöl. Der Umstand, daß das Erdöl an seinen Fundorten stets von Salzwasser begleitet wird, und das gelegentlich beobachtete Massensterben von Fischen scheint diese Annahme zu bestätigen.

Nach einer anderen, heute viel vertretenen Annahme gelangt Wasser durch Spalten und Risse mit den glutflüssigen Metallkarbiden der Erdtiefe in Berührung, wodurch Kohlenwasserstoffe entstehen; durch ihre Verdichtung sei dann Erdöl gebildet worden. Es ist sehr gut denkbar, daß beide Vorgänge zur Entstehung des Erdöles geführt haben.

Die Gewinnung des Erdöles geschieht derart, daß Bohrlöcher so tief gelegt werden, bis sie auf eine Schicht mit selbst ausfließender Naphtha stoßen. Genügt der Gasdruck nicht, um das Öl zutage zu fördern, so bedient man sich des Schöpflöffels oder der Pumpe; auch teuft man Schächte ab, um an die Erdöl führenden Schichten zu gelangen.

Eigenschaften. Das Erdöl ist ein Gemenge von vielen Kohlenwasserstoffen verschiedener Reihen und steht in seiner Zusammensetzung den Fetten sehr nahe. Das spez. Gewicht der verschiedenen Erdöle schwankt zwischen 0,80 und 0,96. Durch fraktionierte Destillation reinigt und trennt man das Erdöl in Benzin, Leuchtöl, Schmieröl, Vaselin, Paraffin und Pech. Gut gereinigtes Benzin soll farblos und von angenehmem Geruch sein; beim Verdunsten auf Filtrierpapier darf es keine Fettflecken hinterlassen. Benzin besteht aus 85 % Kohlenstoff und 15 % Wasserstoff. Infolge seiner Fähigkeit, Fette und Harze zu lösen, verwendet man Benzin als Fleckwasser; ferner dient es zum Betriebe von Benzinmotoren und zum Füllen der Grubenlampen. Die durch den Krieg notwendig gewordenen Ersatzmittel, Mischungen von Benzin mit anderen brennbaren Flüssigkeiten, sind Notbehelfe. Für die Grubenlampe hat sich die Dreimischung (50 % Spiritus, 30 % Benzin, 20 % Benzol) am besten bewährt.

Leuchtöl oder Petroleum darf in Deutschland nur in den Handel gebracht werden, wenn sein Flammpunkt über 21° liegt. Neuerdings ist es gelungen, auch für Benzol, welches wegen seines höheren Kohlenstoffgehalts leicht rußt, Lampen zu konstruieren.

Das **Erdölpech** stellt einen Brennstoff von sehr hohem Heizwert (10 500—11 500 Kal.) dar und wird durch Zerstäubung zur Verbrennung unter Dampfkessel und Destillierblasen gebracht.

Naturgas, Erdgas entströmt in manchen Erdölbezirken in so großen

Mengen dem Boden, daß es industrielle Bedeutung erlangt hat. Am längsten sind die heiligen Feuer von Baku bekannt. Die größten Vorkommen sind in Pennsylvanien und in Ohio. Auch das Naturgas von Neuengamme bei Hamburg verdient Erwähnung.

Das Nachlassen des Druckes, unter welchem das Ausströmen solcher Erdgase stattfindet, läßt auf die baldige Erschöpfung mancher Vorkommen schließen. Naturgas (S. 156) besteht hauptsächlich aus Grubengas und mehr oder minder großen Mengen von höheren und schweren Kohlenwasserstoffen, Kohlensäure und Stickstoff.

100. Schmiermittel.

Durch das Schmieren vermindert man die Reibung von zwei aneinander gleitenden Flächen, deren unmittelbare Berührung durch das Schmiermittel mehr oder weniger aufgehoben wird, indem es die Unebenheiten der niemals völlig ebenen Gleitflächen ausgleicht und diese voneinander trennt. Ein gutes Schmiermittel muß möglichst schlüpfrig (klebrig), genügend flüssig und möglichst unveränderlich gegenüber der Einwirkung der Luft und den Änderungen von Druck und Temperatur sein. Das Schmiermittel haftet nur bei großer Klebrigkeit so fest an den Gleitflächen, daß diese fast vollständig und nachhaltig voneinander getrennt werden; als Widerstand bleibt also nur die verhältnismäßig geringe innere Reibung der Schmiere übrig. Ist das Schmiermittel nicht hinreichend flüssig, so wird seine innere Reibung zu groß; ist es zu leicht beweglich, so wird es bald aus den Gleitflächen herausgedrückt, so daß die Gefahr des Warmlaufens eintritt. Man bezeichnet die innere Reibung als Zähflüssigkeit oder Viskosität.

Unter der Einwirkung der Luft verharzen harzölhaltige Schmiermittel zumal bei höherer Temperatur und unter Beihilfe von Staub sehr leicht und bilden Krusten. Das Schmiermittel darf auch weder bei höherer Temperatur verdampfen oder sich zersetzen, noch bei Wintertemperatur fest werden. Ferner müssen die Schmiermittel frei von Säuren (Schwefelsäure, organischer Säure), damit sie die Metalle nicht angreifen, von festen Beimengungen, die als Schmirgel wirken würden, und von Wasser sein.

Für die Wahl des Schmiermittels sind der spezifische Druck der Gleitflächen, die Gleitgeschwindigkeit und die Temperatur, die durch das Schmiermittel erreicht wird, von ausschlaggebender Bedeutung.

Als Ausgangsstoffe zur Gewinnung von Schmiermitteln dienen Verbindungen des Kohlenstoffes und Wasserstoffes, die bei der Destillation des Erdöles sowie bei der Verkokung der Steinkohle, Braunkohle, des Torfes und der bituminösen Schiefer erhalten und als **Mineralöle** bezeichnet werden. Sie bleiben an der Luft unverändert, trocknen nicht ein, verdicken nicht und sind säurefrei.

Bei den Erzeugnissen der Erdölaufbereitung unterscheidet man Destillate, Raffinate und Rückstandsöle. Destillate sind durch Verdampfen und Wiederverdichten von Erdölfraktionen entstanden; durch chemische Reinigung werden diese von verharzenden, basischen und sauren Bestandteilen befreit und stellen dann die edleren Raffinate dar.

Durch Destillation der Naphtharückstände, die bei der ersten Destillation des Erdöles im Kessel zurückbleiben, mit überhitztem Wasserdampf gewinnt man die Rückstandsöle.

Auch die Verbindungen der Fettsäuren mit Glyzerin, die Pflanzen- und Tierfette, dienen als **fette Öle** zur Herstellung von Schmiermitteln. Werden Mineralöle mit solchen fetten Ölen in kleinen Mengen vermischt, so erhält man kompoundierte, d. h. zusammengesetzte Öle. Zusammensetzungen von Schmierölen aus Erdölen und solchen aus Braunkohle, Schiefer und Steinkohle nennt man Mischöle. Zähflüssige Teeröle wurden während des Krieges in großem Umfange als Ersatz für Mineralschmieröle verwendet. Die Anthrazenöle werden durch längeres Erhitzen unter gewöhnlichem oder erhöhtem Druck in Schmiermittel übergeführt und kommen unter dem Namen „Teerfettöle" in den Handel. Schmierfette sind konsistente Fette von salbenartiger Beschaffenheit; sie sind Gemische von Öl, Talg, Montanwachs, Rüböl, Kolophonium, Graphit usw. Nach den vom Verein deutscher Eisenhüttenleute aufgestellten Richtlinien für den Einkauf und die Prüfung von Schmiermitteln unterscheidet man:

I. Schmiermittel aus Erdöl:
 Destillate, Raffinate, Rückstandsöle.
II. Braunkohlenteeröle, Schieferöle und Steinkohlenteeröle.
III. Mischöle.
IV. Schmierfette.

Nach Art, Verwendung und den zu stellenden Anforderungen teilt man die Schmiermittel ein; die wichtigsten sind: Transformatorenöle, Schalteröle, Dampfturbinenöle, Luftkompressoröle, Hochdruckluftkompressoröl, Naßdampfzylinderöl, Heißdampfzylinderöl, Dieselmotorenzylinderöl, Automobilmotorenöl, Großgasmaschinenöl, Spindelschmieröl, Kühl- und Bohröl, Elektromotoren- und Dynamoöl, Lagerschmieröl, Achsenöl, Drahtseilöl, hochschmelzende Maschinenfette, Maschinenfette (Staufferfette), Wagenfette, Förderwagenspritzfette, Draht-Koepe-Trommelseilfette, Kammrad-Zahnradfette.

Zur Bestimmung des Flammpunktes, bei welchem die aus dem Schmiermittel entweichenden Dämpfe mit der Luft ein explosibles Gemisch bilden, erhitzt man z. B. eine Probe im offenen Tiegel langsam auf einem Sandbad, bis die Flammenspitze des in die wagerechte Lage gebrachten Zündrohres ein kurzes Aufflammen der entwickelten Dämpfe bewirken. 20—60° oberhalb des Flammpunktes liegt der Brennpunkt, bei welchem die Oberfläche nach der Zündung durch die vorübergehend genäherte Flamme brennen bleibt.

Die **Zähflüssigkeit oder Viskosität** ist der Quotient aus der Ausflußzeit von 200 ccm Öl bei der Versuchstemperatur und derjenigen von 200 ccm Wasser bei 20°.

Alphabetisches Sachverzeichnis.